군 간부라면 누구나 알아야 할

대한민국 국가방위론

김정기 저

도서출판 진영사

군 간부라면 누구나 알아야 할

대한민국 국가방위론

김정기 저

2025년 2월 20일 초판 인쇄
2025년 2월 25일 초판 발행

발행인: 박진영
발행처: 도서출판 진영사
인천광역시 부평구 주부토로 236 인천테크노밸리 U1 지식산업센터 B동 1507호
전화: 032)505-4207
팩스: 032)505-4206
E-mail: 0183734207@hanmail.net
신고번호: 제2007-000001호(2007.01.19.)

ISBN 978-89-6541-691-3 93390
값 20,000원

책을 내면서

'군 간부라면 누구나 알아야 할 대한민국 국가방위론'은 대학에서 국방 및 군사 분야를 공부하면서 장차 장교나 부사관 또는 군무원으로 군 간부가 되려는 젊은이를 위한 국가방위 개론서이다. 대한민국은 1948년 정부수립 이래 남북한이 분단된 상태로 대립하며 77년 이상 이어지고 있다. 그리고 주한미군과 한미동맹이 국가방위의 중요한 수단으로 작동하고 있다. 따라서 대한민국의 국가방위는 동족이지만 적인 북한과 동맹이지만 자율성을 제한하는 미국이 중요한 변수로 작동하는 특징을 가진다.

국가는 국민, 영토, 주권이라는 3요소로 이뤄지며 그 세 가지를 위협하는 외부의 적을 막고 지켜내는 것이 국가방위이다. 즉, 국민과 주권의 안전을 보장하고 국토를 방위하는 것을 의미한다. 국가의 안전보장과 국토방위를 위해 국군에 복무하는 장병들은 국가방위에 관한 개념들을 이해하는 것이 매우 중요하다. 특히, 병사들을 단련시켜 평시에는 전쟁을 억제하고 유사시 전쟁을 승리로 이끌어야 할 군 간부들에게는 더욱 그러하다.

이 책은 대한민국에서 군 간부의 일원이 되려는 학생들에게 꼭 알아야 할 핵심적인 국가방위의 기본적 사항을 추려내어 쉽게 읽고 이해할 수 있도록 일목요연하게 정리하였다.

서론인 제1장은 국가방위를 이해하는 데 필요한 개념과 대한민국의 국가방위 환경, 그리고 국가방위 목표를 설명하면서 책의 전반적인 구조인 국가방위전략이 머릿속에 그려지도록 가시화하였다.

본론인 제2장에서는 국가방위의 주요 수단인 국방조직, 지휘체계, 국방인력, 무기체계와 국방예산을 다루었고, 제3장은 국가방위의 주요 방법으로서 국방정책, 통합방위, 군사작전, 국방협력 및 군비통제에 관한 기초적인 내용과 현황들을 수록하였다.

그리고 결론인 제4장은 국가방위의 미래를 디자인하는 국방혁신(개혁)을 역사적 경과부터 자세히 살펴본 후 향후 추진 방향을 제시하였고, 국가방위의 일익을 담당하면서 성공적인 군간부로서 삶을 행복하게 영위하도록 선구자이자 리더로서 준비하는 자세를 당부의 글로 마무리하였다.

이 책은 대한민국 국가방위에 관한 개론서이자 순수 교육목적의 학습서로서 발간하였다. 따라서 학습효과를 높이기 위해 학술 도서, 공간 문헌은 물론이고 다수의 공공 및 일반 인터넷사이트와 보도자료 등을 최대한 활용하였다. 내용과 직접적으로 관련된 그림, 사진, 표 등의 시각 자료도 적절하게 반영하여 중요한 내용들이 독자들의 머릿속에 오래 남을 수 있게 하였다.

그동안 안보와 군사를 주제로 연구한 서적들은 다수가 출판되었던 반면에 정작 국가방위를 직접적으로 다룬 단행본은 극히 드물었다. 이 책이 가뭄 속에 단비가 되어 군간부를 꿈꾸는 학생들뿐만 아니라 자주국방의 완성을 위해 현장에서 매진하는 현역 군간부들에게 큰 그림을 그리고 인사이트를 제공하는 필독의 긴요한 참고서가 되고, 난세에 국가방위에 관심을 가진 일반 독자들도 도움이 되길 바란다.

지금도 본연의 임무인 '우리 국민의 생명과 재산, 주권을 지키고 국토방위'를 위해 전후방 각지, 해상과 공중, 사이버 공간 등에서 최선을 다하고 있는 모든 국군 장병들을 응원하며, 출간을 위해 아낌없는 도움을 주신 진영사 사장님과 출판사 임직원분들께 진심으로 감사를 보낸다.

2025년 2월

연성대학교 도의관에서 혜광 金政基

목 차

제3장 대한민국 국가방위의 주요 방법

부록 목차

1) "한미동맹 70년 여정, 평시작전통제권 환수," https://blog.naver.com/mc341/223189087782(검색일: 2025.2.5.)
2) 합동참모본부, 『군사정전위원회편람 제8집』(2010), pp. 11-36.
3) 국방부 군사편찬연구소, 『한미군사관계사 1871~2002』, pp. 731-732.
4) 김갑식 외, 『한반도 비핵/평화 프로세스와 남북한 군비통제 추진전략』(세종: 경제·인문사회연구회, 2018), pp. 126-129..
5) 같은 책, pp. 136-137.
6) 같은 책, pp. 151-154.
7) "국군조직법," 『국가법령정보센터』, https://www.law.go.kr/(검색일: 2025.2.7.)

표 목차

그림 목차

사진 목차

제1장

국가방위의 개념, 환경, 전략

제1절 대한민국, 국가방위, 그리고 특징
제2절 대한민국의 적인 북한
제3절 대한민국의 동맹인 미국
제4절 대한민국 국가방위 전략

제1절 대한민국, 국가방위, 그리고 특징

1. 대한민국이란?

대한민국이란 무엇인가? 한자로는 大韓民國, 큰 나라 국민의 나라이다. 역사적으로는 고조선으로부터 부여, 삼한, 고구려, 백제, 신라, 발해, 고려, 조선에 이어 대한제국으로 이어진 후 일제강점기 동안 대한민국 임시정부를 거쳐 대한민국에 이르고 있다. 대한민국은 국민(國民), 영토(領土), 주권(主權)의 세 가지 요소를 가진다. 첫째 대한민국의 국민은 남북한 및 재외국민을 포함한다. 둘째, 영토는 한반도 전체와 그 부속 도서이다. 셋째, 주권은 국민에게 있다.

아이러니하게도 휴전선 이북의 한반도에는 엄연한 또 하나의 나라가 존재하고 있다. 대한민국이 북한이라고 부르며 나라의 이름이 '조선민주주의인민공화국'이다. 고조선과 근대 조선의 국호를 그대로 쓰고 있다. 대한민국은 삼한의 마한(馬韓), 변한(弁韓), 진한(辰韓)의 나라 한(韓) 자를 쓴 대한제국에서 주권이 황제가 아닌 국민에게 있음을 의미한다. 나라의 이름은 국가의 정체성을 정의하고 편리하게 부를 수 있도록 하기 위함이다. 대한민국은 한반도에서 집단적 자기 결정권을 가지고 삶을 영위하는 사람들이 오해의 소지 없이 일체감을 가지게 되며 서로 대한민국 국민 또는 한국인이라는 정체성으로 원활한 소통을 통해 살아가는 공동체를 상징한다.

가. 대한민국 국민

대한민국의 국민은 고조선 이래로 유구한 역사와 전통을 이어왔으며 대한제국이 일제에 의해 강제 병탄된 후 탄생한 대한민국임시정부의 법통을 계승하고 있다. 대한민국의 건국 또는 정부수립에 대한 정파 간의 서로 다른 주장과 논쟁에도 불구하고 우리 헌법에는 전문과 총강에 그에 대한 충분한 설명을 다음과 같이 일목요연하게 기술하고 있다.

대한민국헌법[1)]

전문

유구한 역사와 전통에 빛나는 우리 대한국민은 3·1운동으로 건립된 대한민국 임시정부의 법통과 불의에 항거한 4·19민주이념을 계승하고, 조국의 민주개혁과 평화적 통일의 사명에 입각하여 정의·인도와 동포애로써 민족의 단결을 공고히 하고, 모든 사회적 폐습과 불의를 타파하며, 자율과 조화를 바탕으로 자유민주적 기본질서를 더욱 확고히 하여 정치·경제·사회·문화의 모든 영역에 있어서 각인의 기회를 균등히 하고, 능력을 최고도로 발휘하게 하며, 자유와 권리에 따르는 책임과 의무를 완수하게 하여, 안으로는 국민생활의 균등한 향상을 기하고 밖으로는 항구적인 세계평화와 인류공영에 이바지함으로써 우리들과 우리들의 자손의 안전과 자유와 행복을 영원히 확보할 것을 다짐하면서 1948년 7월 12일에 제정되고 8차에 걸쳐 개정된 헌법을 이제 국회의 의결을 거쳐 국민투표에 의하여 개정한다.

1987년 10월 29일

제1장 총강

제1조 ① 대한민국은 민주공화국이다.
② 대한민국의 주권은 국민에게 있고, 모든 권력은 국민으로부터 나온다.

제2조 ① 대한민국의 국민이 되는 요건은 법률로 정한다.
② 국가는 법률이 정하는 바에 의하여 재외국민을 보호할 의무를 진다.

제3조 대한민국의 영토는 한반도와 그 부속도서로 한다.

제4조 대한민국은 통일을 지향하며, 자유민주적 기본질서에 입각한 평화적 통일정책을 수립하고 이를 추진한다.

---

1) "대한민국헌법," 『국가법령정보센터』, https://www.law.go.kr/lsInfoP.do?lsiSeq=61603#0000(검색일: 2024.12.31.)

제5조 ① 대한민국은 국제평화의 유지에 노력하고 침략적 전쟁을 부인한다.
② 국군은 국가의 안전보장과 국토방위의 신성한 의무를 수행함을 사명으로 하며, 그 정치적 중립성은 준수된다.

제6조 ① 헌법에 의하여 체결·공포된 조약과 일반적으로 승인된 국제법규는 국내법과 같은 효력을 가진다.
② 외국인은 국제법과 조약이 정하는 바에 의하여 그 지위가 보장된다.

제7조 ① 공무원은 국민전체에 대한 봉사자이며, 국민에 대하여 책임을 진다.
② 공무원의 신분과 정치적 중립성은 법률이 정하는 바에 의하여 보장된다.

대한민국의 국민은 국적법에 따라 기본적으로 출생에 의한 국적 취득을 규정하고 있다. 즉, ①출생 당시에 부(父)또는 모(母)가 대한민국의 국민인 자 ②출생하기 전에 부가 사망한 경우에는 그 사망 당시에 부가 대한민국의 국민이었던 자 ③부모가 모두 분명하지 아니한 경우나 국적이 없는 경우에는 대한민국에서 출생한 자 ④대한민국에서 발견된 기아(棄兒)는 대한민국에서 출생한 것으로 추정한다. 그 외에도 인지에 의한 국적 취득[2]과 귀화에 의한 국적 취득도 인정하고 있다.

나. 영토

그럼 대한민국의 공간적 범위 즉, 영토의 범위는 어떻게 정하고 있는가? 위의 헌법에서 보는 바와 같이 제3조에 한반도와 그 부속 도서로 한다고 규정하고 있다. 실질적으로는 군사분계선 이북에 대해서는 강제력을 동원하여 점유하지 못하고 있는 것이 사실이나 그래도 엄연히 헌법상 영토는 북한지역도 대한민국의 영토이다. 따라서 북한 주민들도 대한민국 국민의 자격을 지닌다.

---

2) 법률혼 관계가 아닌 사이에 태어난 자녀를 국민인 아버지가 인지(자신의 자녀라는 것을 인정)할 경우 국적을 취득할 수 있는 조항임.

〈그림 1〉 대한민국 영토와 영해[3]

2020년 말 기준 한반도의 총면적은 223,617㎢(남한 100,413㎢, 북한 123,214㎢)이며, 남한 면적은 대한민국 영토의 44.9%이다. 남한의 지목별 현황을 보면 임야가 63.3%를 차지하고, 답(11.1%), 전(7.5%), 도로(3.4%), 대지(3.2%)가 그 뒤를 따른다. 임야와 하천(2.9%)으로 구성된 자연환경은 국토 면적의 2/3(66.2%)에 해당한다. 또한 전, 답과 과수원, 목장용지 등을 포함한 농수산

3) “대한민국 영토와 영해,” 『대한민국 국가지도집(2019)』, http://nationalatlas.ngii.go.kr/pages/page_1804.php(검색일: 2024.12.31.)

업 용지는 19,935㎢로 전체 국토의 약 20%를 차지하고 있으며, 주택이 분포하는 대지는 3.2%이다.[4]

〈그림 2〉 국제법에 따른 바다의 구분[5]

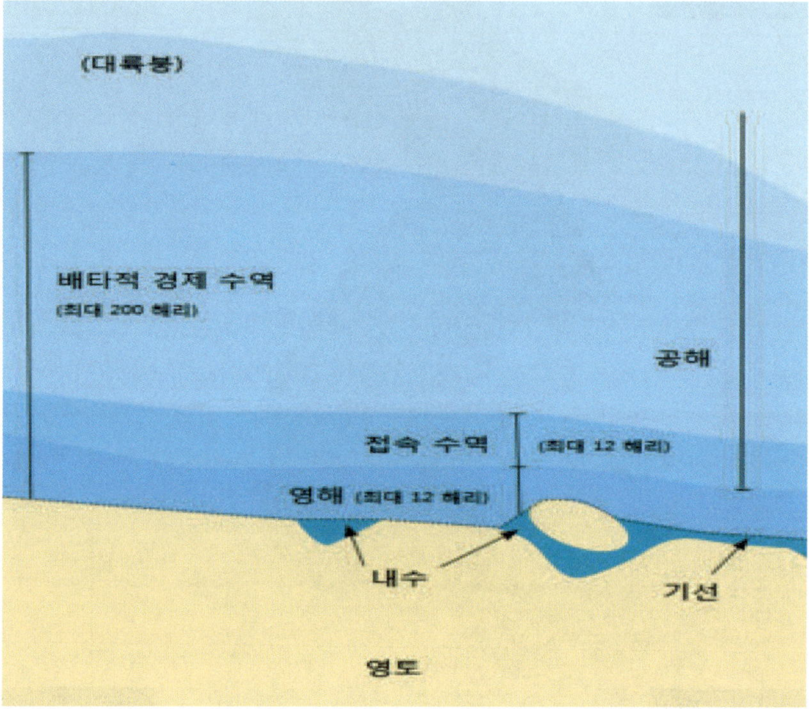

영토는 영공과 영해를 포함하며 영해(領海)는 한 나라의 주권이 미치는 바다로서, 기점이 되는 기선으로부터 12해리[6]의 범위까지 설정된다. 영해의 개념은 1982년 유엔해양법협약이 체결되면서 정의되었으며 대한민국도 이를 기준으로 한다. 우리나라 해안선의 총길이는 2020년 기준 15,282km로서 2014년보다 319km 증가하였다. 연안 매립, 방파제, 해안도로 등 연안 개발로 자연 해안선은 55km 감소하고 인공 해안선이 374km 증가한 결과이다. 지형 굴곡이 많은 서해안과 남해안의 해안선이 총길이의 91%를 차지하는 반면, 동해안은 9%에 머문

4) http://nationalatlas.ngii.go.kr/pages/page_2517.php(검색일: 2025.2.6.)
5) "영해," 『위키백과』, https://ko.wikipedia.org/wiki/영해(검색일: 2024.12.31.)
6) 1해리는 미터법으로 정확히 1,852m임.

다.[7] 영해와는 차이가 있으나 기선에서 200해리를 기준으로 하는 배타적경제수역(EEZ: Exclusive Economic Zone)은 해양법에 관한 유엔 협약(UNCLOS: United Nations Convention on the Law of the Sea)에 의해 경제적 주권(어업, 광물자원, 해수, 해류, 인공 섬 설치 등의 권리)이 인정된다. 다만, 항해와 비행의 자유 및 해저케이블, 파이프라니 설치는 공해와 같은 성격을 지닌다.

영공(領空)은 국가가 영유권을 가지는 공중 영역을 말한다. 일반적으로는 영토 혹은 영해 위의 상공이 된다. 영공에 대해 국가는 완전하고 배타적인 주권을 행사할 수 있다. 영해가 영해 및 접속수역법상으로 해안의 저조선으로부터 12해리까지로 규정되어 있으므로, 영공도 영토의 하늘 + 해안의 저조선으로부터 12해리 내의 바다 위 하늘로 규정된다.[8] 1944년 국제민간항공협약(시카고협약 1조)에 근거하고 있으며, 수직적 범위에 대한 국제적 기준이나 정부의 공식입장은 없으며 영공무한설, 대기권설, 궤도비행설 등의 주장이 있다.

영공(領空)과는 성격이 다른 방공식별구역은 효율적인 영공방위를 위해 설정하는 구역이다. 한국방공식별구역(KADIZ: Korea Air Defense Identification Zone)은 국방부에서 관리하며 KADIZ 내로 진입하는 적성 항공기 및 주변국의 미식별 항공기에 대한 식별과 침투 저지를 위한 공중감시 및 조기경보체제를 24시간 유지하고 있다. 외국 항공기가 진입하려면 24시간 이전에 합동참모본부의 허가를 받아야 한다. 그리고 인가된 비행계획에 따라 비행할 경우에 항공 지도상의 규정된 지점에서 의무적으로 위치보고를 해야 한다. 2013년에 중국이 자국의 방공식별구역을 이어도 상공까지 확장함에 따라 대한민국도 2013년 12월 6일 KADIZ를 확장하여 이어도 남쪽 상공까지 확장하였다.

---

7) http://nationalatlas.ngii.go.kr/pages/page_2517.php(검색일: 2025.2.6.)

8) 하늘의 어느 높이까지가 영공에 해당하는가에 대한 국제 합의는 아직 이루어지지 않은 상태이며, 항공기의 최대 고도인 30km까지로 정하자는 안, 저궤도 인공위성의 일반적인 최저 고도인 160km까지로 하자는 안 등이 있다. 국제항공연맹(FAI: Fédération Aéronautique Internationale)은 카르만선(Karman line)으로 알려진 100km 고도를 지구와 우주와의 경계로 정의하고 있으나 아직 국제법적으로 확정되지 않아 효력이 없는 상태이다.

〈그림 3〉 2013년 확장된 한국방공식별구역[9)]

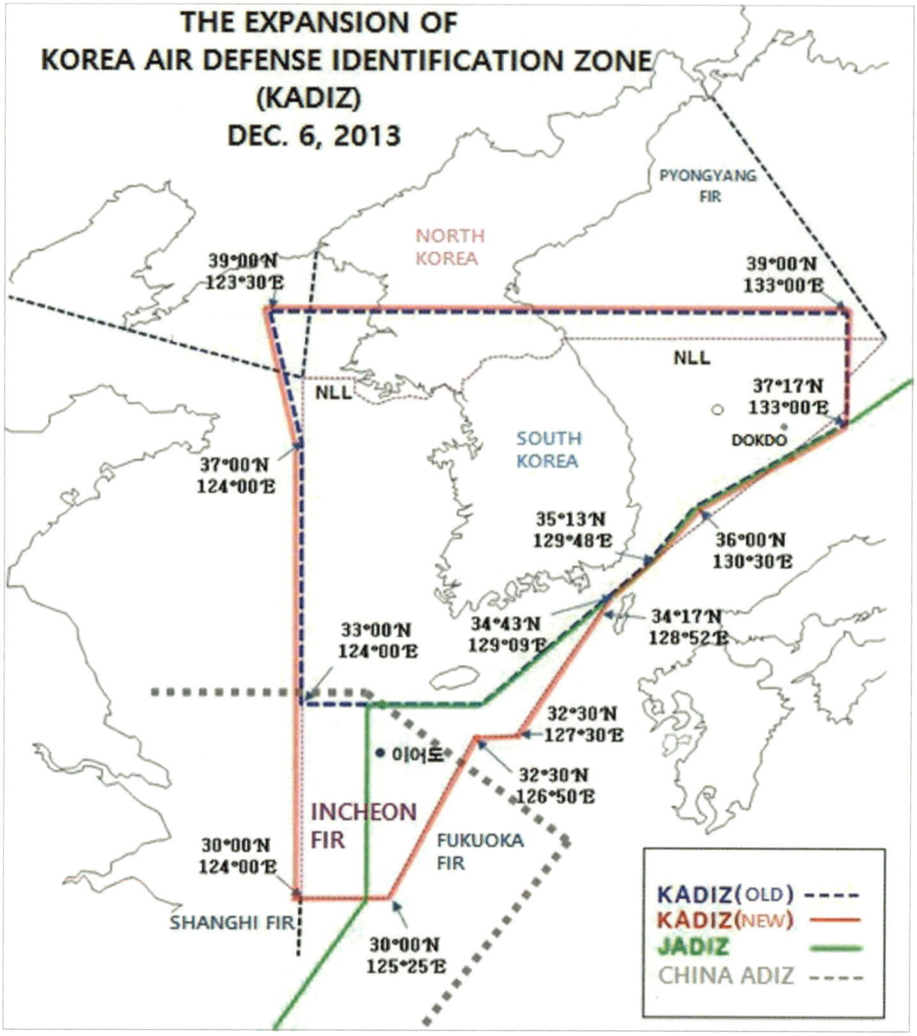

다. 주권

주인된 권리이자 가장 주요한 권리인 주권은 국가의 의사를 최종적으로 결정하는 권력이다. 대내적으로는 최고의 절대적 힘을 가지고, 대외적으로는 자주적 독립성을 가진다. 근대 이전 왕조 국가에서는 주권이 왕에게 있었으며 왕이 곧 국가 그 자체였다. 대한제국 시기 주권은 황제에게 있었으며 일제강점기에 주권이

9) https://terms.naver.com/entry.naver?docId=2060030&cid=43667&categoryId=43667(검색일: 2025.2.6.)

피탈되었다. 대한민국은 1919년 또는 1948년의 어느 특정한 시기에 만들어졌거나 태어난 것이 아니며, 오천 년 이상의 오랜 역사적 과정을 거쳐 오늘에 이르고 있다. 대한민국의 주권은 왕권이 아닌 민권으로 변화되었다.

대한민국임시정부의 법통을 계승한다는 것은 피탈된 주권을 회복하기 위한 노력으로서 일제의 강점을 인정하지 않고 자주독립 투쟁을 전개한 것이다. 자주독립이 없으면 주권이 국민에게 있고 모든 권력은 국민으로부터 나온다는 헌법 제1조 ②항은 성립할 수 없다. 민주공화국의 주권은 실제로 국민이 선거를 통해 권력을 행사하는 정부를 구성하여 군사나 경찰 등 물리력을 작동시킴으로써 국민의 생명과 재산을 지키고 영토를 보존 것으로 행사된다.

주권은 국가 내부적으로 모든 조직을 통제할 수 있는 최고의 권력이며 대외적으론 외세의 간섭을 거부할 수 있는 배타적 권리이다. 그리고 배타적 권리를 행사할 수 있도록 뒷받침하는 힘(power)을 상징하는 것이 군사력이다. 그 힘을 작동시키는 원천을 제공하는 것이 국민이고 국민으로 조직되고 국민이 낸 세금으로 운영되는 힘이 국가방위군, 즉 국군이며 국민의 군대이다.

2. 국가방위란?

국가방위란 무엇인가? 국가를 방위하는 것이다. 길게 표현하면 국방은 '외부의 물리적 공격으로부터 국가의 국민과 영토를 군사적 수단으로 보호하는 것'[10]으로서 이를 압축하면 '국가안전보장과 국토방위'를 의미한다. 세계의 모든 나라들은 각기 자기 나라를 지키기 위해 국가방위 체계를 갖추고 있다. 대한민국도 마찬가지이다. 국가의 세 가지 구성요소인 국민, 영토, 주권을 위협하는 것으로부터 이를 막아내고 지키는 것을 의미한다. 주권과 영토를 침탈하고 국민의 생명과 재산을 빼앗으려는 외부의 적을 막아내고 국가를 지키는 것이 국가방위이다. 그런데 내부의 혼란과 불안정을 막고 국가를 지키는 것은 무엇일까? 이것이 우리가 알고 있는 경찰의 과업인 치안(안전)이다. 거기에 더하여 외국과의 교류와 협상을 통하여 평화를 유지하는 외교까지 포괄하는 개념이 국가안보이다.

---

10) Amos A. Jordan, William J. Taylor, Jr. and Lawrence J. Korb, *American National Security: Policy and Process*(Baltimore and London: Johns Hopkins University Press, 1989), p. 3의 내용을 한용섭, 『국방정책론』(서울: 박영사, 2012), p. 50에서 재인용.

따라서 국가방위는 국가안보의 하위 개념이라고 볼 수 있으나 전쟁 시에는 국가의 안전을 보장하고 국토를 보위하는 것이 모두 일원화되는 상태로 나아가기 때문에 국가방위와 국가안보의 개념적 구분이 무의미하게 된다. 그러나 국가안보는 일반적으로 외교와 국방, 치안 등을 포괄하는 국가 안전보장 전반적 사항을 관장하고 있으므로 국가방위의 상위개념으로 이해할 수 있다.

〈그림 4〉 국가안보, 국방, 외교, 치안(안전) 및 군사의 구분[11)]

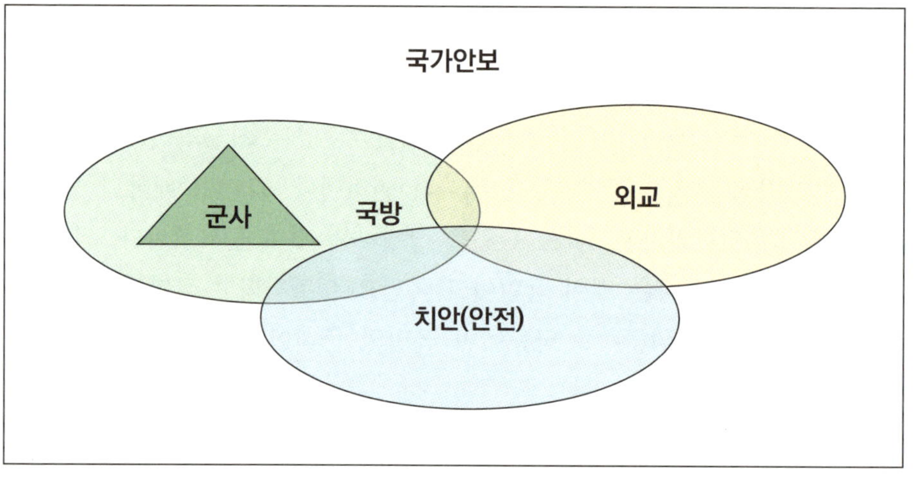

국가안보는 국가안전보장을 줄인 표현으로 '외부로부터 군사적 공격이나 강압, 국가 내부에서 반란 및 소요가 없는 상태를 의미하며 한 국가가 추구하는 정치, 경제, 사회적 가치가 방해받거나 훼손되지 않는 상태'를 의미한다. 즉, 국가안보는 국방보다 더 넓은 개념으로 외침을 막아내는 것에서 나아가 내부적 안정과 안전 및 외교적 협력을 통한 안전보장을 포괄하는 개념이다. 그래서 국방과 함께 치안(안전)과 외교 등이 통합되어 국가의 안전보장을 유지하고 공고화하는 것으로 정의할 수 있다.[12)]

즉, 국가가 추구하는 국가안보의 핵심은 국민의 생명과 재산을 지키고 영토를 보존하며 주권을 수호하는 것으로 국가를 내외부적 위협으로부터 지키는 것이다.[13)] 내외부적 위협이 없거나, 있다고 하더라도 이를 능히 제압 또는 통제할 수

11) 필자 구성
12) 국가안보의 전반적 설명에 대해서는 육군사관학교, 『국가안보론』(서울: 박영사, 2009), pp. 21-27을 참고 바람.

있는 상태일 때 국가안보가 유지되는 것이다. 따라서 국가안보의 핵심은 위협을 찾아내서 제거하거나 통제하는 것이다. 관리되지 않는 내부의 위협은 반란으로 이어질 수 있으며, 외부의 위협은 전쟁으로 비화될 수 있다. 이러한 위협은 국가의 다양한 정보 수단에 의해 평가된다. 특히 외부적 위협은 국가안보에 치명적으로 상시 감시 태세를 유지해야 하며 적대국의 군사력 수준, 역사적 과정, 이념적 대립, 도발 의지 등을 종합적으로 평가해야 한다.

어느 국가이든지 적대국보다 더 강한 국력과 군사력을 확보하려 하며 그 적대국은 다시 상대국보다 더 강한 국력과 군사력을 추구한다. 따라서 군비경쟁은 불가피하게 되고 안보딜레마 현상을 가져온다. 군사력 균형이 무너지면 전쟁의 위협이 커지게 되며 자국의 군사력으로 적국의 도발을 막아낼 수 없다면 군사동맹을 통해 우방국의 지원을 요청하게 된다. 군사동맹은 외교적 협상의 과정을 거쳐 조약이라는 형태로 체결되며 국회의 비준서가 교환될 때 발효된다. 이같이 국가안보, 국가방위, 군사력, 외교는 밀접한 관련성을 가지고 있다.

국가안보를 위한 국가방위는 국가방위군 즉, 국군에 의해 수행되는 신성한 의무이다. 그러나 어느 특정 국가가 자국에 위협이 된다고 해서 전쟁을 예방하기 위한 예방전쟁(Preventive War)으로 다른 나라를 침략하는 것은 정당화되지 않는다. 전쟁이 임박한 경우의 선제타격(Preemptive Strike)은 상황에 따라서 허용되기도 하나 국가안보와 국방이 모든 전쟁의 범죄를 정당화하는 것은 아니다. 특히, 현실적으로 예방전쟁이나 선제타격의 결과가 실패로 이어진다면 결과는 감당하기 어려울 것이다. 공격적 현실주의와 방어적 현실주의의 논쟁[14]에도 불구하고 패권국가(최소한 지역 패권을 가지는 경우)를 제외하고 선제공격을 감행하기는 어려운 것이 사실이다. 더구나 대한민국은 헌법에 침략적 전쟁을 부인한다고 명시하고 있다.

국가방위의 헌법적 의미는 헌법 제5조 '①대한민국은 국제평화의 유지에 노력하고 침략적 전쟁을 부인한다. ②국군은 국가의 안전보장과 국토방위의 신성한

---

13) Arnold Wolfers, *Discord and Collaboration: Essays on International Politics* (Baltimore: Johns Hopkins Press, 1962), p. 150의 내용을 한용섭, 『국방정책론』(서울: 박영사, 2012), p. 48에서 재인용.
14) 존 J. 미어세이머 저, 이춘근 역, 『강대국 국제정치의 비극』(서울: 나남출판, 2004), pp. 31-51.

의무를 수행함을 사명으로 하며, 그 정치적 중립성은 준수된다'에 잘 명시되어 있다. 그리고 제39조 '①모든 국민은 법률이 정하는 바에 의하여 국방의 의무를 진다. ②누구든지 병역의무의 이행으로 인하여 불이익한 처우를 받지 아니한다'와 같이 국방의 의무와 병역을 규정하고 있다.[15] 즉 국방을 위한 군사적 수단으로서 국군을 조직하고 의무를 지는 것은 국민이란 의미를 담고 있다.

이러한 국방은 외부의 물리적 공격을 막아내는 것을 기본 과업으로 하므로 자국을 공격할 수 있는 위협을 사전에 파악하고 대비하는 것이 매우 중요하다. 그리고 이러한 외부의 위협은 안보환경[16]을 결정하는 매우 중요한 요인이 된다.

3. 대한민국 안보환경 주요 변수[17]

한국의 경우는 압축적인 공업화 및 경제성장에 의한 급격한 국력의 변화를 경험하였다. 그리고 국가안보에 대한 위협인식은 적대하고 있는 북한으로부터 그리고 외부의 지원은 동맹국인 미국에 의해 좌우되어왔다는 점에 주목할 필요가 있다. 안보환경은 한 국가의 안전보장에 영향을 미치는 내외의 제반 환경이다. 환경은 "단위조직이 상호작용하는 체제"[18]에 영향을 미치며 그 체제의 변화요인으로 작용한다. 따라서 안보환경은 국가 체제를 둘러싸고 국가와 상호작용을 통하여 그 국가방위의 중요한 정책을 결정하는 데에 동기를 제공한다.

대내적 안보환경은 국력으로 상징되는 힘을 배경으로 한다. 특히, 적국과의 상대적인 국력 차이는 곧 전쟁수행을 위한 총체적 전력의 차이로 연결되어[19] 우세하면 안정적인 안보환경을 제공하고, 열세하면 위기적인 안보환경을 제공하게 된

---

15) "대한민국헌법," 『국가법령정보센터』, https://www.law.go.kr/(검색일: 2024.12.31.)
16) 안보환경에 관해서는 온만금, "안보환경론", 육군사관학교, 『국가안보론』, 박영사, 2001, 321~350쪽 ; Sam J. Tangredi, "The Future Security Environment, 2001-2025: Toward a Consensus View," Paul J. Bolt, Damon V. Coletta, and Collins G. Shackelford, Jr. eds., *American Defense Policy,* 8th ed.(Baltimore: The Johns Hopkins University, 2005), pp. 48~66 ; Hyun-Chin Lim & Byungki Kim, "Social and Political Dimensions of National Security in Korea," *Asian Perspective.* vol 22, no. 3(1998), pp. 223~258 참조.
17) 이 부분의 내용은 김정기, 『한국 전쟁지도체제의 발전』(서울: 선인, 2021), pp. 69-72의 내용을 부분적으로 보완한 것임.
18) Barry Buzan, *People, States & Fear: An Agenda for International Security Studies in the Post-Cold War Era.* 2nd ed.(ECPR Press, 2007), p. 133.
19) 레이 클라인 저, 국방대학원 안보문제연구소 역, 『국력분석론』, 국방대학원 안보문제연구소, 1981, pp. 13~18.

다. 그리고 최근에는 국민들의 안보의식이나 안보문화도 국내적 안보환경의 중요한 요인으로 분석하기도 한다.[20] 대외적 안보환경은 국제적, 지역적, 국지적 및 국내적 안보환경으로 구분된다.[21] 국가의 안보환경은 그 국가가 처한 상황에 따라 다르며 특히 현존하는 위협으로서 적국이 존재하고 그 적에 공동으로 대응하는 동맹국이 있을 경우에 가장 우선적인 요인은 적국과 동맹국의 태도에서 기인한다.

국방부는 한국의 안보환경을 세계 안보정세, 동북아 안보정세, 북한정세 및 군사위협으로 구분하고 있다.[22] 한국의 입장에서 세계 및 동북아 안보정세보다 더 큰 비중을 차지하는 안보환경이 북한의 대남위협과 미국의 안보지원이다. 따라서 북한의 대남위협은 한국의 국가방위에 직접적인 요인으로 작용하며, 미국의 안보지원과 반비례하여 한국의 위협인식을 증폭시키게 된다.[23]

동맹관계에서 피후견국가는 적국으로부터 직접적인 위협에 노출된 상태에서 후견국가로부터 버림을 받을지 모른다는(안보 공약의 포기 또는 방기라고 표현) 두려움이 위협인식을 확산시켜 이중고를 겪게 된다. 이것이 피후견국가가 일반적으로 겪게 되는 군사적 위협에 대한 취약성의[24] 일종으로서 비대칭동맹관계라는 안보환경에서 나타나는 위협의 원천이다. 한국의 경우도 비대칭적인 한미동맹 관계로서 미국의 안보지원에 있어서 "실체가 주한미군이고 구조는 연합방위체제이며 핵심이 연합지휘체계"[25]이다.

〈그림 5〉은 북한의 대남위협과 미국의 안보지원이라는 두 가지 요소가 한국의 안보환경에 있어서 위협인식을 결정하는 관계를 설명하고 있다. 그리고 그 위협인식의 강도는 I(위기)의 경우 증폭되어 더욱 강해지는 반면, IV(안정)의 경우는 두 가지 요소가 모두 위협인식을 약화시킨다. II(경쟁)와 III(평화)의 경우는 두 가지 요소가 서로 위협을 상쇄시킴으로써 중간 수준의 위협을 유지시킨다.

---

20) 정영진, "한국 안보문화에 대한 실증적 연구: 1988~2006," 국방대학교 안보과정 연구보고서, 2007, pp. 19~29.
21) 온만금, 같은 글, pp. 324~331.
22) 국방부, 『2008 국방백서』, 국방부, 2009, pp. 7~31.
23) 예를 들면 북한이 전면남침이나 분쟁유발의 전략전술을 구사할 때 미국의 대한안보지원 정책이 후퇴하여 방위선에서 한반도를 제외하거나 주한미군을 감축하는 것으로 변화한다면 그 위협인식은 증폭될 수밖에 없다.
24) Barry Buzan, 같은 책, pp. 104~107.
25) 백종천, 『한반도 평화안보론』(세종연구소, 2006), pp. 183.

예를 들어 설명하면 I(위기)의 경우는 후견국가인 미국이 안보공약을 포기하여 안보지원을 철회하고 주한미군을 철수시키는 상태에서 적국인 북한이 전면남침하거나 핵위협 및 국지도발을 통해 위협을 고조시키는 안보환경이다. 잔류했던 주한미군 전투병력이 완전히 철수한 상태에서 1950년 북한의 전면남침을 맞이했던 상황은 최악으로 '사활적 안보환경'이었다고 할 수 있다. 한편, 1968년에서 1979년까지 북한이 분쟁수준의 대남도발을 감행하였던 시기와 1993년과 2003년의 1, 2차 핵위기가 주한미군의 부분적인 철수와 결합되어 위협인식을 증폭시켰던 시기는 '위기적 안보환경'으로 평가할 수 있다.

〈그림 5〉 한국의 위협인식을 결정하는 안보환경 요소[26)]

II(경쟁)의 경우는 북한의 대남위협이 강경하더라도 미국의 한국에 대한 안보지원이 확고한 상황으로서 위협인식은 상쇄된다. 1980년부터 1987년을 예로 들면 북한의 지속된 테러나 침투도발에도 불구하고 주한미군이 유지되거나 부분적으로 증강됨으로써 '경쟁적 안보환경'이 조성되었지만, 국가안보를 위한 균형은 유지되었다. 그러나 이러한 경쟁적 안보환경은 북한군 도발, 미군 개입 순으로 진행되면 한국전쟁 개전 직후처럼 국제전 상황으로 변질될 수 있다.

III(평화)의 경우는 북한이 대남전략을 대화로 전환하고 핵은 물론 공산화를 위한 대남위협을 포기하는 상황과 미국이 한국의 자주국방을 지원하면서 주한미군을 철수하는 상황이 결합된 경우이다. 이 경우 이상적으로 추구하는 '평화적 안보

26) 김만규·문정인 외, 「2000년대 한국 방위산업의 방향과 정책 대안에 관한 연구」, 인하대 국제관계연구소 연구보고서, 1993, p. 133; 김정기, "한국 군산복합체의 생성과 변화," p. 18의 〈그림 2〉를 보완 인용.

환경'이 조성되며 주한미군 철수가 한국의 위협인식을 증대시키지만 북한의 대남 위협이 사라져 이를 상쇄한다. 아직 이런 상황은 없었으나 냉전체제가 해체되고 부분적으로 미군이 철수하면서 남북기본합의서가 채택되었던 1992년 상황이 가장 가까운 사례라고 할 수 있다.

IV(안정)의 상황은 북한의 대남위협이 대화, 핵 및 공산화 포기 등으로 약화 또는 사라지게 되면서 미국의 안보지원은 확고하게 유지되는 경우이다. 2000년 남북정상회담이 있었던 시기를 예로 들 수 있으며 이 시기 주한미군은 감축 없이 유지되었다. 북한이 일당독재 체제가 붕괴되거나, 동독과 같이 다당제로 전환되어 서독에 통합된 것과 같이 평화적 통일로 진행될 수 있는 상황으로 가장 확실하게 한국의 안전을 보장하는 안보환경이다.

제2절 대한민국의 적인 북한

대한제국에 이어 일제강점기에 대한민국임시정부도 그 내부에서 정치적 파벌은 있었으나 엄연히 단일 민족, 단일 정부로 이어져 왔다. 그러나 1945년 8월 15일 일제강점기로부터 해방되면서 북위 38도선을 기준으로 그 이남은 미군이 이북은 소련군이 점령하면서 분단이 가시화되기 시작하였다. 제2차세계대전의 패전국인 독일이 동독과 서독으로 분단된 것처럼 패전국인 일본의 영토를 분리하여 미국과 소련이 각각 차지하는 것이 합당한 것이었다. 그러나 역사의 아이러니는 한반도의 분단으로 이어졌다.[27] 그리고 1948년 8월 15일 남쪽에서는 대한민국(남한) 정부가 수립되었고 다음 달인 9월 9일에는 조선민주주의인민공화국(북한) 정부가 평양에서 수립되었다.

---

27) 북위 38도선을 기준으로 한 한반도 분단은 1944년부터 일본의 항복이 가시화되자 최초 미국, 소련, 영국, 중국이 4분할 하는 안으로 시작해서 미소의 양분 안으로 발전하였다. 그리고 1945년 7월 포츠담(Potsdam) 회담에서 헐(John E. Hull) 미 육군참모차장보 겸 작전국장이 38도선을 기준으로 한 미소의 분할을 제시하였고 소련과 중국이 동의 함으로써 결정되었다. 이완범, 『한반도 분할의 역사』(성남: 한국학중앙연구원출판부, 2013), pp. 177-276.

그리고 1950년 6월 25일 북한의 남침으로 약 3년간의 치열한 전쟁을 치렀으며 어느 일방이 승리하지 못한 채 공산군과 유엔군 쌍방 간 교전 행위만 중단되는 정전협정에 합의하면서 불안정한 휴전 상태가 현재까지 이어지고 있다. 역사 속에서도 한반도는 삼국시대에는 고구려, 백제, 신라가 존재하였으며, 남북국시대에는 발해와 신라, 그리고 후삼국시대에는 다시 후고구려(태봉), 후백제, 신라가 각기 자웅을 겨루면서 교류협력과 전쟁을 반복하였다. 그러나 고려시대 이래로 단일 민족국가로 1,000년 이상을 이어 동족으로 살아온 같은 민족임에도 현실은 엄연한 적이며, 잠시 전쟁을 쉬면서 체제 경쟁과 대결을 지속하고 있다. 북한을 인식하는 데에 있어서 이런 모순적 상황을 좀 더 깊이 이해할 필요가 있다.

1. 같은 민족으로서 북한

남북한은 해방되기 이전까지 역사적 동질성 속에서 지내 온 민족공동체이다. 같은 역사와 전통, 문화와 관습으로 연결되어 있으며 특히 언어적으로 같은 한글(북한은 이를 조선어라 칭함)을 사용하며 원활한 의사소통이 가능하다. 우리 헌법에는 북한에 대한 성격을 규정하지는 않고 있으나 전문에 '평화적 통일의 사명'을 담고 있고 제4조에 '대한민국은 통일을 지향하며, 자유민주적 기본질서에 입각한 평화적 통일정책을 수립하고 이를 추진한다'를 명시함으로써 민족 동질성에 바탕을 둔 같은 민족끼리 남북협력과 평화통일 정책을 뒷받침하고 있다.

가. 같은 민족으로서 역사와 동족 관계의 부침

남북한은 조선시대 말기부터 대한제국 및 일제강점기를 거치면서 정치적으로 분화하여 서로 다른 국민국가를 형성한 측면이 없지는 않다. 특히, 해방 이후부터 정부수립 또는 6·25전쟁까지의 정치·군사적 투쟁의 양태를 보았을 때 국제적 힘의 구조 배분과 결부된 내적 분열은 단일민족국가로의 통일이 매우 어려울 것이라는 예상을 하게 된다. 그렇지만 엄연히 남북한은 동일한 단군 조선의 후예로서 4,358년 이상의 역사를 같이 공유하고 있다.

평화통일을 위한 동족으로서 남북간 교류와 협력은 주변 강대국들의 간섭에 따라 부침을 거듭해 왔다. 엄연히 이는 완전한 자주성을 확보하지 못한 남북한의 숙명일지도 모른다. 내부적으로도 1990년대 말 동구권의 붕괴 및 민주화 이후에는 내부적으로도 남북간 경쟁 또는 협력을 선호하는 정부를 정치적 성향에 따라 선택적으로 투표해 왔다. 현재는 미중간의 경쟁이 심화되면서 신냉전 형태의 국제환경이 조성되었고 남북간의 긴장관계도 더욱 고조되고 있다. 남북한이 주변 정세에 휘둘리지 않고 민족공동체를 지향해 나가려면 강대국에 의존하지 않는 자기 결정권을 온전하게 확보해야 한다. 그래야만 교류협력과 평화통일을 남북한이 합의한 대로 외세의 간섭없이 추진할 수 있을 것이다.

나. 남북기본합의서와 민족협력

남북한이 6·25전쟁 이래 오랜 대결의 시기를 거친 후 획기적으로 협력의 관계를 갖게 된 계기는 1988년 2월 25일 노태우 대통령이 취임하면서 북방외교 추진을 선언하고 그해 서울에서 소련, 동독까지 참석한 하계올림픽이 성공적으로 개최되면서이다. 1989년 11월 9일 베를린 장벽이 붕괴되면서 유럽 공산주의 국가들이 체제를 전환하기 시작하였으며 남북한도 그해에 남북고위급회담을 위한 예비회담이 다섯 차례 실시되었다. 1990년에는 세 차례의 예비회담을 더한 후에 남북고위급회담 본회담이 세 차례 진행되었으며 그 와중에 동서독은 1990년 10월 3일에 통일되었다. 1991년 9월 17일에는 남북한이 동시에 유엔에 가입하였으며, 그달 30일에는 한국은 소련과 공식적으로 수교하였다. 남북한은 그해 12월 13일 제5차 남북고위급회담에서 수석대표(북한은 단장)인 남북한의 총리가 서명함으로써 남북기본합의서를 체결하였다.[28)]

남북기본합의서는 남북한 화해, 상호 불가침, 교류협력 등에 관해 공동 합의한 남북관계 기본 문서이다. 서문에서는 7·4남북공동성명의 조국통일 3대 원칙 재확인, 민족 화해 이룩, 무력 침략과 충돌 방지, 긴장 완화와 평화 보장, 교류 협력을 통한 민족 공동의 번영 도모, 평화통일을 성취하기 위한 공동의 노력 등을 규정하고 있다. 무엇보다 중요한 것은 남북간의 관계를 규정한 서문으로 아래의 원문에서 보듯이 '온 겨레의 뜻, 민족적 화해, 민족공동의 이익과 번영, 나라와 나라 사이의 관계가 아닌 통일을 지향하는 과정에서 잠정적으로 형성되는 특수관계' 등의 표현은 남북한이 동족임을 분명하게 인식하고 평화통일을 위해 협력해

---

28) 공교롭게도 1991년 12월 30일에 소련은 해체되었고, 바로 다음 날인 12월 31일에 한반도비핵화공동선언이 가서명되기도 하였다.

나갈 것을 갈구하는 표현들이다.

남북 사이의 화해와 불가침 및 교류.협력에 관한 합의서(서문)29)

남과 북은 분단된 조국의 평화적 통일을 염원하는 온 겨레의 뜻에 따라, 7·4남북공동성명에서 천명된 조국통일 3대원칙을 재확인하고, 정치 군사적 대결상태를 해소하여 민족적 화해를 이룩하고, 무력에 의한 침략과 충돌을 막고 긴장 완화와 평화를 보장하며, 다각적인 교류·협력을 실현하여 민족공동의 이익과 번영을 도모하며, 쌍방 사이의 관계가 나라와 나라 사이의 관계가 아닌 통일을 지향하는 과정에서 잠정적으로 형성되는 특수관계라는 것을 인정하고, 평화통일을 성취하기 위한 공동의 노력을 경주할 것을 다짐하면서, 다음과 같이 합의하였다.

〈사진 1〉 제1차 남북정상 만남30)

남북기본합의서는 남북한의 총리가 서명한 문서로 서로 국무회의 의결을 거친 후 교환하여 1992년 2월 19일 발효되었다. 그러나 조약으로서 법적 지위를 갖지는 못한다.31) 국회의 동의나 비준을 얻지 못하였고 근본적으로 쌍방의 성격 규정을 국가 대 국가가 아닌 통일을 지향해 나가는 특수한 관계로 규정하였기 때문이다. 이는 동족으로 단일한 통일 국민국가를 형성하는 과정에 있다는 점을 서로 인정하였기 때문이다.

---

29) "남북 사이의 화해와 불가침 및 교류·협력에 관한 합의서," 『통일부 남북관계관리단』, https://dialogue.unikorea.go.kr/ukd/c/ca/usrtalkmanage/View.do(검색일: 2025.1.3.)

30) https://blog.naver.com/ul253060/222630252202(검색일: 2025.2.6.)

31) 남북기본합의서의 법적 성격에 관해서는 김소연, "남북합의서의 법적 성격과 효력," 『공법연구』제47집 제4호(2019), pp. 143-174를 참조.

다. 남북정상회담 합의와 협력, 그리고 무산

제1차 남북정상회담은 2000년 6월 15일 김대중 대통령과 김정일 국방위원장이 평양에서 만나 이뤄졌으며 6·15공동선언에 서명하였다.[32] 여기에서 남북정상은 통일문제를 그 주인인 우리 민족끼리 서로 힘을 합쳐 자주적으로 해결해 나가기로 하고 남측의 연합제와 북측의 낮은 단계의 연방제가 공통성이 있다고 인정하고 이 방향에서 통일을 지향시켜 나가기로 하였다. 제2차 남북정상회담은 2007년 노무현 대통령과 김정일 국방위원장은 평양에서 만나 2007년 10월 4일에 '남북관계발전과 평화번영을 위한 선언(10·4남북공동선언)'이라는 제목의 공동성명을 발표했다. 남북정상은 우리민족끼리 뜻과 힘을 합치면 민족번영의 시대, 자주통일의 새 시대를 열어 나갈 수 있다는 확신을 표명하면서 6.15 공동선언에 기초하여 남북관계를 확대·발전시켜 나가기 위한 8개 항에 합의하였다.[33]

이후 10년간 냉각기를 거친 후 2018년에 4월 27일 판문점에서 문재인 대통령과 김정은 국무위원장이 만나 남북정상회담을 갖고 판문점선언을 발표하였다. 통일을 향한 온 겨레의 염원을 담아 우리 민족 스스로 결정한다는 민족자주의 원칙을 확인하고 이미 채택된 남북 선언들과 모든 합의들을 철저히 이행하여 관계개선과 발전의 전환적 국면을 열어나가기로 하였다.[34] 그러나 그해 9월 문재인 대통령이 평양을 방문하여 능라도 경기장에서 대중연설도 하고 백두산 천지도 올랐으나 채 1년도 안 되어 2019년 2월 27일 하노이 미북정상회담에서 북한의 비핵화와 미국의 대북 경제제재 해제 협상이 합의에 실패하자 판문점선언도 좌초되었다. 하노이 회담의 결렬은 미국의 국내정치적 요소가 주효했지만 한반도비핵화의 당사자로서 절박한 한국의 관망적 자세는 결과적으로 비판받아 마땅했다.[35]

같은 민족으로서 남북협력이 평화통일로 가는 가장 빠른 지름길임에도 불구하고 선거를 통해 나타나는 국민들의 정치적 선호와 주변 강대국의 영향은 외세의

32) "6.15 남북공동선언," 『통일부 남북관계관리단』, https://dialogue.unikorea.go.kr/ukd/c/ca/usrtalkmanage/View.do(검색일: 2025.1.3.)
33) "남북관계 발전과 평화번영을 위한 선언," 『통일부 남북관계관리단』, https://dialogue.unikorea.go.kr/ukd/c/ca/usrtalkmanage/View.do(검색일: 2025.1.3.)
34) "한반도의 평화와 번영, 통일을 위한 판문점 선언," 『통일부 남북관계관리단』, https://dialogue.unikorea.go.kr/ukd/c/ca/usrtalkmanage/View.do(검색일: 2025.1.3.)
35) 박휘락, "싱가포르와 하노이 미북 비핵화 회담에서의 한국의 중재 역할 평가," 『국제정치연구』제22집 4호(2019), pp. 51-79.

간섭없이 자주적으로 해결하려는 노력을 번번이 무산시켜왔다. 대한민국의 헌법에 명시된 평화적 통일을 변함없이 자주적으로 추진해 나가려면 무엇보다 주권 행사의 자기 결정권을 온전히 확보했을 때 가능할 것이다.

2. 적으로서 북한

조선민주주의인민공화국이 정식 명칭인 북한은 동족이지만 한편으로는 대한민국의 헌법상 영토인 한반도의 휴전선(군사분계선) 이북을 무력으로 점령하고 있는 반국가세력의 집합체이며 대한민국을 위협하는 적이다. 휴전선 이북의 한반도에는 대한민국의 주권이 미치지 못하고 있고 김정은 정권의 정치, 군사, 경제, 행정, 사법 체계가 작동하고 있고 전한반도를 '김일성·김정일주의화'하겠다고 노동당 규약에 명시[36]하여 추구하는 대한민국의 반란 세력이 강화되어 정상 국가를 참칭하고 있다. 언제부터 북한이 적이 되었고, 구조화되었으며 지금은 어떤 상황인지를 살펴보자.

가. 냉전의 시작과 남북 적대 관계의 국제적 기원

일제강점기로부터 해방된 후 38도선을 사이에 두고 북쪽에는 소련군이 남쪽에는 미군이 군정을 통해 해방정국을 맞이하였다. 3년간의 짧은 이 기간에 남쪽에는 대한민국이 북쪽에는 조선민주주의인민공화국이 각기 미국과 소련의 체제를 이식받아 자본주의 민주공화국과 사회주의 인민공화국으로 탄생하였다. 소련과 미국은 제2차세계대전 당시에는 정치체제와 이념은 달랐지만 침략국인 독일과 일본을 상대로 한 연합국의 일원이었다. 즉, 같은 배를 탄 전우 관계였다. 그런데 전후 처리 과정에서 세계질서를 양분하게 된 두 강대국이 충돌하기 시작했다. 소련은 동유럽을 중심으로 힘을 확장하였고 미국은 1946년 2월 본국에 타전한 소련 주재 외교관 캐넌(George Kennan)의 봉쇄정책을 주창한 전보[37]를 필두로

36) "당면목적은 공화국북반부에서 부강하고 문명한 사회주의사회를 건설하며 전국적 범위에서 사회의 자주적이며 민주주의적인 발전을 실현하는데 있으며 최종목적은 인민의 리상이 완전히 실현된 공산주의사회를 건설하는데 있다"라고 명시, "노동당규약," 국가정보원, 『북한법령집 상』(2024), p. 56.

37) 소련에 파견된 미국 외교관이었던 캐넌이 작성한 전보로 소위 Long Telegram이라고 하며, 소련은 오랜 외세의 침입에 의한 역사로 인해 다른 국가들을 신뢰하지 않게 되었고, 사실상 이성적인 대화가 불가능하다고 주장하였다. 하지만 공산주의 진영은 봉쇄를

1948년부터는 마샬 플랜(Marshall Plan)[38]을 가동하여 소련의 서진을 봉쇄하기 시작했다. 그런데 캐넌의 분류에 의하면 한반도는 방어해야 할 핵심적인 중요 지역이 아니었다.

남북한의 정부수립이 완료된 후 소련은 북한지역에서 모든 소련군을 1948년 12월까지 철수할 것이라고 미국에 통보하였고, 미국도 1949년 6월 29일 495명의 군사고문단만 남기고 모든 미군을 한국에서 철수하였다. 그해 10월 1일에 모택동이 이끄는 공산당은 중국 대륙에서 장개석의 국민당군을 대만으로 축출하고 베이징에서 중화인민공화국을 선포하였다. 미국은 캐넌의 개념에 따라 이미 외곽지역으로 분류된 한반도를 1950년 1월 12일 애치슨(Dean Acheson)라인을 선언하여 미국의 극동방위선에서 대만과 함께 배제하였다.[39] 남침을 통해 전한반도의 공산화를 위한 조국해방전쟁을 준비하던 김일성은 1950년 4~5월 극비리에 2차로 모스크바와 베이징을 연쇄 방문하여[40] 스탈린과 모택동을 만나 비밀리에 전쟁 지원을 약속받았다.

통해서 작은 세력들로 쪼개질 가능성이 있다고 판단하였다. 즉 힘의 논리에 의해 자유진영을 중요한 구역들과 외곽 구역들로 나눠 중요 구역들의 방어에 집중하는 봉쇄가 필요하다고 역설하였다. 한반도는 중요 구역 밖의 외곽지역으로 분류되었다.

38) 유럽부흥계획(European Recovery Program, ERP)이 정식 명칭이며 1947년 트루먼독트린이 발표되고 그 연장선상에서 당시 미국의 국무장관이었던 조지 마셜이 제창하여 마셜 플랜이라 불리며, 공산권의 세력이 유럽에서 확장되는 것을 방지하는 것이 목적 중 하나였다.

39) 1950년 1월 12일 애치슨은 이틀 전 상원 외교위원회의 비밀회담에서 제시한 대로 워싱턴 내셔널 프레스 클럽에서 열린 전미국신문기자협회에 참석하여 미국의 동북아시아 방위선을 알류샨 열도-일본-오키나와-필리핀을 연결하는 소위 '애치슨 라인'으로 연설하였다. 한반도와 대만 및 인도차이나반도가 그 방위선에서 제외된 것이다.

40) 김일성과 박헌영은 이미 1949년 3월 소련을 방문하여 조소군사비밀협정으로 특별군사고문단과 10억 원의 군사물자 지원을 포함한 전력 증강을 약속받았고, 이어 중국과 조중상호방위협정을 체결하여 조선의용군을 북한군으로 편입할 수 있었다.

〈그림 6〉 애치슨 라인[41]

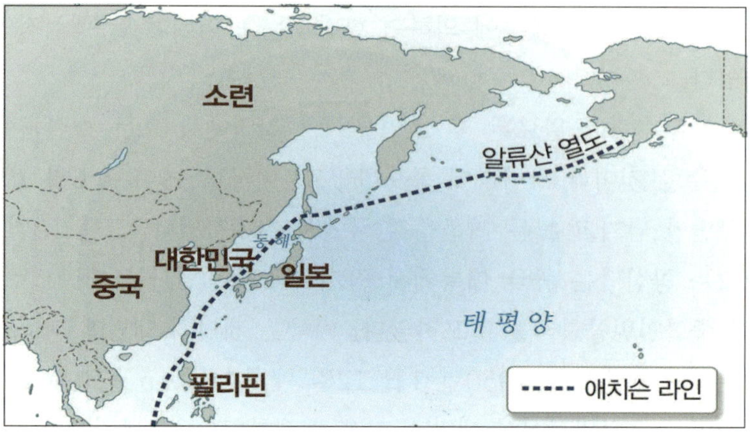

제2차세계대전의 전후처리를 하면서 미소가 유럽에서 전쟁을 피하는 대결인 냉전을 유럽에서 시작하자 이것이 동북아시아에서 열전으로 비화된 것이 한국전쟁이었다. 한민족은 36년의 일제강점기를 거치면서 독립투쟁을 계속했으나 자력으로 주권을 회복하지 못하고 소련과 미국에 의해 분할 점령되면서 군정으로 이어졌다. 그리고 미소가 적대 관계로 돌아서면서 미소에 의존적 상태였던 남북한은 자동적으로 적대관계로 진입하게 되었다. 특히, 김일성과 이승만 정부는 조국해방전쟁과 북진통일을 외치며 쌍방이 서로를 타도해야 할 대상으로 규정하였다. 냉전이 남북한의 적대적 공생관계에 기원과 배경이 되었다.

나. 6·25전쟁과 적대 관계의 강화, 확산

소련과 중국의 지원을 약속받은 북한은 1950년 6월 10일 비밀군사작전회의를 통해 1, 2군단을 창설하고 대기동작전훈련을 명목으로 남침 선제타격계획을 실행하였다. 6월 23일까지 38도선 인접지역으로 전연 사단들이 전개하였다.[42] 그리고 105전차여단은 각 1개 연대씩 문산, 연천, 운천 축선에 투입되어 6월 25일 새벽 전전선에 걸쳐 남침을 감행하였다. 북한의 남침으로 동족상잔의 전면전쟁이 시작된 후 초기 전투에서 3일 만에 서울을 점령한 후, 미24사단이 7월 5일부터

41) "애치슨 라인," 『나무위키』, https://namu.wiki/w/애치슨%20라인(검색일: 2025.1.4.)
42) 옹진반도에 3여단, 개성 북방에 6사단, 고랑포에 1사단, 연천에 4사단, 운천에 3사단, 화천에 2사단, 인제에 12사단, 양양에 5사단이 전개되었다. 김정기, 『한국 전쟁지도체제의 발전』(서울: 선인, 2021), pp. 87-89.

투입되었는데도 7월 20일 대전을 함락시키며 기세를 올렸다. 이제 전쟁은 북한군(조선인민군) 대 유엔군(미군+한국군)의 싸움으로 확대되었다.

낙동강 방어선에서 북한군의 공세를 막아낸 유엔군은 9월 15일 인천상륙작전을 통해 반격에 성공하여 10월 1일 38도선을 돌파하여 북진하였다. 서부전선으로 진격하던 국군은 6사단이 압록강변의 초산을 점령하기도 했으나 잠복해 있던 중화인민공화국 인민지원군(중공군)이 10월 25일부터 1차 공세를 시작하여 후퇴하지 않을 수 없었다. 남북한의 전쟁이 북한군 대 유엔군+국군을 넘어서 북한군+중공군 대 유엔군+국군의 국제전쟁으로 다시 확대되었다. 따라서 군사고문단과 무기를 북한에 지원하는 소련과 함께 실병력을 참전시킨 중국도 대한민국의 적이 되었다. 전쟁이라는 교전 당사자들 간의 죽고 죽이는 유혈 적대행위 속에서 1953년 7월 27일까지 밀고 밀리는 전투가 이어졌다.

〈사진 2〉 정전협정 서명 장면[43)]

전쟁이 끝나지 않고 중단된 것은 평화 협상이 아니라 휴전을 위한 유엔군과 공

43) 정전협정서의 서명은 협상 대표인 유엔군측 해리슨(William K. Harrison Jr.) 중장과 공산군측 남일 대장이 판문점 회의장에서 7월 27일 오전 10시에 먼저한 후, 유엔군총사령관 클라크(Mark Wayne Clark) 대장이 문산에서 하고 조선인민군 최고사령관 김일성은 평양에서 오후 10시에 서명하였으며, 중국인민지원군 사령원 팽덕회(彭德懷)는 다음날인 28일 개성 내봉장에서 마지막으로 서명하였다. 국방부 군사편찬연구소, 『6·25전쟁사 11: 고지쟁탈전과 정전협정 체결』(2013), pp. 701-706.

산군 간의 2년 이상의 긴 협상이 타결되었기 때문이다. 포로교환 문제로 결렬되었던 회담이 1953년 3월 5일 스탈린이 사망한 후 유엔군이 부상 포로 교환을 제안하였고 이를 공산군이 수용하면서 재개되었다. 그리고 자유 송환을 희망하던 이승만 대통령이 강제 송환될 상황인 반공포로 약 26,900여 명을 6월 18일 기습 석방하면서 휴전 협상이 위기에 처했으나 공산군은 금성지구 최종 공세로 금성천 이북을 차지하는 것으로 일단락되어 협상은 타결되었다.[44] 이 과정에서 포로 교환은 자국을 선택하지 않을 경우 중립국 감독하에 쌍방이 설득한 후 본인의 선택에 따라 송환하는 것으로 합의하여 정전협정 서명 이후까지 진행되었다.

결국 전쟁은 남북한은 물론이고 유엔군과 공산군으로 참전한 장병들의 수많은 전사자, 부상자, 실종자, 실향민, 이산가족 등 상흔을 남기고[45] 3년 1개월 2일 만에 중단되었다. 서로 간의 적대감은 최대로 고조되었고 적화통일과 북진통일은 정치적 구호이면서 타방에 대한 적대적 정복 의지를 표현하는 일종의 신념이자 이념이 되었다.

다. 남북 적대 관계의 현재와 전망

정전협정이 체결된 이후 2025년인 현재까지 78년이 흘렀다. 그동안 남북한은 체제 경쟁, 침투 또는 국지적 도발에 의한 대결, 대화와 협력, 북한의 핵개발로 인한 새로운 군비경쟁 등으로 애증의 관계를 지속해 왔다. 미중의 대결이 본격화된 2010년 이후 북한은 2011년 김정일의 사망으로 김정은이 등장하면서 핵무기의 전력화를 본격적으로 추진하였다. 물론 김정일이 집권하던 2006년 10월 9일과 2009년 5월 25일에 이미 두 차례에 걸쳐 핵실험을 한 상황이었으나 김정은이 등장한 후에는 본격적으로 핵을 무기화하는 방향으로 직진하였다. 특히 2016년 1월 6일과 9월 9일에 4차와 5차 핵실험을 연달아 실시하였고, 핵실험과 동시에 잠수함발사탄도미사일(SLBM: Submarine-Launched Ballistic Missile)과 중거리탄도미사일(IRBM: Intermediate-range Ballistic Missile) 급의 미사일 시험 발사를 계속하면서 핵무기의 전력화에 박차를 가하였다.[46]

---

44) 정일영, “한국전쟁의 종결에 관한 연구: 휴전협상의 지연과 협정체결의 요인 분석,” 『현대북한연구』제16권 2호(2013), pp. 7-40.

45) 국군은 621,479명, 유엔군은 154,878명, 공산군은 366,000여 명이 사상 및 실종되었다. 이중근 편저, 『6·25전쟁 1129일』(서울: 우정문고, 2013), pp. 1002-1003.

북한의 핵무기전력화가 정점에 다다른 것은 2017년이었다. 9월 3일 실시한 6차 핵실험은 폭발력이 100kt~140kt에 달하면서 내부적으로 북한이 주장한 대륙간탄도탄(ICBM: Intercontinental Ballistic Missile) 장착용 수소탄 실험이라고 했듯이 대외적으로도 수소폭탄을 실험한 것으로 평가되었다. 그리고 그해 11월 29일 ICBM급 사거리를 확보한 화성15호 시험발사를 성공한 후 북한은 핵무력 완성을 선포하였다.[47] 그 과정에서 북한은 대남 및 대미 위협을 고조시키면서 2018년 전격적으로 대미협상에 나서게 되었다. 2018년부터 2019년까지 이어진 대화 국면에서도 한국은 북한의 고도화되는 북한의 핵능력에 대응하기 위하여 미국의 핵전력을 활용하기 위한 협력을 강화하면서, F-35 스텔스전투기 등 전략무기를 도입하기로 하였다. 재래식 무기에 의한 일상적 위협에서 핵무기에 의한 공포와 함께 남북간 적대감도 증폭되었다.

〈그림 7〉 북한의 1~6차 핵실험 비교[48]

	1차	2차	3차	4차	5차	6차(추정)
실험일자	2006.10.9	2009. 5.25	2013. 2.12	2016. 1.6	2016. 9.9	2017. 9. 3
인공지진(규모)	3.9	4.5	4.9	4.8(기상청)	5.04(기상청)	5.7(기상청)
실험 장소	풍계리 동쪽 갱도	풍계리 북쪽 갱도	풍계리 북쪽 갱도	풍계리 북쪽 갱도	풍계리 북쪽 갱도	풍계리 북쪽 갱도
원료	플루토늄	플루토늄	고농축 우라늄 추정	북한, 수소탄 발표 · 증폭핵분열탄	증폭핵분열탄	북한, 수소탄 실험 발표

1kt(킬로톤) = TNT 1000 t 폭발력 자료/ 국방부 등 자료 종합 연합뉴스

---

46) 김정기, "2010년대 북한의 도발과 한국 전쟁지도체제의 대응 분석," 『한국군사학논집』 제76집 제3권(2020), pp. 371-372.

47) 김정기, "6.25전쟁(1950~1953년)과 핵미사일 갈등(2017~2019년) 비교 연구," 『국방연구』 제65권 제3호(2022), pp. 48-49.

48) 연합뉴스 반종빈 기자 페이스북 자료를 『나무위키』, https://namu.wiki/w/북한의20%핵개발(검색일: 2025.1.6.)에서 재인용.

북한의 핵무기전력화는 2022년 이후 대남용 신형 이스칸데르형인 화성 12호나 북극성 계열의 SLBM 등 대남용 미사일 개발에도 열을 올렸다. 2023년 9월 9일에는 러시아 국방장관이 북한의 무기장비 전시회를 참관한 상태에서 무인정찰기, 무인공격기, 수중 드론, 신형 다련장 등의 전술 무기를 선보였다.[49] 러시아는 2022년 2월 24일부터 시작한 우크라이나 전쟁에서 고전하고 있는 상황에서 국제적으로 고립되고 있어 북한과의 군사협력이 요긴한 상황이다. 2024년 6월 19일 북한은 러시아와 '포괄적이며 전략적인 동반자관계를 수립함에 관해 국가간 조약'을 체결하고 군사·경제협력을 강화하기로 하였다. 이 조약에는 쌍방에 대한 자동 군사개입 조항이 포함된 것으로 알려졌다. 이는 이미 중국과 자동 개입조항이 있는 군사동맹이 유효한 상황에서 러시아가 추가되면서 북중러 핵보유 삼각동맹이 가능해졌다는 것을 의미한다. 물론 중국은 이에 대한 평가를 자제하는 등 한국과 미국을 자극하지 않고 있기는 하다. 그러나 동북아시아 지역에서 핵전력의 불균형은 3:1로 현실이 되었다.

특히 북한은 2024년 신년사를 대신하는 노동당 전원회의 결정문에서 남북관계를 더 이상 같은 민족이 아닌 별개의 국가 대 국가의 관계이며, 제거해야 할 적국으로 규정하였다. 2023년 12월 26일부터 30일까지 개최한 제8기 제9차 전원회의에서 2024년도 정책 방향을 결정하며 김정은(노동당 총비서)은 남북관계를 동족관계가 아닌 적대적 두 국가관계이며, 전쟁중에 있는 교전국 관계라고 규정했다.[50] 이는 대남 적대 인식을 여과 없이 드러내고 언제라도 군사도발을 할 수 있는 길을 열어놓은 것이라고 평가할 수 있다. 그리고 2024년 10월 17일 남북철도 연결구간을 폭파하면서 '대한민국을 철저한 적대 국가로 규제한 공화국 헌법의 요구와 적대 세력들의 엄중한 정치·군사적 도발 책동으로 말미암아' 출발한 필연적이며 합법적인 조치라고 밝혔다.[51] 이는 2024년 10월 7~8일 최고인민회의 개최시 헌법을 개정하여 대한민국을 적대국가로 명시한 것으로 보인다.

---

49) 김정기, "김정은 시대 북한의 전쟁지도체제 유형 변화와 특징," 『국가전략』 제30권 2호(2024), pp. 27-28.

50) 이승열, "조선노동당 제8기 제9차 전원회의 분석과 2024년 남북관계 전망," 국회입법조사처, 『이슈와 논점』 제2177호(2024.1.19.), pp. 1-4.

51) 강병철·곽진웅, "북, 대한민국은 적대국…헌법에 못박았다," 『서울신문』, https:// www.seoul.co.kr/news/politics/diplomacy/2024/10/18/20241018001005(검색일: 2024.1.6.)

2025년 신년사를 대신하는 2024년 12월 23일부터 27일까지 노동당 전원회의 결정문에서는 극도로 악화되는 지역의 안전환경에 대처하여 단호한 강경대응태세를 견지하면서 압도적인 전력강화로 평화와 안정을 굳건히 고수하였다고 평가하였다. 그리고 2025년에도 전망적인 국익과 안전보장을 위하여 반공을 국시로 하는 미국 '최강경 대미대응전략을 천명하면서 대한민국이 미국의 철저한 반공 전초기지로 전락되었다'고 개탄하였다.[52)]

2024년 12월 3일 대한민국은 민주화 이후 초유의 비상계엄 발령으로 인해 대통령이 국회에서 탄핵안이 가결되어 헌법재판소에 심리가 진행 중이다. 남북한은 국가의 안전보장과 국토의 보위라는 국가방위의 기본 사명을 우선해야 하는데 정권의 연장과 권력의 강화를 위해 국가방위 책무를 다해야 할 장병들을 본연의 임무와는 전혀 다른 곳으로 투입하는 잘못을 범하였다. 전시이든 평시이든 자국의 국민은 보호하는 것이 국군의 사명이다. 체포하고 살상을 가해야 하는 것은 전시 상황에서 적군이 그 대상일 뿐이다. 이를 혼동하는 것은 국가방위군인 국군의 사명을 모르는 무지이며, 알았다면 무시하고 범죄를 자행하는 것이다.

북한의 김정은은 우크라이나전쟁의 전선 지역으로 특수군단 소속 병력 약1만 명을 파견하였고, 대한민국에서는 국군이 국회의사당과 선거관리위원회로 병력을 투입하였다. 이러한 현상은 대한민국의 국가방위를 담당할 미래 군간부들에게 주는 시사점이 크다고 볼 수 있다. 적으로서 북한은 핵무기를 전력화한 상태에서 러시아와 군사동맹을 강화하고 실전경험을 축적하기 위해 전쟁지역으로 병력을 보냈다. 이는 다분히 추후 대한민국에 위협적 요인으로 작용할 가능성이 높다. 그리고 실패한 계엄의 후과를 겪고 있는 대한민국은 향후 군사작전에서 불법적 명령은 종말을 고했다고 평가할 수 있다. 장차 대한민국 군간부들과 장병들은 동족이면서 적인 북한군도 합법적 군사작전으로 제압해야 한다는 것을 주지시켜 주었다.

---

52) 이승현, "북, 연말 당전원회의(12.23~27)서 '최강경 대미대응전략' 천명," 『통일뉴스』, https://www.tongilnews.com/news/articleView.html?idxno=212448(검색일: 2024. 1.6.)

제3절 대한민국의 동맹인 미국

한미관계의 시작은 1866년 9월 5일 제너럴셔먼호가 평양 대동강에서 불탄 사건으로 거슬러 올라간다. 이를 빌미로 미국은 1871년 신미양요를 일으켰고 우여곡절을 겪은 후 1882년 대한제국과 수호통상조약을 체결하며 외교 관계를 수립하였다. 이후 미국의 친일 정책으로 카쓰라-태프트 밀약이 체결된 후 대한제국이 일제에 병탄되었다. 그리고 36년의 일제강점기를 지나 1945년 해방되면서 미국은 소련과 합의하여 한반도를 38도선으로 나누어 그 이남을 점령하고 미 군사정부(군정)를 설치하였다. 대한민국정부 수립 이후 1949년에 한반도 내 미군을 완전 철수하였으나 1년 후 6·25전쟁이 발발한 직후 다시 전면 개입하여 유엔군 이름으로 공산군과 3년을 싸웠다. 승자도 패자도 없는 상태에서 미군 유엔군총사령관이 공산군(북한군+중국군)의 두 사령관과 정전협정에 서명함으로써 전쟁은 중단되었고, 그 직후 한미동맹조약이 체결되었다. 그리고 현재까지 군사분계선 이남의 정전체제 관리는 유엔군사령관 책임하에 이뤄지고 있고 한국군에 대한 전시작전통제권도 여전히 유엔군사령관을 겸하는 미군 연합군사령관이 행사하고 있다.

이런 미국은 함께 전쟁을 치른 전우이자 든든한 지원국인 동맹이기도 하면서 동시에 대한민국의 자율성을 제한하는 패권국의 성격도 가지고 있다.

1. 동맹으로서 미국

동맹으로서 미국은 상황에 따라 다르긴 했으나 대체로 역사적으로 한국에게 일방적으로 도움을 주고 지원하는 후견국이었다. 그러나 지금 시점에서 대한민국의 국제적 위상은 국력의 주요 지표인 경제, 군사적 통계로 봐도 달라졌고, 미국도 한국과 상호지원하는 전략적 동맹관계를 요구하고 있다.

가. 한미동맹 체결과정

1953년 6월 정전을 위한 협상이 막바지에 다다른 시점에서 18일 이승만 대통령의 반공포로 석방은 한국에 대한 미국의 관심을 증폭시켰다. 다음날인 6월 19일 이승만 대통령은 미국의 아이젠하워 대통령에게 서한을 발송하여 정전협정 체결을 위해서는 한미상호방위조약의 체결과 중국군의 철수 및 정치회담의 기간을 제한할 것 등 3가지 조건을 요구하였다. 6월 24일에는 요구가 수용되지 않으면 한국군의 작전지휘권도 환수할 것임을 통고하면서 압박하였다. 다음 날 로버트슨(Walter S. Robertson) 미 국무부 차관보가 대통령특사로 방한하여 7월 12일 이승만 대통령을 만나 한미상호방위조약 체결에 합의하였다. 휴전이 조인되기 이전에 이를 실행하기 위해서 7월 20일 변영태 외무장관이 휴전 조인 불참 성명을 발표하였다. 그러자 덜레스(John Foster Dulles) 미 국무장관이 6월 24일에는 휴전회담 후 한미정상회담 개최를, 25일에는 미국의 대한국 긴급경제원조 2억 달러를 지원하는 계획을 발표하였다.[53)]

휴전 직후 덜레스 장관이 내한하여 1953년 8월 7일 이승만 대통령을 만나 상호방위조약 체결에 완전히 합의하고 군사 및 경제원조에 관해서도 합의하였다. 그리고 다음 날인 8월 8일 중앙청에서 변영태 외무장관과 조약의 원안에 가조인하였다. 조약은 10월 1일에 워싱턴에서 정식으로 서명하였고, 1954년 1월 15일에 한국 국회에서 비준되었으며 1월 26일에는 미국 상원에서 양해사항(외부로부터 무력공격 외에는 원조의 의무를 지는 것은 아니다)을 추가한 후 통과되었다. 그러나 6월 15일 제네바 정치회담이 결렬되고 미국의 실질적인 지원(군사 및 경제원조)이 지연되자 이승만 대통령은 북진통일론으로 다시 미국을 압박하였고, 7월 2일 미국은 방미를 초청하였다. 7월 25일부터 8월 13일 미국을 방문한 이승만 대통령은 미국으로부터 5개년 동안 10억 달러 원조를 확약받았다.[54)]

그리하여 1954년 11월 17일에 양국의 비준서가 교환되어 정식 발효되었으며, 서울에서 변영태 외무장관과 브릭스(Ellis O. Briggs) 주한 미대사가 한미합의의사록(한국에 대한 군사 및 경제원조에 관한 대한민국과 미합중국간의 합의의사록)에 서명하였다.

53) 국방부, 『국방사 2』(1987), pp. 557-558.
54) 외무부 외교연구원, 『한국외교의 20년』(1967), pp. 87-88.

〈사진 3〉 한미상호방위조약 서명[55)]

나. 군사동맹으로서 미국의 역할

한미상호방위조약에 담고 있는 미국의 대한민국 국가방위에 관한 역할은 광범위하다. 조약은 아래와 같이 전문과 4개의 기본 조항 및 2개의 행정 조항으로 구성되어 있다. 그리고 미 상원에서 추가한 양해사항이 추가되어 있다.

대한민국과 미 합중국간의 상호방위조약[56)]

본 조약의 당사국은,

모든 국민과 모든 정부가 평화적으로 생활하고자 하는 희망을 재확인하며, 또한 태평양 지역에 있어서의 평화 기구를 공고히 할 것을 희망하고,

당사국 중 어느 1국이 태평양 지역에 있어서 고립되어 있다는 환각을 어떠한 잠재적 침략자가 갖지 않도록 외부로부터의 무력 공격에 대하여 그들 자신을

55) 1953년 10월 1일 미국 워싱턴에서 변영태(오른쪽) 한국 외무부 장관과 존 포스터 덜레스 미국 국무부 장관이 한미상호방위조약서에 정식 서명하는 장면, 국사편찬위원회 전자사료관 자료를 김철환, "한미동맹의 성립 〈상〉 한국 입장서 본 한미상호방위조약," 『국방일보』(2023.1.1.), https://kookbang.dema.mil.kr/newsWeb/20230 102/20/ATCE_CTGR_0010010000 /view.do(검색일: 2025.1.7.)

56) 제5, 6조 및 미국의 양해사항을 포함한 조약의 전체 내용은 부록 3을 참조, 국방부 군사편찬연구소, 『한미군사관계사 1871~2002』(2002), pp. 731-732.

방위하고자 하는 공동의 건의를 공공연히 또한 공식으로 선언할 것을 희망하고,
또한 태평양 지역에 있어서 더욱 포괄적이고 효과적인 지역적 안전보장 조직이 발달될 때까지 평화와 안전을 유지하고자 집단적 방위를 위한 노력을 공고히 할 것을 희망하여 다음과 같이 동의한다.

제1조 당사국은 관련될지도 모르는 어떠한 국제적 전쟁이라도 국제평화와 안전과 정의를 위태롭게 하지 않는 방법으로 평화적 수단에 의하여 해결하고 또한 국제관계에 있어서 국제연합의 목적이나 당사국이 국제연합에 대하여 부담한 업무에 배치되는 방법으로 무력에 의한 위협이나 무력의 행사를 삼갈 것을 약속한다.

제2조 당사국 중 어느 1국의 정치적 독립 또는 안전이 외부로부터의 무력 공격에 의하여 위협을 받고 있다고 어느 당사국이든지 인정할 때에는 언제든지 당사국은 서로 협의한다. 당사국은 단독으로나 공동으로 자조(自助)와 상호 원조에 의하여 무력 공격을 저지하기 위한 적절한 수단을 지속 강화시킬 것이며 본 조약을 이행하고 그 목적을 추진할 적절한 조치를 협의와 합의하에 취할 것이다.

제3조 각 당사국은 타 당사국의 행정 지배하에 있는 영토와 각 당사국이 타 당사국의 행정 지배하에 합법적으로 들어갔다고 인정하는 금후의 영토에 있어서 타 당사국에 대한 태평양 지역에 있어서의 무력 공격을 자국의 평화와 안전을 위태롭게 하는 것이라 인정하고 공통한 위험에 대처하기 위하여 각자의 헌법상의 수속에 따라 행동할 것을 선언한다.

제4조 상호적 합의에 의하여 미합중국의 육군, 해군과 공군을 대한민국의 영토 내와 그 부근에 배치하는 권리를 대한민국은 이를 허여(許與)하고 미합중국은 이를 수락한다.

이를 정리해 보면 전문에서는 태평양지역에서 평화기구의 공고화, 외부의 무력 공격에 대한 방위를 위해 공통의 결의 선언, 태평양지역에서 집단적 방위 노력 공고화를 담고 있다. 이는 미국이 필요한 태평양 안보와 한국이 필요한 북한의

무력침공에 대비한 양국의 역할을 기술한 것이다.

제1조는 국제분쟁의 평화적 해결과 유엔과 배치되는 무력행위의 배제하는 책무를, 제2조에서는 일국이 무력공격을 받을 경우 협의를 통해 자조와 상호원조의 강화를 담고 있다. 제3조는 쌍방이 서로 파견 주둔하는 국가가 무력공격을 받으면 자국의 평화와 안전을 위태롭게 하는 것으로 인정하고 공통의 위험에 헌법상 수속에 따라 대처할 것을 명시하고 있다. 제4조는 미군의 대한민국 영토 내와 그 부근에 배비하는 권리를 규정하고 있다.

이와 같은 한미상호방위조약에 의해 미국의 역할은 평시 주한미군을 주둔시키면서 한국이 무력공격을 받지 않도록 방위의지를 확고하게 하고, 공격을 받을 경우에는 미국의 평화와 안전을 지키기 위해 미국의 헌법에 따라 한국을 군사적으로 원조하는 것이 핵심적인 역할이다. 즉, 평시 주한미군이 상주하면서 외부의 침략을 억제하며 나아가 전시에는 증원을 통해 한미가 공동으로 이를 격퇴하는 것이다. 이를 위해 현재도 약 28,500여 명의 미군이 한국에 주둔하고 있으며, 연합전시증원연습(RSOI: Reception, Staging, Onward movement, and Integration))을 포함한 한미 연합연습 및 훈련을 정례적으로 실시하고 있다.

다. 전략동맹으로 발전

한미동맹은 북한의 재래식 전쟁위협에 대비하는 데에서 출발하여 현재는 핵전쟁을 억제하고 대응하는 전략동맹으로 발전하였다. 한미동맹은 조약을 체결, 비준하면서 미 상원이 부기한 양해사항에 의하면 외부로부터의 무력공격을 받을 경우에만 원조의 의무를 지는 것으로 명시하고 있다.

견고했던 한미동맹도 몇 번의 곡절을 겪었다. 1965년 미국은 베트남전에서 고전을 면치 못하면서 한국에 전투부대 파병을 요청하였다. 한국군의 해외파병은 북한의 기습 남침에 대한 우려로 인해 곤란한 상황이었지만 한국은 미국으로부터 추가 군사 및 경제원조를 약속하는 브라운각서(Brown Memorandum)[57]를 받

57) 1964년 12월 28일 브라운 주한 미국 대사가 박정희 대통령을 방문하여, 한국군 증파를 요청하였다. 이에 1965년부터 전투부대를 파병하기 시작했으며, 1966년 3월 7일에 브라운 대사와 이동원 외무부 장관이 각서를 체결하고 한국에 대한 미국의 군사 및 경제 발전 지원에 대한 16개 항을 약속하였고, 한국은 1973년 철군할 때까지 8년 5개월 동안 32만여 명을 베트남전에 파병하였다. "브라운각서," 『위키백과』, https://ko.wikipedia. org/wiki/브라운_각서(검색일: 2025.1.8.)

고 추가 파병에 나섰다. 미국은 1968년 1·21사태 당시 김신조를 포함한 북한의 무장공비가 청와대를 기습하는 사건 당시 미2사단이 담당하던 문산지역으로 침투한 공비에 대한 대응에 미군은 적극적 조치를 하지 않았다. 반면에 이틀 후 동해안에서 미해군 정찰선인 푸에블로호가 납북되자 한국군의 전평시 작전통제권을 가지고 있던 유엔군사령관이 데프콘-II를 발령하면서 대북 압박에 나섰다. 자국 문제 해결이 우선인 상황에 직면하자 한국은 4월 1일부로 예비군을 창설하고 대간첩작전본부를 설치하여 대간첩작전에 대한 한국군 작전통제권을 스스로 행사하기 시작하였다. 그후 한국은 베트남전에 전투부대를 추가 파병했으나 미국은 오히려 주한 미7사단을 철수하면서 갈등이 지속되었고 한국은 자주국방을 추진하는 일종의 갈등적 상황이 전개되었다.

1975년 베트남전 종료로 잠잠했던 갈등은 1977년 카터(Jimmy Carter) 미 대통령이 주한미군에 대한 3단계를 감축 추진하면서 재현되었다. 박정희 대통령은 자주국방에 박차를 가하면서 미사일인 '백곰'개발 프로젝트를 가동하고 동시에 극비리에 핵개발을 모색하면서 갈등이 정점에 이르렀다. 1979년 1월 미하원에 의해 3단계 감축이 중단되고, 10월 26일 김재규가 박정희 대통령을 저격하면서 갈등도 수면 아래로 가라앉았다.

다시 주한미군 감축이 추진된 것은 탈냉전 이후 1990년대 초 미국이 동아시아 전략구상(EASI: East Asia Strategic Initiative)하에 비전투원의 철수와 평시작전통제권의 한국 합참으로 전환 등 한국방위의 한국화를 가속화하였다. 그리고 2001년 미국은 9·11테러를 당하고 난 다음 아프가니스탄에 이어 이라크전쟁을 동시에 추진하면서이다. 해외주둔미군재배치검토(GPR: Global Positioning Review) 일컬어지며 전략적유연성 차원에서 2004년 8월 2일 실제로 주한 미2사단의 2여단을 일방적으로 철수시키켰다. 그리고 한미 협의 하에 판문점 공동경비 임무 등 10대 군사임무도 한국군으로 전환하면서 한국은 협력적 자주국방과 전시작전통제권 환수도 추진하였다.[58]

이런 과정을 거친 후 2008년 등장한 이명박 대통령은 김대중, 노무현 정부에 의해 추진된 남북교류협력 정책에 의해 한미동맹이 약화되었다고 평가하고 대북 강경정책과 한미동맹 강화를 공언하였다. 이명박 대통령은 부시(George Walker

58) 김정기, 『한국 전쟁지도체제의 발전』(서울: 선인, 2021), pp. 227-232.

Bush) 대통령과의 2008년 4월 19일 첫 한미정상회담에서 한미동맹을 '전통적 우호관계'에서 '21세기 전략동맹'이라는 새로운 개념으로 격상하기로 합의하였다. 새로운 국제환경에 직면하여 한국과 미국은 한반도와 아시아의 평화 그리고 번영에 기여할 수 있도록 '가치동맹, 신뢰동맹, 평화구축동맹'을 지향하자고 주창하였다.

점차 중국의 국력이 급성장하는 시기에 미국으로서는 북한의 도발 위협뿐만 아니라 중국의 세력 확장을 견제하기 위해 한국의 더 많은 역할을 기대하며 한미간 공감대가 형성되었다. 2009년 6월 16일 오바마 대통령과의 정상회담에서도 양자, 지역, 범세계적 범주에서 포괄적 전략동맹으로 구축해 나갈 것을 합의하고 '한미동맹을 위한 공동비전'이라 칭하였다.[59]

이러한 전략동맹이 2006년과 2009년 북한의 핵실험으로 점차 국가방위 차원에서는 핵전략동맹으로 전이되기 시작하였다. 2012년 3월 26~27일의 제2차 핵안보정상회의를 서울에서 개최하면서 북한의 비핵화를 위한 국제사회의 공감을 이끌어 내었다. 포괄적 전략동맹을 구축해 나간다는 내용이 2009년 이후부터 2016년까지 한미안보협력회의(SCM: Security Consultative Meeting) 공동성명에 포괄적 전략동맹이 계속해서 담기면서 자유민주주의 가치동맹의 토대를 구축하였다.

국가방위 차원에서는 2012년부터 국방통합협의체(KIDD, Korea-U.S. Integrated Defense Dialogue)를 발족시켜 포괄적 협력을 발전시켰다. 그리고 북한의 핵미사일 개발에 대응해서는 2015년부터 핵확장억제정책위원회(EDPC: Enhanced Deterrence Policy Committee)를 미사일대응능력위원회(CMCC: Counter Missile Capabilities Committee))와 통합하여 한미억제전략위원회(DSC: Deterrence Security Committee)로 격상시켰다.

2017년 문재인 대통령이 취임하면서부터 포괄적 전략동맹이라는 표현이 사라지긴 했지만 그동안 구축해 놓은 제도적 장치들은 계속 발전하였다. 2019년 11월 15일 제51차 SCM에서는 '미래 한미동맹 국방비전'을 정리하여 발표하면서 잠재적 핵, 화학, 생물 및 방사능(CBRN) 위협 예방 및 대응과 국방과학기술 분야 등에서도 협력하기로 하였다. 2022년 SCM에서는 제20차 한미 통합국방협의

59) 김준형, "동맹이론을 통한 한미전략동맹의 합의 분석," 『국제정치연구』 제12집 2호(2009), pp. 102-103.

체(KIDD)의 일환으로 실시된 한미 억제전략위원회(DSC) 확장억제수단 운용 고위급도상연습(TTX: Table Top Exercise)을 통해 동맹의 연합억제태세를 증진하고, 맞춤형 억제전략 실행력을 제고하였다고 평가하였다. 2023년 4월에는 한미가 워싱턴선언에 합의하면서 기존의 DSC를 대체하는 한미 핵협의그룹(NCG: Nuclear Consultative Group)을 가동하는데 합의하였다.

〈사진 4〉 전략사령부 창설식[60]

2024년 들어서 한국은 9월 30일 전략사령부를 창설하였으며, 10월 30일 제56차 SCM에서는 핵억제 및 핵작전 관련 의사결정과 한반도에서의 잠재적 핵 유사시 기획을 강화하기 위해 실시한 한미 NCG 모의연습(TTS: Table Top Simulation)과 TTX를 성공적으로 개최되었다고 평가하였다. 미국도 한국의 전략사령부의 창설을 환영하면서 보안절차 및 정보공유 확대, 위기 및 유사시 핵협의 절차, 핵 및 전략기획, 한미 핵·재래식 통합(CNI: Conventional Nuclear Integration)을 통한 유사시 미국 핵작전에 대한 대한민국 재래식 지원, 전략적 메시지, 연습·시뮬레이션·훈련·투자 활동, 위험감소 조치 등의 발전을 지속하기로 하였다.[61]

---

60) 차정승, "북핵 대응 전략사령부 창설…北, 핵 사용 시 정권 종말," 『TV조선』(2024.9. 30.), https://n.news.naver.com/mnews/article/448/0000480259(검색일: 2025.1.8.)

한미동맹은 북한의 위협, 중국의 굴기에 대응한 양국의 필요성에 의해 지속적으로 발전해오고 있으며 점차 포괄적 전략동맹으로 성장한 후 현재는 실질적인 핵전략동맹으로 전이되고 있다. 특히 현재는 북한의 우크라이나전쟁 참전과 북러 군사조약 체결로 그 필요성이 더욱 증대되고 있다.

2. 대한민국의 자율성을 제한하는 미국

외부로부터 무력공격에 대비하기 위한 한미상호방위조약에 의해 미국의 확고한 안보공약과 국가방위에 대한 의지 및 실질적 배비를 작동시키고 있다. 그러나 한편으로는 그런 지원을 받기 위한 톡톡한 대가를 치르고 있는 것이 사실이며 그것은 주한미군이 한국의 영토와 그 주변에 주둔하고 활동하는 것에서 출발한다. 대한민국의 국가방위를 위해 동맹인 미국의 군대가 주둔함으로써 북한이 도발을 했을 때 미국의 자동개입 즉, 인계철선 역할을 대한민국이 원하기 때문이다. 그만큼 정서적으로나 실질적으로 한국이 군사적으로 미국에 의존하는 바가 크다.

미국에 의존하기 위해서 한국은 일정한 영토, 주권에 대해 미국의 권리를 인정하고 스스로 자율성 제한을 감당하고 있다. 국제사회는 엄연히 공짜 없는 거래적 관계이며 남북한은 지역의 역학 구도로 인해 강제적으로 분단되었고 한국은 전쟁의 참화를 입었기 때문에 완전한 자율성을 희구하나 안보적으로 대미 의존을 벗어나지 못하는 이율배반적 상황에 놓여있다. 따라서 남북이 공히 표면적으로는 평화통일을 추구하지만, 현실에서 마주하는 현상의 이면에는 이해관계와 기득권을 놓고 벌어지는 암투로 인해 적대적 공생, 전쟁특수, 이념 팔이, 갈라치기가 난무한다. 대표적으로 작전통제권, 휴전체제 및 남북관계에서 한국은 아직 완전한 자율성을 행사하는 자주독립 국가에 이르지 못하고 있다. 미국의 군사복합체에게 매년 첨단무기 구매를 희망하는 한국은 매력적인 시작이며, 북한의 핵미사일 전력에 맞서기 위해 또 전시작전통제권을 전환해 오기 위해서 갖추어야 할 능력의 기준선에 도달하기에 여전히 요원하다.

---

61) 김지헌, "(전문) 제56차 한미안보협의회의 공동성명," 『연합뉴스』(2024.10.31.), https://www.yna.co.kr/view/AKR20241031005200504?input=1195m(검색일: 2024. 11.1.)

가. 작전통제권

작전통제권은 작전권, 작전지휘권, 작전통제권, 평시작전통제권, 전시작전통제권 등으로 일반인들이 알기 어려운 일종의 전문적 군사용어이다. 작전통제권은 우리 헌법이 규정하고 있는 국군통수권에서부터 기인한다. 국군통수권을 행사하는 것은 국방부장관의 지휘 · 감독권에 의해서 집행되며 그중에서 작전부대에 대한 지휘·감독권을 작전권 또는 작전지휘권으로 표현한다. 즉, 작전(지휘)권은 합참의장이 보좌하는 군령권을 의미한다. 작전지휘권 중에서 인사행정, 군수, 내부편성, 단위부대 훈련을 뺀 군사작전과 연합합동훈련에 관한 권한을 작전통제권이라고 한다. 평시와 전시를 구분하는 것은 엄밀하게 전시가 선포된 이전과 이후를 구분하는 것이며, 평시 훈련 중에서 전시에 대비한 훈련의 경우에는 전시작전통제권에 속한다.[62] 따라서 작전통제권은 엄연히 국군통수권에서 출발한 국민주권의 일부인 것이며 자주독립 국가의 군사적 자율성을 구성하는 요소이다.

대한민국 정부수립 이전에는 미군정이 38도선 이남에 대한 강제력을 행사하고 있었다. 1948년 8월 15일 정부가 수립되고 국군이 창설된 후에도 지휘·감독권은 회복되었으나 '과도기에 시행될 잠정적 군사안전에 관한 행정협정(한미잠정군사협정)'에 의해 작전지휘권은 여전히 주한미군사령관에게 남아있었다. 1949년 6월 29일 주한미군의 완전 철수이후 작전지휘권을 회복하였으나 한국군 자력에 의한 지휘체계는 미흡한 실정이었고 미 군사고문단에 의한 개입도 여전하였다. 이는 6·25전쟁이 발발한 직후 초기 전투의 실패와 3일 만에 서울이 함락되는 요인이 되기도 했다.

대한민국 국회가 6월 26일 유엔과 미 대통령 및 미 하원에 원조와 대응 조치를 요청하는 메시지를 보냈고 유엔이 6월 27일 안전보장이사회 결의문으로 한국을 지원할 것을 권고하였다. 이에 따라 미국은 7월 1일부터 일본에 주둔한 미 24사단의 부대를 한국으로 전개하기 시작하였다. 그리고 7월 10일 유엔군사령관으로 맥아더 장군이 임명하고 일본에 있는 미극동군사령부로 하여금 유엔군사령부를 겸하도록 하였다. 그리고 7월 12일에는 한국은 전개한 미군에 대한 우선적 권리를 부여한 '재한 미국군대의 관할권에 관한 한미협정(대전협정)'을 수용한 후 7월 14일 이승만 대통령은 맥아더 장군에게 '현 작전상태가 계속되는 동안' 모든 한

62) 김정기, 『한국 전쟁지도체제의 발전』(서울: 선인, 2021), pp. 64-66.

국군(육해공군)에 대한 지휘권(Command Authority)을 준다는 편지를 보냈다. 이를 맥아더 장군은 수용하였으며 이틀 후인 7월 16일 작전지휘권(Operational Command Authority)으로 표현한 무초 대사의 전달 편지가 이승만 대통령에게 전달되었다.

〈표 1〉 작전지휘(통제)권 이양, 환수(전환)의 주요 국면[63)]

날짜	내용	비고
1948.8.15	정부수립, 국군에 대한 작전지휘권은 주한미군사령관이 계속 행사	
1949.6.29	주한미군 완전 철수로 작전지휘권은 대통령(총참모장)에게 귀속	군사고문단 잔류
1950.7.14.	유엔군사령관에게 작전지휘권 이양	
1954.11.17	작전지휘권을 작전통제권으로 명칭 변경	
1978.11.7	한미연합군사령부 창설 및 연합군사령관에게 작전통제권 이양	유엔군사령관 겸직
1994.12.1	한국, 평시작전통제권 환수 합참의장이 행사	
2006.9.16	한미 정상 전시작전통제권(전작권) 전환 합의	
2007.2.23	전작권 전환일자 2012년 4월 17일로 합의	
2010.6.26	전작권 전환 시기 조정 합의	2015.12월 전환 추진
2014.10.23	조건에 기초한 전작권 전환 합의	

한국군에 대한 유엔군사령관의 작전지휘권은 6·25전쟁 기간은 물론이고 그 후에도 계속 유지되었다. 1953년 7월 27일 정전협정이 체결되고 8월 7일에 덜레스 국무장관이 방한하여 한미상호방위조약 체결을 약속할 때 이승만 대통령은 그 '조약 체결되어 발효될 때까지' 한국군은 유엔군사령부에 소속될 것과 휴전협정 준수를 약속하였다. 그리고 1954년 11월 17일 한미상호방위조약 비준서가 교환되어 발표되는 날 한미합의의사록을 체결하면서 '유엔군사령부가 한국의 방위를 책임지는 동안' 한국군에 대한 작전통제(Operational Control)권을 유엔군사령관이 행사하는 것을 명시하였다.

변화를 맞게 된 것은 1970년대 한국이 자주국방을 추진하면서 베트남전에 파

63) 필자 정리

병했던 부대들이 복귀하고 파월사령부가 모태가 되어 제3야전군사령부가 창설된 후 서부전선을 한국군이 본격적으로 담당하기 시작하였다. 그리고 1978년 한미연합군사령부가 창설되면서 유엔군사령관이 행사하던 한국군에 대한 작전통제권을 한미연합군사령관이 가지게 되었고 한국군 제1, 3군 및 한미1군단(1980년 3월 14일부터는 한미야전군사령부)를 작전통제하였다. 그리고 1994년 12월 1일에는 한국이 평시작전통제권을 환수하여 합동참모본부에서 행사하도록 하였다. 남겨진 전시작전통제권은 2006년 노무현 대통령 당시 2012년 4월 17일에 환수하는 것으로 합의하였으나 이명박 정부에서 북한의 천안함 폭침으로 2010년 6월 26일에 그 시기를 조정하기로 합의하였다. 이후 2020년대 중반으로 검토되었다가 박근혜 정부 시기인 2014년 10월 23일에 북한의 비핵화 등 조건이 갖추어지면 전환하기로 합의하여 현재에 이르고 있다.

조건에 기초한 전작권 전환에서 세 가지 조건은 ①한미 연합방위를 주도할 수 있는 핵심군사능력, ②북한의 핵·미사일 위협에 대한 초기대능 능력, ③북한의 비핵화 진전을 포함한 안정적인 한반도 및 역내 안보환경 조성이다. 한국은 조건을 갖추기 위해 첨단 감시 및 타격 자산을 도입하면서 북미협상을 중재하기도 하였다. 그러나 결정적으로 북한의 핵미사일 전력화와 미북협상의 결렬로 현재는 조건 달성이 요원한 상태이다. 따라서 정치적 결단없이 기존 합의 조건이 달성되었기 때문에 전환해야 한다는 국방, 군사적 판단은 사실상 불가능에 가깝다고 볼 수 있다. 전작권 행사는 정전협정과 정전관리와도 연계되어 있어 한반도의 국내정치가 불안할수록 미국은 더욱 신중한 태도를 보이게 된다.

나. 정전협정과 정전관리

한반도의 불안정성은 경제적으로도 속칭 코리아디스카운트(Korea Discount)라고 불리며 일반적 현상으로 알려져 있다. 정전협정체제라는 구조를 살펴보면 여전히 남북이 대치한 상황에서 평화적 외교관계를 수립하지 못한 남북한과 북미·북일 관계의 한계라고 평가할 수 있다. 정전협정은 6·25전쟁이 일방의 승리나 쌍방이 합의한 평화협정으로 마무리되지 못하고 교전상태를 중지하는 휴전으로 봉합되어 있기 때문이다. 어느 일방이 이를 준수하지 않고 적대행위를 한다면 바로 전쟁으로 연결되는 구조이기 때문이다.

〈표 2〉 정전협정 목차[64)]

구 분	목차 순서
서 언	주체, 목적, 성격, 적용(한반도 교전 쌍방)
제1조 군사분계선과 비무장지대	1. 군사분계선 확정, 비무장지대 설정 2~4. 군사분계선 위치, 확정, 표식 5. 한강 하구 통제와 항행 6. 비무장지대 적대행위 금지 7. 군사분계선 통과 8~11. 비무장지대 내 출입 허가, 활동
제2조 정전 및 정화에 관한 구체적 조치	가. 총칙 12. 적대행위 정지 13. 정전의 확고성 보장 14~16. 적용범위, 상대방 통제 지역 존중 17. 사령관 책임, 군정위·중감위 협력 18. 군정위·중감위 비용 균등 부담 나. 군사정전위원회 19~23. 구성 14~30. 직책과 권한 31~35. 일반사항 다. 중립국감독위원회 36~40. 구성 41~43. 직책과 권한 44~50. 일반사항
제3조 전쟁포로에 관한 조치	51. 석방과 송환 규정 52. 포로의 전쟁 행동 불사용 53. 병상포로 우선 송환, 의무지원 54. 송환 완료 기일(휴전 60일 내) 55. 인도 인수 지점 56. 전쟁포로송환위원회 57. 공동적십자소조 설립, 활동 58. 도망 포로 조치 59. 실향민 조치, 실향사민협조위원회
제4조 쌍방 관계 정부들에의 건의	60. 3개월 내 정치회의 소집 건의
제5조 부칙	61~62. 수정과 증보 63. 효력 발생, 문서 작성

64) 정전협정 원문을 기초로 필자 정리

정전협정은 〈표 2〉에서 보는 바와 같이 크게 전문, 제1조 군사분계선과 비무장지대, 제2조 정화 및 정전의 구체적 조치, 제3조 전쟁포로에 관한 조치, 제4조 쌍방 관계 정부들에의 건의, 제5조 부칙으로 구성되어 있다.(정전협정 전체 내용은 부록2를 참조) 현재까지 유엔군과 북한이 모두 인정하는 유효한 정전협정 규정은 제1조의 군사분계선과 서명 당사자인 유엔군사령부와 조선인민군 최고사령부이다. 또 다른 서명자였던 중국 인민지원군사령부는 이미 1959년에 북한지역에서 완전 철수하였다. 제1조의 비무장지대는 군사분계선으로부터 남북으로 각 2Km로 규정되어 있으나 특히 북한은 이를 준수하여 관리하고 있는 지역이 거의 없는 실정이다. 제2조 정화 및 정전의 구체적 조치는 총칙과 군사정전위원회, 중립국감시위원회로 구성되어 있는 데 북한은 이미 군사정전위원회와 중립국감시위원회를 폐지하였으며 유엔군과 소통이 필요한 사항은 조선인민군 판문점대표부가 이를 대신하고 있다. 제3조의 전쟁포로에 관한 조치는 이미 종료된 사항이며 제4조의 정치적 협상도 1954년 4월에 제네바에서 개최되었으나 결렬되어 실패로 종료된 사항이다. 결국 쌍방이 군사분계선을 인정하고 준수하면서 협의할 일이 있으면 판문점 채널을 통해 유엔군과 북한군 대표들이 소통하는 형태로 유지되고 있다.

한반도에서 정전협정체제가 유지되고 있는 것은 정전협정에 따른 휴전 상태가 양측의 서명한 사령관들(유엔군사령관, 조선인민군 최고사령관)에 의해서 지켜지고 있기 때문이다. 북한의 경우에 최고사령부는 평시 총참모부의 한 조직으로 운용되고 있으나 판문점대표부는 최고사령부 직속 조직으로 통제되고 있고, 최고사령부 또는 최고사령관 명의로 명령을 내고 있다는 점에서 유명무실한 조직이 아니라는 것은 분명하다. 한미연합군사령부가 창설된 이후로 한국군에 대한 작전통제권을 넘겨준 유엔군사령부와 유엔군사령관도 군사분계선 이남 지역에 대한 정전협정 유지와 정전관리 임무를 그대로 수행하고 있다. 특히 남북관리구역을 포함한 비무장지대에 대한 출입을 허가하거나 조사가 필요할 경우 직접적 권한을 가지고 있다. 비무장지대에 대한 배타적 권한인 관할권을 대한민국이 아니라 유엔군사령부가 가지고 있다고 해도 과언이 아니다.

다. 남북관계 진전에서 한계

유엔군사령부의 역할은 유엔안전보장이사회 결의[65]와 정전협정에 기초하여 북한의 무력공격을 격퇴하고 한국을 방어하며 한반도의 통일을 지원하고 정전협정 준수 및 이행하는 관리 책임을 다하는 것이다. 그리고 유사시 한반도에 투입될 전력을 제공하기도 한다. 특히, 유엔안전보장이사회 결의 제376호에 의한 통일 지원은 인천상륙작전으로 유엔군이 북위 38도선 이북으로 진격하는 시점에 채택한 것으로 한반도 전체의 단일한 독립적이고 민주적 정부수립을 지원하는 조치를 촉구하고 있다. 위 결의를 이미 종료된 상황에 대한 사문화된 결의로 볼 수 있으나 무력에 의한 북진통일을 안정적으로 지원하는 과업으로 해석할 수도 있다. 따라서 평화적 통일을 담고 있는 대한민국 헌법과 상충될 수 있다.

이러한 현상이 대두된 것은 2000년대 이후 남북관계가 개선되고 개성공단이 가동되고 금강산 육로관광이 본격적으로 시행되면서 미국이 유엔과 함께 대북 경제제재에 나서면서 드러나게 되었다.[66] 김대중, 노무현 대통령 집권 당시에 한국은 북한의 핵개발은 비핵화 협상을 통해서 충분히 통제가 가능한 상황으로 판단하였고 무엇보다 교류협력을 지속적으로 강화하여 북한이 스스로 핵을 내려놓는 상황을 조성하려 하였다. 그러나 미국은 정전관리의 책임이 있는 유엔군사령부를 직접 통제할 수 있는 상황에서 미국과 유엔의 대북 제재를 벗어나 한국이 남북관리구역을 통해 자유롭게 개성지역과 금강산 관광을 지속하며 노동 임금이나 관광 대금으로 북한에 현금(달러)이 유입되는 것을 원하지 않았다.

문재인 대통령이 집권하면서 한국은 남북관계 개선의 걸림돌로 작용하였던 정전협정을 대체하는 종전선언과 평화협정을 체결을 추진하였다.[67] 즉 2018년 남

---

65) 1950년 6~7월 유엔안전보장이사회 결의 제82호, 83호, 84호에 근거하여 북한의 무력공격을 격퇴하는 것에서 유엔군사령부가 창설되었고 10월의 동 결의 제376호에 의해 한국의 통일을 지원하도록 규정하고 있다.
https://main.un.org/securitycouncil/en/co ntent/ resolutions-adopted-security-council-1950(검색일: 2025.1.14.)

66) UN 대북 제재(Bulk Cash 이전 금지 등) 및 미국의 독자 제재(자국민 북한관광 금지, Secondary Boycott) 등이 큰 영향을 미쳤다. 동용승, “개성공단과 미국의 대북경제제재,” 『북한경제리뷰』 제8권 제10호(2006), pp. 22-38; 백천호, “금강산관광사업의 성과, 한계 그리고 과제,” 『한국관광정책』 제74호(2018), pp. 44-51.

67) 도경옥, “종전선언과 평화협정 2단계 구상의 의미와 과제,” 『통일정책연구』 제28권 1호(2019), pp. 27-50.

북정상이 만나 합의한 판문점선언에서 “종전을 선언하고 정전협정을 평화협정으로 전환하며 항구적이고 공고한 평화체제 구축을 위한 남북미 3자 또는 남북미중 4자회담 개최”[68] 추진을 공식화 하였다. 평화협정은 정전협정을 대체하는 것으로 1954년 제네바 정치회담의 실패 경험으로 선불리 추진하지 못한 것으로 우선 정전협정의 서명 당사자이면서 현재 정전관리의 주체인 미국과 북한의 동의가 우선이다. 당시 문재인 정부에서는 미국과 중국, 한국과 중국은 이미 정상적 외교관계가 수립된 이상 중국의 참여가 불필요함에도 4자(남북미중) 평화 협상을 언급하였으나 미중의 동의를 얻지 못하였다. 그리고 2019년 하노이 북미정상회담이 결렬되면서 더 이상 진전되지 못하고 추동력을 상실하였다.

문재인 정부의 중재 노력으로 2018년 싱가포르 정상회담에서 북한과 극적으로 합의[69]하였던 미국은 이후 협상 과정에서 미북간 직거래를 통해서 북한의 비핵화와 대북 투자를 통한 경제적 이익을 원했다. 이는 미국의 오랜 외교적 노선인 문호개방정책(Open Door Policy)과도 일맥상통하는 것이다. 그러나 세계 시장의 유일한 섬으로 남아있는 북한은 완전한 비핵화를 조건으로 한 미국의 제재 해제를 신뢰하지 못했고, 미국은 북한의 낙후된 시장보다 적대적 공생을 통해 한국과 일본의 대미 첨단무기 구매 소요를 증대시키는 것이 유리하다고 판단했을 것으로 평가된다. 더구나 당시 매파인 볼턴(John Bolton) 미 국가안보보좌관은 생화학무기와 탄도미사일도 제거하라며 북한의 분노를 샀고[70], 트럼프 미 대통령은 본인의 스캔들로 도배된 언론 지형을 회담의 결렬을 통해 극적으로 타개하고자 했다. 미국의 국내정치에 남북관계의 진전 노력이 희생된 대표적 사례가 되었다.

---

68) “국가기록특별전 평화, 새로운 시작이다, 판문점선언” 『국가기록원』, https://theme.archives.go.kr/ next/planExhibition/viewMain.do(검색일: 2025.2.6.)

69) 2018년 6월 18일 있었던 싱가포르회담에서는 중국이 제안한 쌍중단(북한의 핵미사일 시험 중단과 미국의 한미연합훈련 중단)이 채택되었고 미북관계 개선, 한반도 평화체제, 한반도 비핵화, 전쟁포로와 유해송환을 추진할 것을 합의하였다. 김정기, “6·25전쟁(1950~1953년)과 핵미사일 갈등(2017~2018년) 비교 연구,” 『국방연구』 제65권 제3호(2022), pp. 50-51.

70) John Bolton, *The Room Where it Happened: A White House Memoir,* (New York: Simon & Schuster, 2020), pp. 319-332.

〈사진 5〉 하노이 회담 당시 김정은과 트럼프[71)]

이상과 같이 미국으로서는 자국의 이익, 국내정치가 우선이지 당장 급하지 않은 한반도의 남북관계 개선은 중요한 사안이 아니다. 대한민국은 1905년 7월 2일 미국의 제26대 대통령 시어도어 루스벨트의 특사인 미국 전쟁부(United States Department of War) 장관 윌리엄 하워드 태프트가 일본의 내각총리대신 가쓰라 다로와 도쿄에서 은밀하게 만나 맺은 '가쓰라-태프트 밀약'을 잊어서는 안 된다.[72)] 당시 미국은 필리핀을 확보하기 위해 일본의 대한제국 병탄을 묵인한 것이다. 남북관계는 한반도의 평화적 통일을 위한 가장 중요한 길이지만 미국의 이익과 합치하지 않는다면 미국은 국제사회의 제재에 동참하라는 압박과 국내정치에 부합하지 않는다는 연유 등으로 언제든지 그 진전을 무산시키는 조치를 할 가능성과 힘을 가지고 있다.

71) https://imnews.imbc.com/news/2019/world/article/5185432_29137.html(검색일: 2 025.2.8.)
72) "카쓰라-태프트 밀약," 『통일뉴스』, https://namu.wiki/w/카쓰라-태프트%20밀약(검색일: 2025.1.7.)

제4절 대한민국 국가방위 전략

같은 민족이 분단된 국가로서 대한민국 국가와 국가방위의 특징을 고려하여 국가방위의 목표를 세우고 이를 달성하기 위한 수단과 방법을 체계화한 것이 바로 국가방위 전략이다. 정책과 전략, 국방정책과 군사전략에 관한 논의는 제2장에서 더 하기로 하고 여기에서는 대한민국의 국가방위 목표가 어떻게 정리되었으며 이를 달성하기 위한 수단과 방법은 어떻게 체계화되어 있는지를 살펴본다.

1. 국가방위 목표

대한민국 국가방위 목표는 헌법과 국가목표, 국가이익, 국가안보목표에 따라서 정립되어 있다. 제1장 제1절에서 살펴본 바와 같이 대한민국은 헌법 전문에 국가의 대계를 수록하고 있다. '평화적 통일의 사명, 자유민주주의 기본질서, 항구적인 세계평화, 안전과 자유와 행복' 등으로서 대한민국이 지향할 바를 알려 준다. 이 헌법 전문은 1948년 7월 12일에 제정되고 1962년에 대폭 수정하였다.

1968년 국방백서 상의 잠정적인 국가목표는 "자유민주주의 이념하의 국토통일 및 영구적 독립 보장, 국민의 자유와 권리보장 및 조국근대화추진을 위한 복지사회건설, 국제적 지위 강화와 국제평화유지에의 노력"이었다. 이를 반영하여 국방목표는 "임전태세 완비, 장병 정신무장과 교육훈련 강화, 장비현대화와 군사시설의 요새화, 자유우방과 군사유대 강화 및 월남전의 지속지원"으로 기술하였다.[73] 그리고 1972년 12월 29일 국무회의 의결과 1973년 2월 국회의 비준을 거쳐 제정한 국가목표는 아래와 같이 정립되어 오늘에 이르고 있다.[74]

① 자유민주주의 이념 하에 국가를 보위하고, 조국을 평화적으로 통일하며 영구적 독립을 보전한다.

② 국민의 자유와 권리를 보장하고, 국민생활의 균등한 향상을 기하며 사회복

73) 국방부, 『국방백서』(1968), p. 58을 인용한 국방부, 『국방사 4』(1994), p. 177.
74) 한용섭, "한국 국방정책의 변천과정", 차영구·황병무, 『국방정책의 이론과 실제』(서울: 오름, 2002), p. 84.

지를 실현한다.

③ 국제적인 지위를 향상시켜 국위를 선양하고, 항구적인 세계평화에 이바지한다.

이러한 국가목표를 반영하여 처음으로 정립한 국방목표는 "첫째, 국방력을 정비 강화하여 평화통일을 뒷받침하고 국토와 민족을 수호한다. 둘째, 적정군사력을 유지하고 군의 정예화를 기한다. 셋째, 방위산업을 육성하여 자주국방체제를 확립한다"였다. 이 시기는 남북한 체제 대결이 치열하게 전개되었고 국가목표를 분명히 하여 국방목표와 군사작전의 목적 및 목표를 제시해야 할 필요성을 절감하였기 때문이다. 또한 1973년 을지연습 시찰 중 박정희 대통령은 "장기전략 지침"[75]을 하달하고 철저한 준비를 통해 장기적으로 국가이익을 스스로 구현하기 위한 국가차원의 국가방위 전략 수립과 이를 달성하기 위한 전력의 증강을 역설하였다.

이후 안보의 개념이 변화되면서 국가이익과 국가안보목표를 정립해야 한다는 목소리가 높아졌고 2004년 노무현 정부에 들어서서 '평화번영과 국가안보'라는 책자를 펴내면서 처음으로 국가이익을 정립하였다. 그리고 2018년에는 문재인 정부에서 '국가안보전략'서를 발간하면서 처음으로 국가안보목표를 공식적으로 제시하였다.

〈표 3〉 국가이익과 국가안보목표[76]

국가이익(2004)	국가안보목표(2018)
• 국가안전보장 • 자유민주주의와 인권 신장 • 경제발전과 복리증진 • 한반도의 평화적 통일 • 세계평화와 인류공영에 기여	• 북핵 문제의 평화적 해결 및 항구적 평화정착 • 국민의 안전과 생명을 보호하는 안심사회 구현 • 동북아 및 세계평화·번영에 기여

75) "①자주국방을 위한 군사전략을 수립하고 군사력 건설에 참여하라. ②작전지휘권을 인수시에 대비한 장기 군사전략을 수립하라. ③중화학공업발전에 따라 고성능 전투기와 미사일 등을 제외한 소요무기 및 장비를 국산화해야 한다. ④장차 1980년대에는 이 땅에 미군이 한 사람도 없다고 가정하여, 합참은 독자적인 군사전략, 전력증강계획을 발전시키도록 하라." 국방부, 『율곡사업의 어제와 오늘, 그리고 내일』(1994), p. 22.

76) 국가안보실, 『문재인 정부의 국가안보전략』(2018), p. 21.

이상의 헌법, 국가목표, 국가이익, 국가안보목표 등을 반영하여 정립된 현재의 국방목표는 "외부의 군사적 위협과 침략으로부터 국가를 보위하고, 평화통일을 뒷받침하며, 지역의 안정과 세계평화에 기여"하는 것으로 명시하고 있다.[77] 이를 구현하기 위한 세부적인 설명과 국방전략을 2022년 국방백서 내용을 그대로 수록하면 아래와 같다.

△ 외부의 군사적 위협과 침략으로부터 국가를 보위

현존하는 북한의 군사적 위협과 침략에 대비함은 물론, 우리의 국익을 위협하는 모든 세력으로부터 주권과 영토를 수호하고, 재난 · 감염병 등 비전통적 위협으로부터 국민의 생명과 재산을 보호해야 한다.

북한은 대규모 재래식 군사력을 보유하면서 핵·미사일 등 대량살상무기를 고도화하고, 사이버 공격과 무력도발을 빈번히 감행하고 있다. 특히, 핵 선제 사용을 시사하는 핵 정책을 법제화하고, 분단 이후 처음으로 동해 NLL 이남 지역으로 미사일 도발을 자행하는 등 우리의 안보를 심각하게 위협하고 있다. 북한은 2021년 개정된 노동당규약 전문에 한반도 전역의 공산주의화를 명시하고, 2022년 12월 당 중앙위 전원회의에서 '우리를 명백한 적'으로 규정하였으며, 핵을 포기하지 않고 지속적으로 군사적 위협을 가해오고 있기 때문에, 그 수행 주체인 북한 정권과 북한군은 우리의 적이다.

△ 평화통일 뒷받침

강한 군사력을 바탕으로 한반도에서의 전쟁을 억제하고, 북한의 비핵화 진전에 따라 남북 간 군사적 긴장완화와 신뢰구축을 단계적으로 추진함으로써 대한민국의 평화적 통일에 기여한다.

△ 지역의 안정과 세계평화에 기여

한미동맹의 결속력을 강화함과 동시에 주변국과 군사적 신뢰관계를 증진시키고 국제평화유지활동과 국방교류협력에 적극 참여함으로써 동북아 지역의 안정은 물론 세계평화에 기여한다.

---

77) 국방부, 『2022 국방백서』(2023), pp. 39-40.

국방목표를 달성하기 위한 국방전략을 2022년부터 국방백서에 내용을 수록하고 있다. 여기에는 "국제질서의 유동성 증대, 병역자원의 감소, 첨단과학기술의 급속한 발전 등 대내·외 국방환경 변화에 효과적으로 대처하기 위해서는 중·장기적인 관점에서 전략적 접근이 필요하다. 이에 국방부는 정부의 국가안보전략과 국방목표를 구현하기 위해 중·장기적으로 국방의 모든 역량을 집중해야 할 지향점으로 국방전략목표를 선정하고, 이를 달성하기 위해 총력을 기울여 나갈 것"이라고 명시하고 있다.

결국 국방전략은 국방목표를 달성하기 위한 수단과 방법을 의미하는 것으로 국방정책의 상위개념으로 국방전략이는 용어를 사용하기 시작한 것이다. 이는 전략이라는 용어가 기존의 군사전략이나 국가전략, 대전략에서 나아가 경제전략, 외교전략, 문화전략 등 사회 전반에 걸친 각 분야에서 해당 목표를 달성하는 중장기적 활동을 의미하는 것으로 확대됨으로서 나타난 현상으로 볼 수 있다. 따라서 국방전략은 국방목를 달성하기 위해서 투입되는 수단과 적용하는 방법을 구체화한 것이다.

2. 국가방위 수단과 방법

2022 국방백서에는 국방목표를 구현하기 위한 국방전략목표를 다시 4가지로 구분하여 정리하고 있다. 즉, '통합 · 능동 방위', '혁신과 자강', '동맹과 연대', '안전과 상생'으로 구분하여 각기 ①복합적인 안보위협에 대한 통합·능동 방위가 가능한 국방태세 확립, ②선택과 집중을 통해 비대칭 우위 확보가 가능한 첨단과학기술 기반의 정예강군 육성, ③한미동맹을 글로벌 포괄적 전략동맹으로 발전, 글로벌 국방협력 네트워크를 확장·강화, ④국민안전, 국민신뢰, 민군상생의 국방운영 구현으로 명시하고 있다.[78] 그러나 이 책에서는 국방목표와 국방전략목표를 다시 구분하는 것은 전략의 간명성 원칙에 부합하지 않는다고 보고 국방목표를 달성하기 위한 수단과 방법을 간명하게 정리하는 것이 바로 국방전략이라는 관점에서 접근하였다.

78) 국방부, 『2022 국방백서』(2023), pp. 40-42.

〈그림 8〉 대한민국 국가방위 전략 개념도[79)]

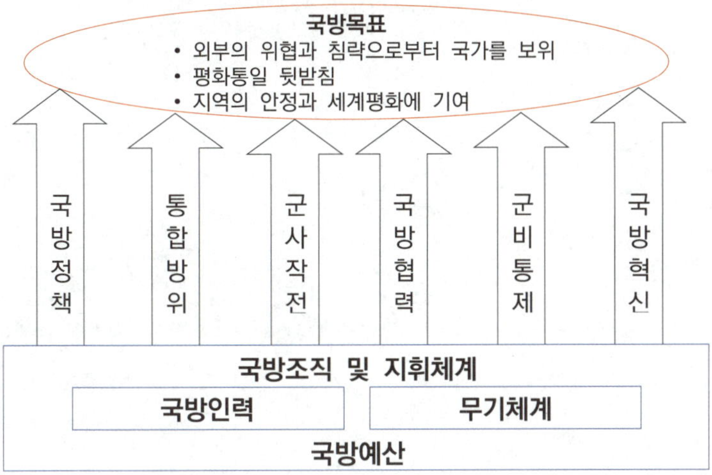

국가방위의 수단은 국방목표를 달성하기 위해서 어떤 수단을 갖추고 투입할 것인가를 의미한다. 여기에는 우선적으로 국군을 포함한 국방조직, 그 원하는 방향으로 가동시키는 지휘체계, 병력을 기축으로 한 국방인력, 국방활동 및 군사작전에 쓰이는 장비와 물자 전반을 의미하는 무기체계 등이 포함된다. 〈그림 8〉과 같은 대한민국 국가방위 전략 개념도를 통해서 국방목표 달성을 위해 동원할 수 있는 수단의 중요성을 이해할 수 있을 것이다.

그리고 방법은 목표를 향해 수단을 투입하여 어떻게 운용할 것인가를 의미한다. 따라서 국방목표를 달성하기 위해 상기 제반 수단을 운용하는 방법을 결정하는 것은 투명하게 정부차원에서 국방예산을 어디에 얼마나 투입하여 무슨 결과를 얻을 것인가를 염두에 둔 국방정책에서 출발한다. 그리고 평시 억제가 실패할 경우 군사작전을 통해 전쟁의 승리를 추구하는 전략전술, 전략전술을 구현할 수 있도록 군사교리에 따라 교육훈련을 통해 숙달한 대로 군사력을 과업을 달성하도록 활용하는 작전운용을 들 수 있다. 이외에도 평시부터 준비하여 전쟁을 승리할 때가지 지속할 수 있도록 각종 시설과 장비, 물자를 제공하는 군수지원 및 투철한 군인정신과 필승의 신념으로 적군을 무찌를 수 있도록 발휘해야 하는 정신전력이 있다. 그리고 끊임없이 변화하는 안보환경과 전쟁 양상에 따라 승전 구조를 만드는 일신우일신의 국방혁신이 해당된다.

이제 다음의 제2장에서 그 수단과 방법을 하나씩 구체적으로 살펴보자!

---

79) 필자 정리

제2장

국가방위의 주요 수단

제1절 국방조직

1. 국가안보 조직

제1장 제1절에서 기술한 바와 같이 논란은 있지만 국가방위를 국가안보의 하위 개념으로 볼 때 국가방위의 방향을 결정하는 국가안보를 움직이는 조직이 존재하게 된다. 국민으로부터 선출된 대통령은 국가의 안전보장과 국토를 보위하는 책무를 수행하는 것으로 헌법에 명시되어 있다. 그리고 대한민국은 그러한 국가안전보장(국가안보) 책무를 수행하는 대통령을 보좌하는 조직으로 국가안보실이 조직되어 있다. 그리고 국가안전보장에 관한 심의기구로 국가안전보장회의와 이를 실무적으로 뒷받침하는 국가안전보장회의 상임위원회(NSC 상임위)가 회의체로 작동한다.

가. 대통령

대통령은 국가안보에 관하여 법적, 제도적으로 최고의 권한과 책무를 가진다. 대통령은 헌법 제66조에 따르면 국가의 독립 · 영토의 보전, 국가의 계속성과 헌법을 수호할 책무를 진다. 그리고 제73조에는 조약을 체결·비준하며 외교사절의 신임·접수 또는 파견하며, 선전포고와 강화를 한다고 명시하고 있다. 그리고 아래와 같이 제69조에 취임하면서 그 책무를 심신에 새겨 잊지 않도록 선서하도록 규정하고 제74조에 대통령이 헌법과 법률에 따라 국군을 통수하며 국군의 조직과 편성은 법률로 정하는 것으로 명시하고 있다.

제69조 대통령은 취임에 즈음하여 다음의 선서를 한다.
"나는 헌법을 준수하고 국가를 보위하며 조국의 평화적 통일과 국민의 자유와 복리의 증진 및 민족문화의 창달에 노력하여 대통령으로서의 직책을 성실히 수행할 것을 국민 앞에 엄숙히 선서합니다."

제74조 ① 대통령은 헌법과 법률이 정하는 바에 의하여 국군을 통수한다.
② 국군의 조직과 편성은 법률로 정한다.

따라서 대통령은 국민을 대신하여 국가안보의 최정점에 있는 책무자로서 국가안전보장과 관련된 제반 문제를 통찰하여 국민의 생명과 재산을 지키고 영토를 보존하며 주권을 수호할 수 있도록 적시 적절한 결정을 내릴 수 있도록 성실하게 임무를 수행해야 한다. 특히, 건전한 안보관을 견지하여 경도되거나 특정한 관점으로 현혹되어서는 안 된다. 그리고 국가안보 환경은 고정 불변하는 것이 아니므로 주변 강대국의 영향을 숙명으로 받아들여 수동적 결정을 내려서도 안 된다. 안보환경과 안보관은 상호작용을 통해 더욱 긍정적 효과를 가져오므로 건전하고 확고한 안보관으로 유리한 안보환경이 조성되도록 끊임없이 노력하는 대통령이 대한민국에 필요하다.

한국의 민주화 이후 총 8명의 역대 대통령들의 안보관을 크게 대북관과 대미관으로 구분할 때 〈그림 9〉와 같이 남북협력과 자력을 중시한 대통령이 3명, 남북경쟁과 동맹을 중시한 대통령이 3명, 남북협력과 동맹을 중시하거나 남북경쟁과 자력을 중시한 대통령이 각각 1명이었다.

〈그림 9〉 민주화 이후 대한민국 대통령의 안보관[1)]

대미관 \ 대북관	협력(민족) 중시	경쟁(적대) 중시
자력 중시	노태우, 노무현, 문재인	김영삼
동맹 중시	김대중	이명박, 박근혜, 윤석열

유형 중에서 노태우, 노무현, 문재인 대통령은 대북관에서는 남북협력을, 대미관에서는 자력을 중시하는 안보관을 공통점으로 가지고 있었다. 다음으로는 이명박, 박근혜, 윤석열 대통령의 경우 남북협력보다는 적대경쟁을 중시하였고 대미관에서는 동맹을 중시하였다. 한편, 김영삼, 김대중 대통령은 그들만의 독특한 유형을 보여주었다. 즉, 김영삼 대통령은 남북간 적대경쟁을 중시하면서 자력을 중시하였으며 김대중 대통령은 반대로 남북협력과 동맹을 중시하였다.

---

1) 이하 대통령의 안보관 관련된 내용은 김정기, "민주화 이후 한국 역대 대통령의 안보관 비교 분석," 『군사논단』제109호(2022), pp. 164-166의 내용을 활용하여 보완함.

대통령의 안보관은 주요 안보 및 국가방위 사안에 대한 정책의 결정과 추진에 투영된다. 대북관에서 남북협력을 중시하는 대통령은 통상적으로 남북정상회담을 추진하게 된다. 그러나 적대경쟁을 중시하는 대통령의 경우에는 오히려 남북관계가 경색되고 대화나 협력보다는 대북 제재와 압박을 선택한다. 대미관에서 자력을 중시하는 안보관을 가진 대통령은 작전통제권의 환수(또는 전환)를 추진하지만, 동맹을 중시하는 안보관을 가진 대통령은 오히려 전시작전통제권을 전환을 연기하게 된다.

대통령은 무엇보다 국력을 끊임없이 신장하려는 노력과 함께 안보, 국방을 결정하고 책임을 다하려는 국가 원수로서 본분을 견지해야 한다. 개인, 조직이나 당파, 정권 차원의 이익에 연연하여 안보 및 국가방위 사안에서 좌고우면(左顧右眄)하거나 국민을 호도하여 역사를 퇴행시키지 말아야 한다. 또한, 더는 대국의 경쟁에 부화뇌동하여 동족간 자해적 긴장을 고조시키는 우도 범하지 말아야 한다. 위협을 해소하고 평화와 통일로 나아가기 위한 남북간 대화와 협력을 계속하면서 우리의 실질적 안보태세와 국방력을 내실있게 지속하여 강화해 나가는 지혜가 필요하다.

나. 대통령 보좌조직

청와대 또는 대통령실로 표현되는 대통령이 업무를 보는 공간과 조직은 보이지 않는 권위와 권력의 상징이 된다. 왜냐하면 국민을 대표한 대통령의 결정이 미치는 영향이 무엇보다 크기 때문이다. 국가안보와 국가방위에 대한 대통령의 결정도 마찬가지이다. 그렇기에 대통령을 보좌하는 조직인 국가안보실과 국가안전보장회의라는 국무회의 사전 심의 기구를 운용하여 한치의 실책도 없도록 하는 것이다.

국가안보실의 기원은 1968년 처음으로 대통령 비서실에 안보특별보좌관이 임명된 때부터이다. 이후 1988년 노태우 대통령 집권하면서 외교안보수석을 장관급으로 정식 편성하였다. 그리고 2003년 노무현 대통령이 취임하면서 안교안보수석을 국가안보보좌관으로 바꾸고 외교보좌관과 국방보좌관을 별도로 두었으며 위기관리센터를 설치하여 전반적인 안보상황에 대해 대통령을 보좌토록 하였다. 2006년에는 국가안보보좌관과 외교 및 국방보좌관을 통합한 통일외교안보정책실장으로 통합하여 하부 조직을 편성함으로써 국가안보실의 기틀을 마련하였다.

이명박 정부에서 외교안보수석 체제로 환원하고 위기관리센터도 상황실로 축소하였다가 천안함·연평도 사건을 겪은 이후 위기관리실을 확대 운영하였다. 국가안보실이란 용어를 처음으로 사용한 것은 2013년 출범한 박근혜 정부에서부터이다. 3월 23일 장관급으로 국가안보에 관한 대통령 보좌조직의 수장으로 국가안보실장을 임명하고 국가안보를 조정 통제하는 국가안보실을 발족했다. 2017년 탄핵 이후 집권한 문재인 정부는 국가안보실 직제를 개편하여 대통령비서실에 흩어져있던 외교안보 관련 비서관과 국가안보 관련 기능을 모두 국가안보실로 넘겨서 기능과 인원을 확대했다. 정원도 2배로 커졌다.

현재는 〈그림 10〉의 대통령실 조직도에서 보듯이 국가안보실장 하부 조직으로 1, 2, 3차장을 두고 1차장 아래 안보전략비서관, 외교비서관, 통일비서관을, 2차장 아래 국방비서관과 국가위기관리센터장을, 3차장이 경제안보비서관과 사이버안보비서관을 관장하는 조직으로 운영되고 있다. 경제안보를 담당하는 3차장 조직은 2023년 12월 신설되었다. 대통령은 국가안전보장회의를 주관하며, 국가안보실장은 국가안보정책조정회의(또는 외교안보정책조정회의)를 통해 대통령을 보좌하고 실무적으로는 국가안보실 1차장이 국가안보정책실무조정회의(또는 외교안보정책실무조정회의)를 통해 국가안보실장을 보좌한다.

〈그림 10〉 대통령실 조직도2)

2) https://www.president.go.kr/yongsan_office/organization(검색일: 2025.1.18.)

국가안전보장회의는 정부수립 초기인 1948년 11월에 최고국방위원회로 출발하여 1962년 12월 제3공화국 헌법 제87조에 의해 처음으로 국가안전보장회의를 설치할 것을 규정하고 사무국도 설치되었다. 1969년에는 비상기획위원회가 국가안전보장회의 산하에 설치되어 사무국장을 겸하다가 1979년 비상기획위원회는 분리되었다. 1993년 3월에는 국가안전보장회의 사무처를 개편하면서 외교안보 및 위기관리에 대한 조정체계를 마련하였다.

1998년 김대중 정부에 들어서서 역할이 미미했던 국가안전보장회의법을 제정하고 운용 규정을 만들어 조직을 확대하였으며 회의도 정례화하였다. 노무현 대통령이 집권한 후에는 사무처를 3실 1센터의 69명으로 확대하였다. 상임위원장은 국가안보보좌관이 사무처장을 겸하였고 상임위원으로는 외교, 국방, 통일부장관과 국정원장 및 국무조정실장이 포함되었다. 사무차장 아래 전략기획실, 정책조정실, 정보관리실 및 위기관리센터를 두었다. 정책조정실이 기존의 외교안보수석실 기능을 수행하고 전략기획실은 군비통제, 평화구축, 주한미군 재배치 등을 담당하였다.

노무현 대통령 이후부터 현재까지 북한의 핵실험 등 핵미사일 개발과 전력화가 본격화되면서 국가안전보장회의와 이를 보좌하는 정책조정회의 및 실무조정회의는 더욱 활성화되었고 국가안보실이 대통령을 보좌하는 핵심적인 회의체가 되고 있다. 1963년 처음 제정된 안전보장회의법은 현재 아래와 같이 수정 적용되고 있다.[3)]

제2조(구성) ① 국가안전보장회의(이하 “회의”라 한다)는 대통령, 국무총리, 외교부장관, 통일부장관, 국방부장관 및 국가정보원장과 대통령령으로 정하는 위원으로 구성한다. ② 대통령은 회의의 의장이 된다.

제3조(기능) 회의는 국가안전보장에 관련되는 대외정책, 군사정책 및 국내정책의 수립에 관하여 대통령의 자문에 응한다.

제4조(의장의 직무) ① 의장은 회의를 소집하고 주재(主宰)한다. ② 의장은 국무총리로 하여금 그 직무를 대행하게 할 수 있다.

3) “안전보장회의법,” 『국가법령정보센터』, https://www.law.go.kr/(검색일: 2025.2.6.)

제6조(출석 및 발언) 의장은 필요하다고 인정하는 경우에는 관계 부처의 장, 합동참모회의(合同參謀會議) 의장 또는 그 밖의 관계자를 회의에 출석시켜 발언하게 할 수 있다.

제7조의2(상임위원회) ① 회의에서 위임한 사항을 처리하기 위하여 상임위원회를 둔다. ② 상임위원회는 위원 중에서 대통령령으로 정하는 자로 구성한다. ③ 상임위원회의 구성과 운영, 그 밖에 필요한 사항은 대통령령으로 정한다.

제8조(사무기구) ① 회의의 회의운영지원 등의 사무를 처리하기 위하여 국가안전보장회의사무처(이하 이 조에서 "사무처"라 한다)를 둔다. ② 사무처에 사무처장 1명과 필요한 공무원을 두되, 사무처장은 정무직으로 한다. ③ 사무처의 조직과 직무범위, 사무처에 두는 공무원의 종류와 정원, 그 밖에 필요한 사항은 대통령령으로 정한다.

제10조(국가정보원과의 관계) 국가정보원장은 국가안전보장에 관련된 국내외 정보를 수집 · 평가하여 회의에 보고함으로써 심의에 협조하여야 한다.

2. 국방부

국군을 통수하는 국민의 대표인 대통령을 보좌하기 위해서 행정 각부의 하나로 국방부가 정부조직법에 의해 설치되어 작동한다. 국방부는 대통령을 통하여 하달되는 국민의 요구에 맞도록 국방정책을 추진하고 이에 따른 국방비를 편성, 할당하며 국방을 위한 제반 수단이 제대로 운용되도록 지휘 감독한다.

국방부의 사무는 군령(軍令), 군정(軍政) 및 그 밖의 군사에 관한 것으로 구분되며, 병무와 방위사업에 관한 사무도 포함된다. 군령과 군정은 국군 조직을 통하여 이뤄지는 것으로서 합동참모본부와 각군본부를 지휘감독함으로써 이뤄지고 병무행정은 병무청, 방위사업은 방위사업청을 지휘감독하여 수행된다. 국군 조직과 병무청, 방위사업청을 지휘감독하기 위해 국방부장관을 직접 보좌하는 조직인 국방부 본부는 〈그림 11〉과 같이 편성되어 있다.

〈그림 11〉 국방부 본부 조직도[4)]

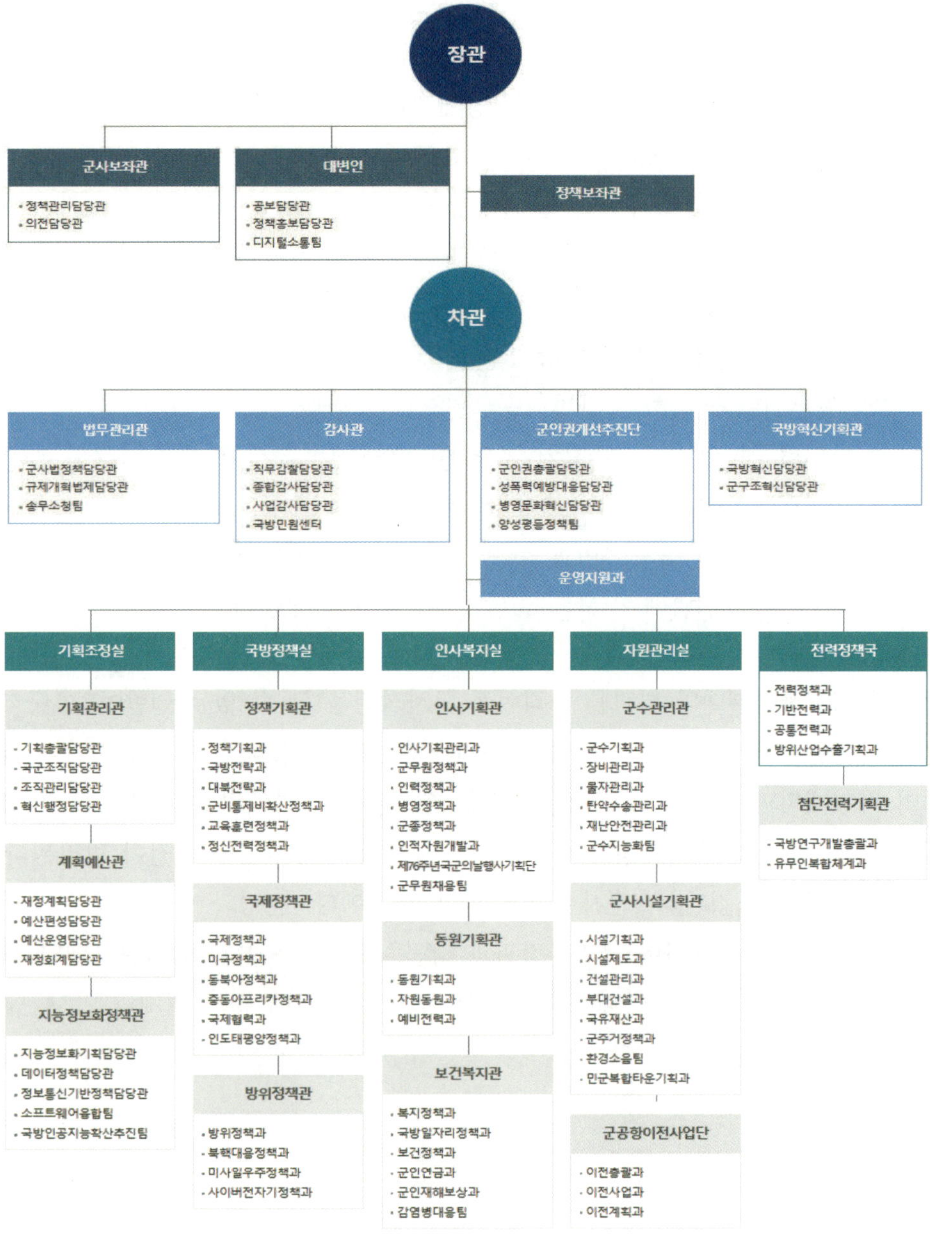

* 소속기관 : 국방홍보원, 국방전산정보원

** 기타 : 특수임무수행자보상지원단, 6·25비정규군보상지원단, 주한미군기지이전사업단

4) https://www.mnd.go.kr/mbshome/mbs/mnd/index.jsp(검색일: 2025.1.17.)

그리고 국방부의 군정, 군령과 그 밖의 군사에 관한 사무를 보장하기 위한 제도적 장치로 정부조직법에 국방부에 관한 사항을 아래와 같이 명시하고 있다.[5)]

> **제33조(국방부)** ① 국방부장관은 국방에 관련된 군정 및 군령과 그 밖에 군사에 관한 사무를 관장한다.
>
> ② 국방부에 차관보 1명을 둘 수 있다.
>
> ③ 징집 · 소집 그 밖에 병무행정에 관한 사무를 관장하기 위하여 국방부장관 소속으로 병무청을 둔다.
>
> ④ 병무청에 청장 1명과 차장 1명을 두되, 청장은 정무직으로 하고, 차장은 고위공무원단에 속하는 일반직공무원으로 보한다.
>
> ⑤ 방위력 개선사업, 군수물자 조달 및 방위산업 육성에 관한 사무를 관장하기 위하여 국방부장관 소속으로 방위사업청을 둔다.
>
> ⑥ 방위사업청에 청장 1명과 차장 1명을 두되, 청장은 정무직으로 하고, 차장은 고위공무원단에 속하는 일반직공무원으로 보한다.

군령권은 작전부대와 병력을 움직여서 군사작전을 할 수 있는 권한이다. 군사작전은 국군통수권에 근거하여 국방부장관과 합동참모의장을 통해 작전지휘를 하게 되며 작전계획과 명령을 이행하는 것으로 집행된다. 이를 위한 작전부대 및 병력의 이동과 배치, 기동전, 정보전, 화력전, 사이버전 등의 군사작전이 망라된다.

군정은 군사 조직관리, 군사행정에 관한 권한이다. 군령과 마찬가지로 대통령의 국군통수권에 근거하여 국방부장관과 각군참모총장을 통하여 국군부대와 개인에게 명령하고 지휘하며 군대를 관리하는 것으로 평시에 군의 편제와 인사, 군수 등을 관리하는 권한이다. 그 밖의 사무는 병무행정과 방위사업을 포함한 기타사항을 의미한다.

5) "정부조직법,"『국가법령정보센터』, https://www.law.go.kr/(검색일: 2025.1.2.)

3. 국군(합참 및 육 · 해 · 공군)

국가방위를 위한 국군의 조직과 편성은 국군조직법에 의해 징집 또는 지원에 의한 군인, 군무원으로 구성되며 동시에 그 임무에 따라 무기와 장비가 편성된다. 그리고 국가 예산이 투입되어 지휘체계가 작동하며 국가방위를 위해 운영된다. 국군은 크게 합동참모본부와 육군, 해군, 공군으로 조직되었으며 해군에 해병대를 두고 있다. 국방부장관은 합동참모의장을 통하여 군령을 행사하며 이로써 전투를 주 임무로 하는 작전부대에 대한 작전지휘·감독은 합동참모의장이 행사한다. 그 외 부대에 대한 지휘 · 감독은 각군 참모총장이 국방부장관의 명을 받아 행사한다. 즉, 국가방위를 위한 수단이 국군이며 이를 운용하는 주체는 국민의 위임을 받은 대통령이며 국방부장관을 통해서 군을 지휘 · 감독함으로써 이뤄진다. 이러한 국군의 조직과 편성에 관한 사항은 아래와 같이 국군조직법에 망라되어 있다.

가. 합동참모본부

합동참모본부는 국방부장관의 군령을 집행하는 조직이며 직할부대에 대한 지휘와 작전부대에 대한 작전지휘 및 평시작전통제권을 행사하는 부대이다. 그 임무는 합참 직제 제2조에 "전투를 주임무로 하는 육군 · 해군 · 공군의 작전부대의 작전지휘 및 감독, 민군작전, 심리전 및 정보작전의 수행, 합동작전의 수행을 위하여 설치된 합동부대의 지휘 및 감독, 사이버작전의 지도 · 감독, 합동작전 및 연합작전의 수행지휘통신업무, 합동참모회의의 운영, 민·관·군 통합방위작전의 수행, 군사전략 기획 및 군사력건설의 소요 결정, 계엄과 관련된 업무, 군사전략정보·군사정보의 수집 및 운용, 합동작전 지원 분야에 대한 육군 · 해군·공군과의 원활한 협의 체계의 수립, 군사작전의 기획 및 운용, 합동전투 발전업무 및 육군 · 해군 · 공군 합동교육의 지도 · 감독, 자원의 소요판단 및 기획, 그 밖에 제1호부터 제14호까지의 사항과 관련된 업무"[6]라고 명시되어 있다.

국방백서에서 설명하고 있는 합참은 "군령에 관하여 국방부장관을 보좌하며, 국방부장관의 명을 받아 전투를 주 임무로 하는 각 군의 작전부대를 작전지휘 및 감독하고, 합동부대2)를 지휘 및 감독하여 합동작전과 연합작전을 수행한다. 또한,

---

6) https://www.jcs.mil.kr/mbshome/mbs/jcs2/subview.jsp?id=jcs2_010101000000 (검색일: 2025.1.17.)

민·관·군·경·소방 통합방위작전과 계엄업무 등을 수행한다. 합참은 비상설기구로 국방부 내에 설치·운영되어 오다가 1963년 '합동참모본부'로 창설되었으며, 현재는 1차장 5실 5본부로 운영되고 있다"라고 설명하고 있다."[7]라고 기술되어 있다.

〈그림 12〉 합동참모본부 조직도[8]

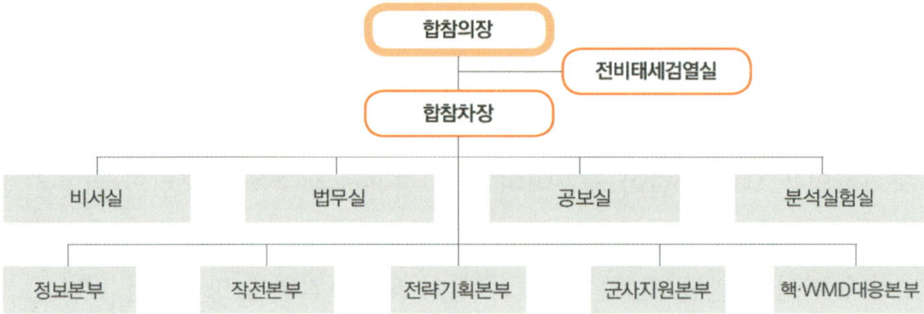

합동참모본부 조직 중에서 가장 핵심적인 것은 작전본부로서 합동부대에 대한 작전지휘와 각군 부대에 대한 평시작전통제권을 행사하면서 연습 및 훈련 통제까지 담당한다. 정보본부는 각군에 생산되는 모든 정보를 종합하여 판단하는 정보융합 기능을 가지고 있다. 전략기획본부는 합동전략서를 비롯한 전략문서를 작성하면서 미래전에 대비하는 두뇌 역할을 하며 합동 무기체계 소요를 제기하는 기능을 수행한다. 군사지원본부는 전평시 인사행정 및 군수지원을 담당하며 핵·WMD대응본부는 2024년 10월 1일에 창설된 전략사령부로 그 기능이 이관 통합되었다.

나. 육군

육군은 홈페이지에 국군조직법 법률 제10821호에 의해 그 정의를 '지상작전을 주 임무로 하고, 이를 위하여 편성되고 장비를 갖추며 필요한 교육훈련을 한다'로 명시하고 있다.[9] 이를 위해 2개의 작전사령부와 7개의 군단과 예하 사단으로 구성되어 있으며 수도방위사령부, 특수전사령부, 항공사령부, 미사일전략사령부, 동

7) 국방부, 『2022 국방백서』(2023), p. 46.
8) 위의 책, p. 46.
9) https://www.army.mil.kr/army/9/subview.do(검색일: 2025.1.17.)

원전력사령부 및 기타 지원부대로 편성되어 있다.

〈그림 13〉 육군 및 육군본부 조직도[10)]

그리고 국방백서에 따르면 "지상작전사령부는 작전지역 내에서 모든 작전요소를 통합하여 다양한 지상작전을 수행하고, 제2작전사령부는 민·관·군·경·소방 통합방위작전으로 합동후방지역의 안정과 전쟁지속능력을 유지하는 임무를 수행한다. 수도방위사령부는 수도 서울의 기능 유지를 위해 중요시설과 도시기반시설을 방호하고, 특수전사령부는 전시 특수작전과 평시 평화지원작전 임무를 수행하며, 항공사령부는 항공작전을 수행한다. 미사일전략사령부는 전략적·작전적 표적 타격 임무를 수행하고, 동원전력사령부는 동원사단, 동원지원단 등 동원전력의 평시 전투준비태세를 완비하도록 관장하고, 그 외 사령부는 인사 및 군수지원, 교육훈련 등의 임무를 수행"[11)]하는 것으로 기술하고 있다.

그리고 육군은 현존전력을 최대한 효율적으로 활용하면서 미래 합동작전개념 구현을 위해 신속결정 작전을 수행할 수 있도록 부대를 개편하고, K2전차, 한국형 기동헬기, 다련장로켓 등 기동 및 타격 능력을 지속적으로 확보해 나가고 있

10) 같은 곳.
11) 국방부, 『2022 국방백서』(2023), pp. 47-48.

다. 특히, 유·무인 복합전투체계 기반의 Army TIGER(Army Transformative Innovation of Ground forces Enhanced by the 4th industry Revolution technology) 4.0, 정찰·공격·전자전 드론을 활용하는 드론봇 전투체계, 워리어 플랫폼 전력화와 연계하여 부대·전력구조를 발전시켜 나갈 것"이라고 설명하였다. 육군 보유하고 있는 병력과 주요 무기는 〈그림 14〉와 같다.

〈그림 14〉 육군의 병력 및 주요 무기[12)]

* 전차, 장갑차, 야포/다련장은 해병대 전력 포함

다. 해군

해군은 홈페이지에 해군의 역할을 "전쟁억제(강력한 해군력을 보유함으로써 적의 전쟁 도발을 억제하는 것), 해양통제(필요한 시간과 해역에 대해 적의 사용을 거부하고 아군의 사용을 보장하는 것), 해상교통로(SLOC: Sea Lane of Communication) 보호(아측 상선의 이동로를 안전하게 보호하는 것), 군사력 투사(바다로부터 상륙군, 항공기, 유도탄, 함포 등으로 지상에 군사력을 투입하는 것), 국가 대외정책 지원 및 국위 선양(국제 평화유지, 함정 외국 방문 등 국위 선양 해양 탐색 및 구조 활동, 어로 보호 지원 해상테러/해적행위 차단, 해난구조 및 해양오염 방지 등)"[13)]으로 명시하고 있다.

---

12) 위의 책, pp. 47.
13) https://www.navy.mil.kr/mbshome/mbs/navy/subview.do?id=navy_010400000000 (검색일: 2025.1.17.)

〈그림 15〉 해군 및 해군본부 조직도[14)]

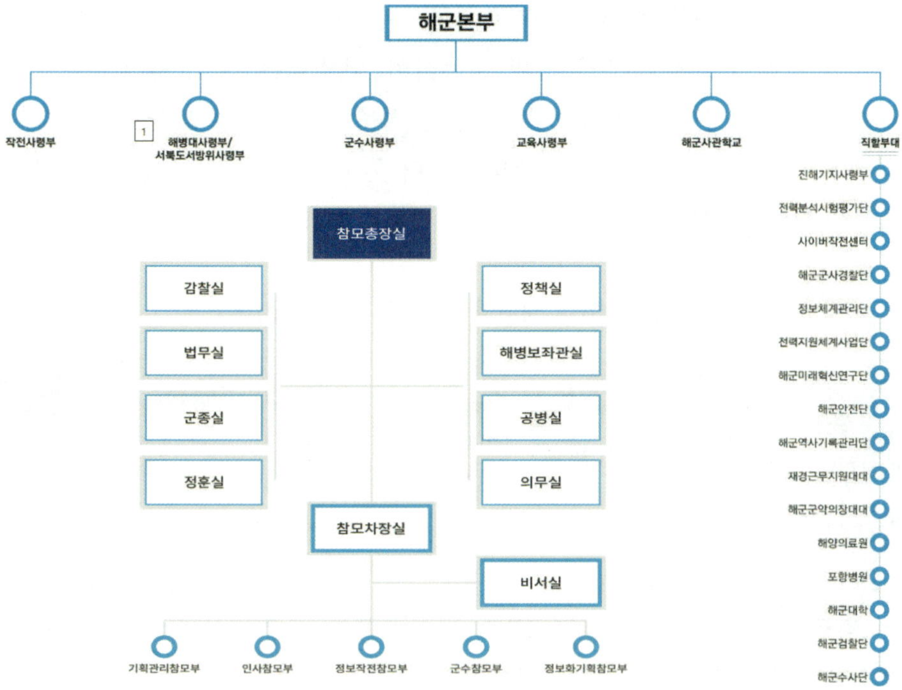

해군은 해군본부와 해군작전사령부, 해병대사령부 및 서북도서방위사령부, 기타 지원부대로 편성되어 있다. 해군작전사령부 예하에는 3개의 함대사령부와 잠수함사령부 및 항공사령부를 가지고 있으며, 해병대사령부/서북도서방어사령부 예하에 2개의 해병사단과 2개의 해병여단을 편성하고 있다.

국방백서에 의하면 "해군작전사령부는 전반적인 해군작전을 지휘하고 대함작전, 대잠작전, 기뢰작전, 상륙작전 등을 수행한다. 함대사령부는 구축함, 호위함, 초계함, 고속함(정) 등의 전투함을 운용하여 책임 해역의 방어임무를 수행하고, 잠수함사령부는 잠수함을 운용하여 잠수함 작전을 수행하며, 항공사령부는 해상항공전력을 운용하여 해상항공작전을 수행한다. 해병대사령부는 상륙작전과 책임지역 및 전략도서 방어작전을 수행하며 신속기동부대를 운용하고, 서북도서방위사령부는 서북도서에 대한 경계와 방어임무를 수행하며 그 외 사령부는 군수지원, 교육훈련 등의 임무를 수행"[15)]하는 것으로 설명하였다.

---

14) 같은 곳.

또한, "해군은 수중·수상·공중에서 각종 위협에 대응할 수 있도록 차기잠수함, 이지스급 구축함, 차기구축함, 차기호위함, 차기고속정, 해상초계기, 해상작전헬기 등을 확보하여 입체 전력을 통합 운용하며, 해병대는 입체고속상륙작전, 다목적 신속대응작전, 전략도서 방위 등 다양한 임무수행이 가능한 공지기동형부대로 발전"[16]시켜 나갈 것이라고 기술되어 있으며 해군이 보유하고 있는 병력 및 무기는 〈그림 16〉과 같다.

〈그림 16〉 해군의 병력 및 주요 무기[17]

* 병력은 해병대 2만 9천여 명 포함

라. 공군

공군은 홈페이지에서 임무를 "대한민국 공군은 항공작전을 주 임무로 하고 이를 위하여 편성되고 장비를 갖추며 필요한 교육 · 훈련"을 한다고 명시하고 있다. 그리고 "평상시에는 적 징후 감시, 고도의 전투준비태세 유지, 항공우주작전 수행능력 구비, 세계평화유지와 재난구조 활동 임무를 수행하며, 전시에는 적의 영공과 우주공간의 사용 거부, 아군의 제반 군사작전 여건 보장, 공중 · 우주 · 사이버 · 정보 우세 확보, 적의 군사력과 전쟁수행 의지 및 전쟁수행 잠재력 파괴 또는 무력화, 아군의 지상 · 해양작전 지원" 임무를 수행하는 것으로 구분하고 있다.[18]

이러한 임무를 수행하기 위한 공군의 조직은 〈그림 17〉과 같이 공군작전사령부와 기타 지원부대로 편성되어 있다. 공군본부 조직은 해군과 유사하며 다만 해병보좌관실이 없는 대신 성고충예방대응센터가 있다.

15) 국방부, 『2022 국방백서』(2023), p. 48.
16) 위의 책, pp. 48-49.
17) 위의 책, p. 48.
18) https://rokaf.airforce.mil.kr/airforce/402/subview.do(검색일: 2025.1.17.)

〈그림 17〉 공군 조직도[19]

국방백서에 의하면 "공군작전사령부는 항공작전을 전반적으로 통제하며, 제공작전, 항공차단작전, 근접항공지원작전을 비롯하여 핵·미사일·장사정포 위협에 효과적으로 대응하기 위한 작전을 수행한다. 공중전투사령부는 공군작전사령부의 통제에 따라 부여된 전투임무를 수행하여 전투임무기의 전투력 발휘를 보장하고, 공중기동정찰사령부는 공중기동 및 공중급유, 감시정찰, 조기경보 및 항공통제, 특수임무 및 탐색구조임무를 수행하여 공중기동전력의 전투력 발휘를 보장한다. 미사일방어사령부는 전략적·작전적 공중위협 감시를 통해 복합·광역·다층 미사일방어 및 지역방공 임무를 수행하고, 방공관제사령부는 한반도 전구 내 항공통제, 공중감시, 항공기 식별, 항공작전 지원 등의 임무"[20]를 수행한다고 설명하고 있다.

또한 앞으로도 "공군은 최신예 전투기를 지속 확보하여 월등한 공중우세를 달성하고, 중고도 정찰용 무인항공기를 도입하여 공중감시정찰 능력을 확대하며, 복합·광역·다층 미사일방어체계를 구축"[21]해 나갈 것이라고 부연하였다. 공군이 보유하고 있는 병력과 주요 무기는 〈그림 18〉과 같다.

19) https://rokaf.airforce.mil.kr/airforce/403/subview.do(검색일: 2025.1.17.)
20) 국방부, 『2022 국방백서』(2023), p. 49.
21) 위의 책, p. 49.

〈그림 18〉 해군의 병력 및 주요 무기[22]

4. 주한미군[23]

대한민국의 국가방위를 위한 주한미군의 역할은 지대하다. 한미상호방위조약에 의해 평시에도 한국에 주둔하면서 북한의 도발을 억제하는 중요한 역할을 하고 있다. 북한의 위협이 불변한다는 점에서 주한미군의 철수와 증강에 따라 한국은 불안정과 안정 사이를 오가게 된다. 주한미군사령부는 미8군사령부, 주한미해군사령부, 주한미해병대사령부, 주한미특수전사령부, 미7공군사령부, 주한미우주군사령부로 편성되어 있다. 주한미군사령관은 유엔군사령관과 한미연합군사령관을 겸임하고 있다.

유사시 대한민국의 방위를 지원하기 위해 투입되는 미국의 증원전력은 육해공군 및 해병대를 포함하여 병력 69만여 명, 함정 160여 척, 항공기 2,000여 대의 규모이다. 미국의 증원전력은 위기상황 전개에 따라 한미상호방위조약 제2조에 의거하여 '신속억제방안(FDO: Flexible Deterrence Option)'과 '시차별부대전개제원(TPFDD: Time Phased Forces Deployment Data)'으로 구분되어 증원된다. 한반도에 위기가 고조되면 전쟁을 억제하고 위기를 완화하기 위한 '신속억제방안'이 시행되어 지정된 전력이 투입된다. 전쟁이 발발하면 한미 연합작전계획의 시행을 보장하도록 TPFDD에 따라 계획된 전투부대와 지원부대가 증원되며, 육군사전배치재고(APS: Army Prepositioned Stocks) 등을 통해 전쟁물자가 지원된다. 주한미군의 주요 조직과 전력은 〈그림 19〉와 같다.

22) 위의 책, p. 49.
23) 의의 책, pp. 49-50.

〈그림 19〉 주한미군 주요 조직과 보유 전력24)

제2절 지휘체계

국가방위를 위한 대한민국의 지휘체계에서 출발은 국민의 대표로서 대통령이 가지는 국군통수권에서 출발한다. 대통령의 국군통수권을 행사하는 것은 국방부장관의 지휘·감독권을 통해서 이뤄진다. 장관의 지휘·감독권은 군령과 군정 및 그 외 병무행정과 방위사업을 포함한 기타 국방관련 사항을 포함한다. 지휘·감독권은 일반적으로 지휘권으로 이해하며, 지휘 · 감독을 받게 되는 부대나 개인을 원하는 목적과 의도에 따라 목표를 달성하는 데 투입한다. 그리고 지휘권을 통해 부여된 과업을 효과적으로 수행하도록 통솔하고 필요한 감독을 할 수 있는 권한을 행사한다. 대통령에서부터 최하위 제대인 반/분대까지 단순화한 국군의 지휘체계를 그려보면 〈그림 20〉과 같다.

24) 위의 책, p. 50.

〈그림 20〉 단순화한 국군의 지휘체계[25]

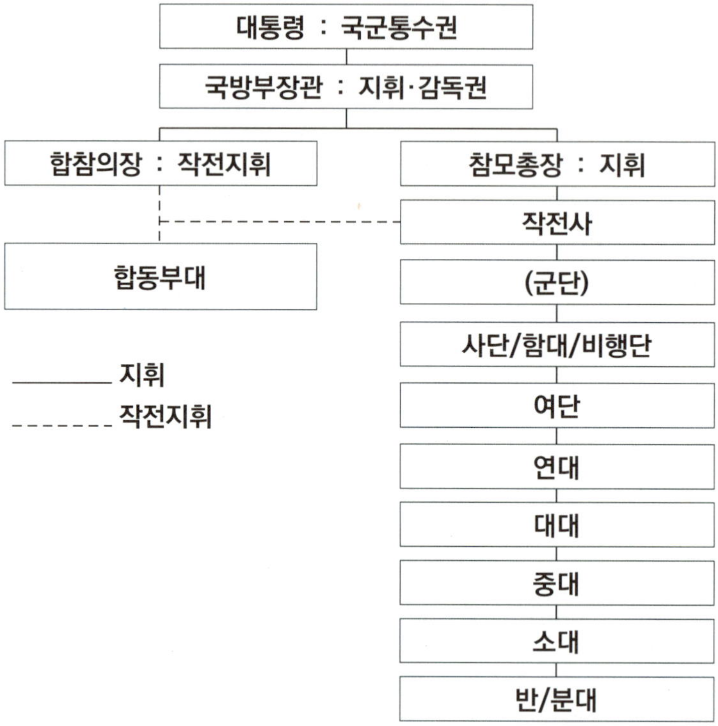

1. 한국군 고유 지휘체계

가. 지휘·감독 및 작전지휘

장관의 지휘감독권은 합동참모의장의 작전지휘와 각군 참모총장의 지휘 또는 작전지휘를 결한 지휘에 대한 지휘 · 감독을 망라한다. 합동참모의장의 작전지휘를 받거나 각군 참모총장의 지휘를 받는 예하 부대들은 지휘권을 행사하여 해당 부대를 지휘한다. 이는 정부조직법에 이를 군령과 군정으로 표현하고 있어 대통령의 국군통수권과 국방부장관의 지휘·감독권은 군령권과 군정권을 모두 포함하는 것으로 해석된다. 군령권은 실제로는 작전지휘권으로 행사되고 군정권은 군령권을 제외한 지휘·감독권으로 작전지휘를 뺀 나머지 권한을 의미한다. 이에 대한 분명한 법적 권한의 의미와 범위를 아래와 같이 국군조직법 제2장 군사권한에 명시하고 있다.

25) 필자 정리

국군조직법 제2장 군사권한[26)]

제6조(대통령의 지위와 권한) 대통령은 헌법, 이 법 및 그 밖의 법률에서 정하는 바에 따라 국군을 통수한다.

제7조 삭제

제8조(국방부장관의 권한) 국방부장관은 대통령의 명을 받아 군사에 관한 사항을 관장하고 합동참모의장과 각군 참모총장을 지휘·감독한다.

제9조(합동참모의장의 권한) ① 합동참모본부에 합동참모의장을 둔다.

② 합동참모의장은 군령(軍令)에 관하여 국방부장관을 보좌하며, 국방부장관의 명을 받아 전투를 주임무로 하는 각군의 작전부대를 작전지휘·감독하고, 합동작전 수행을 위하여 설치된 합동부대를 지휘·감독한다. 다만, 평시 독립전투여단급(獨立戰鬪旅團級) 이상의 부대이동 등 주요 군사사항은 국방부장관의 사전승인을 받아야 한다.

③ 제2항에 따른 전투를 주임무로 하는 각군의 작전부대 및 합동부대의 범위와 작전지휘·감독권의 범위는 대통령령으로 정한다.

제10조(각군 참모총장의 권한 등) ① 육군에 육군참모총장, 해군에 해군참모총장, 공군에 공군참모총장을 둔다.

② 각군 참모총장은 국방부장관의 명을 받아 각각 해당 군을 지휘·감독한다. 다만, 전투를 주임무로 하는 작전부대에 대한 작전지휘·감독은 제외한다.

③ 해병대에 해병대사령관을 두며, 해병대사령관은 해군참모총장의 명을 받아 해병대를 지휘·감독한다.

제11조(소속 부서의 장의 권한) 각군의 부대 또는 기관의 장은 편제(編制) 또는 작전지휘·감독 계통상의 상급부대 또는 상급기관의 장의 명을 받아 그 소속

26) https://law.go.kr/법령/국군조직법(검색일: 2025.1.18.)

부대 또는 소관 기관을 지휘 · 감독한다.

합참의장의 작전부대에 대한 작전지휘와 합동부대에 대한 지휘감독의 범위는 대통령령으로 따로 구체적으로 정하고 있다. 즉, 국군조직법 제9조 제3항에 따른 전투를 주임무로 하는 각 군의 작전부대 등에 관한 규정으로 대통령령 제34789호(2024.8.6.)를 두고 있다. 이에 따르면 육군지상작전사령부, 해군작전사령부, 공군작전사령부 등 주로 작전사령부급의 부대들을 합참의장이 작전지휘하는 부대로 정하고 있다. 그 권한의 범위는 군사전략의 목표를 달성하기 위한 연합작전, 합동작전 또는 독립작전의 계획, 준비 및 시행을 위한 지휘·감독, 대(對)비정규전 작전의 계획, 준비 및 시행을 위한 지휘·감독, 이와 관련된 군사연습과 훈련, 그 밖에 국방부장관이 정하는 작전지휘·감독에 관련된 군사사항을 지정하고 있다.

합참의장이 지휘감독하는 합동부대는 국군화생방방호사령부, 국군지휘통신사령부, 국군심리전단, 국군수송사령부, 사이버작전사령부, 드론작전사령부, 전략사령부 등을 명시하고 있다.

대통령령 제34789호(국군조직법 제9조제3항에 따른 전투를 주임무로 하는 각 군의 작전부대 등에 관한 규정)[27]

제1조(목적) 이 영은 「국군조직법」 제9조제3항에 따라 합동참모의장이 작전지휘 · 감독하는 각 군의 작전부대와 지휘 · 감독하는 합동부대의 범위 및 작전지휘 · 감독권의 범위를 정함을 목적으로 한다.

제2조(작전부대의 범위) 전투를 주 임무로 하는 각 군의 작전부대는 다음 각 호와 같다.

1. 육군 : 지상작전사령부, 육군제2작전사령부, 수도방위사령부, 육군특수전사령부, 육군항공사령부 및 육군미사일전략사령부
2. 해군 : 해군작전사령부, 해병대사령부 및 서북도서방위사령부
3. 공군 : 공군작전사령부
4. 그 밖에 각 군의 직할부대 중 국방부장관이 지정하는 전투를 주임무로 하

27) https://www.law.go.kr/lsInfoP.do?lsId=002701&ancYnChk=0#0000(검색일: 2025.1.18.)

는 작전부대

제3조(합동부대의 범위) 합동작전을 위하여 설치하는 합동부대는 다음각 호와 같다.

1. 국군화생방방호사령부
2. 국군지휘통신사령부
3. 국군심리전단
4. 국군수송사령부

4의2. 사이버작전사령부

4의3. 드론작전사령부

4의4. 전략사령부

5. 그 밖에 국방부장관이 지정하는 부

제4조(작전지휘 · 감독권의 범위) 제2조 각 호의 작전부대에 대한 합동참모의장의 작전지휘 · 감독권의 범위는 다음 각 호와 같다.

1. 군사전략의 목표를 달성하기 위한 연합작전, 합동작전 또는 독립작전의 계획, 준비 및 시행을 위한 지휘 · 감독
2. 대 비정규전작전의 계획, 준비 및 시행을 위한 지휘 · 감독
3. 제1호 및 제2호에 관련된 군사연습과 훈련
4. 그 밖에 국방부장관이 정하는 작전지휘 · 감독에 관련된 군사사항

나. 예속 및 배속

사령부 이하 부대는 육군은 '사령부 - 군단 - 사단 - 여단 - 연대 - 대대 - 중대 - 소대 - 분대'의 위계 구조를 가진다. 해군은 '함대사령부 - 전단 - 전대 - 함 - 편대 - 정' 순의 체계로 되어 있다. 공군은 '전투사령부 – 비행단 – 전대 – 대대 - 중대 · 소대' 순으로 편성되어 있다. 국군조직법 제11조에서 편제상의 상급부대 또는 상급기관의 장의 명을 받아 소속 부대 또는 소속 기관을 지휘·감독하는 것으로 명시하였으므로 편제부대는 완전한 지휘·감독권을 갖는다. 편제된 부대는 육군의 경우는 사 · 여단급, 해군의 경우는 함대사, 공군은 비행단이 편성

및 장비표(TO: Table of Organization)를 가지고 있다. 그 이하는 편제 부대의 예속 또는 배속부대로 편성되어 있다.

따라서 지휘관계는 지휘, 작전지휘, 예속, 배속, 작전통제, 전술통제 등의 관계로 설정되어 있다. 이미 설명한 지휘, 작전지휘와 달리 예속과 배속은 편성 상의 지휘관계로서 예속(Assignment)은 부대 또는 인원이 특정 편성체에 비교적 영구적으로 배치되는 것을 의미하며 그 편성체는 전반적인 기능을 통제한다. 예속부대는 작전수행 간에 상황에 따라 배속, 작전통제 및 전술통제 등 새로운 지휘관계가 설정될 수 있다.[28)]

한편 배속은 부대 또는 인원이 특정 편성체에 일시적으로 배치되는 것으로 그 편성체 부대장은 편성된 인원과 동일한 지휘권 및 통제권을 행사할 수 있으나 배속 당시 권한에 대한 조건이 부여되어 있다면 그에 반할 수는 없다. 배속인원의 전속과 진급에 대한 권한 및 책임도 통상 원소속 부대에 있다. 예속부대와 마찬가지로 작전수행간 상황에 따라 새로운 지휘관계가 설정될 수 있다.

다. 작전통제, 전술통제

작전통제와 전술통제 및 지원은 편성 상의 지휘관계가 아닌 상황에 따른 임무를효율적으로 달성하기 위한 편의상 설정되는 작전수행 또는 부대운용을 위한 지휘관계이다. 작전통제(Operational Control)는 작전지휘에 포함된 지휘권한으로서 지정된 부대의 운용, 임무 또는 과업 부여, 부대의 전개와 재할당 등 작전계획 또는 명령 상의 특정한 임무나 과업을 수행하기 위하여 지휘관이 행사하는 비교적 제한적이고 일시적인 권한이다. 여기에는 행정과 군수, 군기, 내부편성과 단위부대 훈련 등에 대한 권한과 책임은 포함되지 않는다.

작전통제권는 모든 제대 지휘관이 행사할 수 있으며 해당부대 지휘관에게 위임이 가능하고 예하 부대로의 재작전통제 또는 재전술통제도 가능하다. 작전통제 시에 행사할 수 있는 권한으로는 임무수행과 관련된 부대의 과업 부여, 목표지정과 지시의 하달, 임무완수를 위해 필요한 군사작전에 대한 지시하달, 작전통제 부대의 전개 · 지시 · 통제 · 협조 등에 관한 계획수립, 합동연습·훈련지침 부여와 실시 등이 포함된다.

---

28) 이하 예속 및 배속 관련 내용은 합동참모본부, 『군사기본교리』(2014), p. 4- 16.

전술통제(Tactical Control)는 작전통제에 포함된 권한이며 지정된 부대 또는 과업 부여가 가능한 군사능력에 대하여 지휘관이 행사하는 지휘권의 일종이다. 전술통제권은 모든 제대 지휘관이 행사할 수 있고 예하부대 지휘관에게 위임 가능하며 부여된 임무나 과업 완수를 위해 필요한 작전지역 내에서의 이동 혹은 기동에 대한 지시와 통제에 국한하여 일시적으로 설정하는 권한이다. 그 목적은 제한된 기간 동안 작전부대 간의 지휘통제 체계를 단일화하여 전투력 발휘를 보장하는 것이다.[29]

전술통제 시에 행사할 수 있는 세부권한으로는 지정된 부대에 대한 군사작전에 대한 지시 하달, 지정된 부대의 통제, 부여된 임무나 과업 내에서 부대의 운용 또는 자산에 대한 전술적 사용 지시 및 통제 등이다. 전술통제 시의 조직 편성, 행정과 군수지원에 대한 지시는 포함되지 않으며 별도의 지시가 없는 한 원소속 부대가 행사한다.

2. 한미연합지휘체계

국군에 대한 대통령의 국군통수권, 국방부장관의 지휘·감독권, 합참의장의 작전지휘권, 참모총장의 지휘권 또는 작전지휘를 결한 지휘권을 통해서 편성부대에 대한 지휘체계는 작동한다. 그런데 대한민국 국군은 세계 어느 나라와 비교해도 특이한 점이 한 가지 더 있다. 한미상호방위조약에 의해 한미연합군사령부가 조직되어 있으며, 한미연합군사령부에 의해 전시 작전통제를 받는 한국군에 대해서는 한미연합군사령관이 그 권한을 가진다. 이는 직접적으로는 합참의장의 작전지휘권과 참모총장의 지휘권에 대한 전시 권한의 제한을 가한다. 간접적으로는 국방부장관의 지휘·감독권과 대통령의 국군통수권을 부분적으로 제약하는 것이다. 작전지휘권은 작전권과 같은 용어이며 전·평시 작전통제권을 포함하는 권한으로서 상하 관련 개념들의 위계적 관계를 도식화하면 〈그림 21〉과 같다.

29) 이하 작전통제 및 전술통제 관련 내용은 합동참모본부, 『군사기본교리』(2014), p. 4-12.

〈그림 21〉 전시작전통제권과 관련된 개념들의 위계[30]

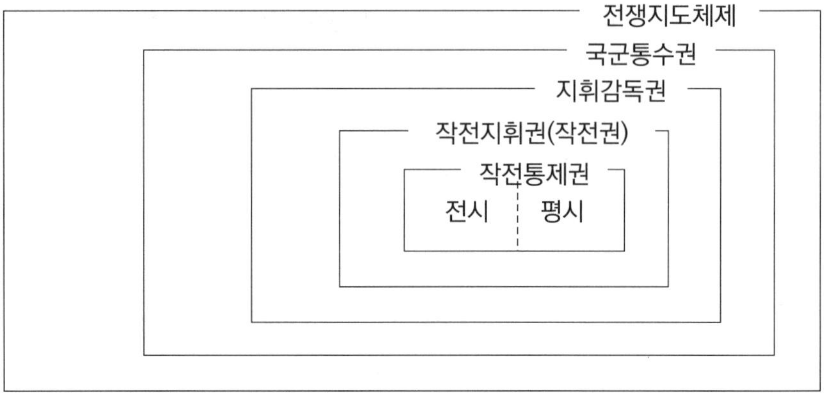

전시작전통제권은 작전지휘보다 그 권한의 범위가 작은 것이고 특히 전시에 한정된 권한이다. 작전통제는 앞에서 설명한 것과 같이 작전지휘의 한 부분으로서 '작전계획이나 작전명령상에 명시된 특정임무나 과업을 수행하기 위하여 지휘관에게 위임된 권한으로서 시간적, 공간적 또는 기능적으로 제한된 특정임무와 과업을 완수하기 위하여 지정된 부대에 임무 또는 과업부여, 부대의 전개 및 재할당, 필요에 따라 직접 작전통제를 실시하거나 이를 예하지휘관에게 위임 등의 권한을 말하며, 여기에는 행정 및 군수, 군기, 내부편성 및 부대훈련 등에 관한 책임 및 권한은 포함되지 않는다고 규정하고 있다. 이와 같이 미군은 교리를 통해 작전통제(Operational Control)[31]를 전투지휘의 한 부분으로 규정하고 있다.

---

30) 김정기, 앞의 책, p. 66.

31) 미군은 작전통제(operational control)를 "전투사령부 이하 모든 제대의 지휘관에 의해 행사되는 권한으로서 전투지휘(지휘권)의 고유 권한이며 그 지휘범위 내에서 위임할 수 있다. 작전통제는 그 예하부대에게 사령부나 부대의 조직 및 전개, 과업부여, 목표지정 및 그 임무를 달성하는 데 필요한 지시권한 부여를 포함한 지휘기능을 수행하는 권한이다. 작전통제는 그 사령부에 할당된 임무를 달성하기 위하여 필요한 군사작전과 합동훈련에 관한 모든 사항의 강제적 지시를 포함한다. … 그것은 군수나 행정사항, 군기, 내부편성 및 단위부대 훈련은 포함하지 않는다"라고 정의함. US Joint Chiefs of Staff, *Doctrine for the Armed Forces of the United State*, Joint Publication 1, 2007, p. GL-9.

가. 전시 지휘관계

제1장에서 살펴본 바와 같이 한국군에 대한 작전지휘권을 1950년 7월 14일 이승만 대통령이 편지를 통해 유엔군사령관에게 넘겼으며, 1954년 한미상호방위조약이 발효되면서 그 범위가 작전통제권으로 축소되었다. 그리고 1978년 다시 유엔군사령관이 행사하던 한국군에 대한 작전통제권이 한미연합군사령관에게 전환되었으며, 1992년 평시작전통제권을 한국 합참의장이 환수하면서 전시작전통제권만 한미연합군사령관이 행사하게 되었다. 따라서 한미연합지휘체계의 중심은 한미연합군사령부이며 그 상하의 지휘관계를 규정하는 것이 핵심이다.

전쟁에 대비한 국가방위를 위하여 작동하는 전쟁지도체제는 일사분란한 지휘체계를 기초로 한다. 즉, 대통령의 국군통수권, 국방부장관의 지휘감독권, 합참의장의 작전지휘권 및 평시 작전통제권 그리고 한미연합군사령관의 전시작전통제권이 작동해야 한다. 따라서 한국은 미국과 연합으로 대통령간의 정상간 협의, 국방부장관 간의 한미안보협의회의, 합참의장 간의 한미군사위원회를 통해 연합군사령관에 하달할 전략지침을 마련한다. 특히 한미군사위원회는 위기시부터 상설하여 운영함으로써 수시로 협의할 수 있다.

한국의 각군본부와 주한미군사령부, 미 태평양사령부 및 유엔군사령부는 한미연합군사령부(연합사) 및 연합구성군사령부에 전력을 제공하고 지원하며 협조하는 역할을 수행한다. 한국 합참은 평시에는 작전지휘를 통해 작전부대에 대한 평시작전통제권을 행사하며, 전시에는 작전통제를 뺀 작전지휘를 담당한다. 전시 연합사의 작전통제를 받는 한국군 부대들은 전·평시 작전지휘를 뺀 나머지 사항에 대해서만 한국 각군본부에서 지휘권을 행사한다. 〈그림 22〉는 현재의 전시 한미연합군 지휘관계를 보여주고 있다.

〈그림 22〉 전시 한미연합군 지휘관계[32)]

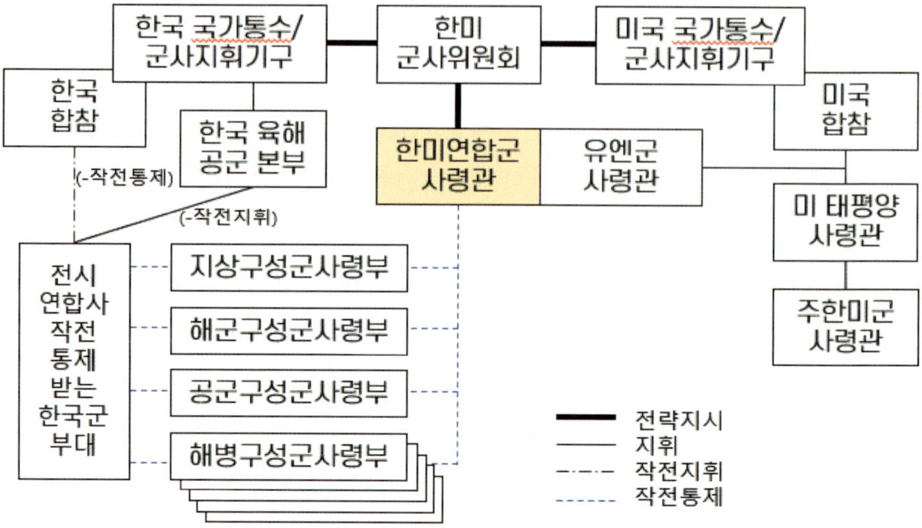

이러한 지휘체계는 복잡한 구조를 가지게 되며, 따라서 전시에 대비한 평시 연습과 훈련이 매우 중요하다. 한미연합연습 및 전시증원연습, 각종 연합훈련을 통해 한미연합지휘체계를 가동하는 연습을 평시부터 숙달함으로써 전쟁에 대비하고 있다. 한미연합연습을 계속하는 것은 북한의 도발에 대한 한국방위를 한미연합군사령부가 책임지는 동안에는 전시작전통제권이 한미연합군사령관에게 있기 때문이다. 그 책임을 한국이 스스로 해결하는 시대가 되면 한국군에 대한 전시작전통제권은 당연히 한국에 환원되는 것이며, 자연스럽게 대한민국 자체의 지휘관계 속에서 미군과는 상호 협조, 협력하는 구조로 변화하게 될 것이다.

나. 평시 지휘관계

한미연합군은 평시에는 사실상 사령부만 존재하며 실제 전투력을 발휘하는 하부 조직은 작전계획에만 명시되어 있는 계획상의 부대이다. 따라서 평시 지휘관계는 연합구성군사령부까지 작전통제하게 되어 있다. 다만, 1994년 평시작전통제권을 한국 합참이 환수하면서 연합사가 전시 임무수행에 필요하다고 판단한 권한위임사항(CODA: Combined Delegation Authority)에 대해 연합군사령관이

32) 합동참모본부, 『군사기본교리』(2014), p. 3-9를 참조하여 보완 작성

요청하여 연합사의 권한으로 남게 되었다. 잘 알려지지 않은 사실이지만 이를 통해 한미 연합연습과 위기관리 등이 연합사의 통제하에 이뤄지는 근거가 되는 것이다.

1994년 12월 평시작전통제권이 한국 합참으로 환원될 당시 남겨진 CODA는 ①연합작전계획 수립 및 발전 ②연합연습 준비 및 시행 ③연합/합동교리 발전 ④조기경보 제공을 위한 연합정보관리 ⑤C4I 상호운용성 ⑥정전협정 유지가 포함된 연합위기관리 등 여섯 가지였다. 따라서 현재도 한미연합군사령부에서 평시에 지상군, 해군, 공군 및 연합해병 구성군사령부를 거쳐 한국군을 통제할 수 있는 사항은 6가지 권한위임사항에 관한 것에 한정된다.

한편, 1994년 평시작전통제권 전환 당시 6대 권한위임사항과 함께 한미연합군사령관에게 남겨두었던 10대 군사임무는 2000년대 중반 한국군으로 전부 전환 완료되었다. 2003년 11월 7일 체결된 '10대 군사임무 전환 이행에 관한 합의각서'에 따라 시기별로 전환된 10대 군사임무는 〈표 4〉에서 보는 바와 같다.

〈표 4〉 전환된 10대 군사임무[33]

전환 시기	전환된 군사임무
2004.8.31.	후방지역 제독작전
2004.10.31.	공동경비구역(JSA) 경비·지원
2005.8.31	공대지 사격장 관리
2005.8.31.	신속 지뢰설치
2005.10.1.	대화력전 수행본부 지휘통제
2005.10.1.	주보급로 통제
2006.1.19.	해상 대특수작전부대 작전
2006.8.31.	근접항공지원 통제
2006.12.31.	기상예보
2008.9.30.	주야간 조종사 탐색구조

33) 합동참모본부 공보실, "10대 군사임무 전환 과제 중 근접항공지원 통제 임무 한국군으로 전환 서명식," 보도자료(2006.8.29.), pp. 1-2; "미군 10대 군사임무, 한국군 전환 완료," 『대한민국 정책브리핑』(2008.9.26.), https: //www.korea.kr/briefing/ policyBriefingView.do?newsId=148657400(검색일: 2025.1.21.)

제3절 국방인력

대한민국 국가방위를 위한 국방인력은 2023년 말 기준 국군 즉, 육·해·공군 현역 47만 7,440명이 핵심이다. 그리고 유사시 소집, 동원되는 예비군 310만 명의 예비 전력이 중요한 이를 뒷받침하고 있다. 더 넓게는 군무원 약 4만 2,439명과 국방부, 병무청, 방위사업청에 근무하는 공무원을 포함할 수 있다. 그리고 주한미군 약 28,500명 및 전시증원 전력이 북한의 도발에 대한 억제와 유사시에 대한민국 국가방위를 위해 활용할 수 있을 것이다. 그중에서 가장 중요한 현역과 예비 전력에 대해 살펴보자!

1. 현역 군인[34)]

대한민국 현역 군인의 정원은 50만 명으로 예산에 반영되고 있다. 전체 병력 수준 면에서 2019년 이후부터 2022년까지의 데이터는 충원소요에 대비하여 계속해서 부족한 것을 나타내고 있다. 총 현역 병력 수준도 2019년에 58만 명이었으나 2023년에는 47만 7천 명으로 10만 명 이상이 감소하였다.

그렇지만 한국군의 병력 수준을 2023년 50만 명 기준으로 보았을 때 중국 200만 명, 인도 140만 명, 미국 130만 명, 북한 120만 명, 러시아 90만 명, 파키스탄 65만 명, 이란 61만 명에 이어 세계 8위를 기록하고 있다. 문재인 정부는 2018년 7월에 발표한 국방개혁 2.0에 따라 2022년 최종 상태를 총병력 50만 명으로 장교 7.1만 명, 부사관 12.4만 명, 병 30.3만 명으로 유지한다는 계획이었다.[35)] 〈표 5〉의 데이터는 2021년 말을 기준으로 한 육, 해, 공군별 장교, 부사관 및 병사의 수와 비율을 나타내고 있다.

---

34) 김정기, "병력(장교·부사관·병) 충원율 급감의 종합적 원인분석과 해소를 위한 법규 개혁 소요 검토," 『군사논단』제118호(2024), pp. 188-191의 내용을 보완하여 수록

35) 송윤성·이웅, "인구절벽에 대비한 미래 한국군의 충원정책 혁신 방안 연구," 『정책개발연구』 제19권 제2호(2019), p. 4.

〈표 5〉 국군의 병력 구성(2021.12.31. 기준)[36]

단위 : 만명

구분	장교	부사관	병	계
계	7.0(13.8%)	13.1(26.4%)	29.9(59.8%)	50.0(100%)
육군	4.8(13.1%)	8.6(23.6%)	23.1(63.4%)	36.5(73%)
해군	0.7(17.0%)	1.8(45.9%)	1.6(37.1%)	4.1(8.2%)
공군	1.2(17.9%)	2.0(31.0%)	3.3(51.0%)	6.5(13%)
해병대	0.3(9.1%)	0.7(24.3%)	1.9(66.6%)	2.9(5.8%)

그러나 2025년 1월 현재에는 인구감소로 인해 2021년 말의 병력 수준 유지가 사실상 붕괴되었다. 국방개혁 대신에 '국방혁신 4.0'을 계획하여 2023년 3월에 발표하고 추진하면서 병력 유지 수준에 대한 기준치를 제시하지 않았다. 다만 "병력구조는 미래 병역자원 감소에 대비하여 작전소요와 병력공급의 균형이 가능하게 적정 수준의 상비병력 규모를 판단하고 효율적인 구조로 재설계"하겠다고 발표하였다.[37] 대통령령인 '국방조직 및 정원에 관한 통칙'과 매년 부대계획에 의해 선발해야 하는 장교, 부사관 및 징집 또는 모집해야 하는 병의 수요에 대비한 기준은 총 50만 명으로 하여 예산 소요를 제기하고 있다는 점에서 현실과의 괴리를 실감하게 된다.

2023년 국방예산 중에서 월급으로 지급되어야 할 인건비 불용액이 역대 사상 최고치인 1,880억 원에 이르렀는데 그중 장교에게 지급하도록 책정되었던 금액도 477억 4,000만 원이 불용 되었다.[38] 이런 점들을 종합해 볼 때 장교의 전체 충원율이 마이너스를 기록하고 있음은 짐작할 수 있다. 부대계획을 2022년의 총 병력 50만 명에, 장교 7.1만 명을 기준으로 수립하여 충원하고자 했다면 소위의 연봉을 약 2,500만 원으로 계산하여 약 1,909명의 봉급이 불용 되어 약 2.7%가 부족한 96.3%의 충원율로 추정할 수 있다. 왜냐하면 국방부는 50만 명을 기준으

36) 최영진, "한국군 초급간부의 복무실태와 개선방안 연구: 충원 제도를 중심으로," 『전략연구』제88호(2022), p. 90의 표 1.

37) 국방부, "제2창군 수준의 국방 재설계, AI과학기술강군 육성: 윤석열 정부의 국방혁신 4.0 기본계획 발표," 국방부 보도자료(2023.3.3.)

38) 이의재, "작년 군 장교·부사관 월급, 1880억원 남았다," 『국민일보』(2024.3.24.), https://www.kmib.co.kr/article/view.asp?arcid=0019923998&code =61141111&cp =nv(검색일: 2024.4.10.)

로 인건비를 책정하고 있기 때문이다.

부사관의 경우에는 국방부가 제공한 자료에 따르면 전체 충원율이 2022년에 93.4%였으며 2023년에는 91.8%까지 하락했다. 2022년 부사관 정원 12.4만 명 기준으로 약 1만 168명 정도가 부족한 것이다. 모집인원에 대비한 충원율은 2020년부터 지속적으로 감소하여 2022년에 86%까지 하락하였다.[39] 그리고 장교와 마찬가지로 2023년 부사관 월급용으로 책정된 인건비 중에서 1,410억 7,000만 원이 불용되어 사상 최고액을 기록하였다. 연간 최소 1,700명씩 결원이 발생했으므로 2년 동안 모집인원 대비 충원되지 않은 공석이 약 3,400명 이상 되는 것으로 추정할 수 있다. 2023년 기준 충원율로는 약 10명 중에 1명은 부족한 실정이며 신규 충원율이 급속히 감소하고 있어 상황은 더욱 악화될 것으로 예상된다.

병의 경우에는 징집과 모집으로 구분하여 입영하게 되는데, 2022년의 기준으로 30만 3천 명이 유지되려면 18개월 복무를 계산으로 연간 충원소요는 20만 2천 명이다. 복무기간이 짧은 만큼 순환이 빠를 수밖에 없다. 그런데 병의 입영률도 예상을 밑돌고 있으며 2023년 병사 입영률은 계획 대비 87.5% 수준인 18만 7,200명을 기록하여 1만 4,800명이 부족하였다. 이에 따라 병 봉급용 인건비 1,210억 3,000만 원도 불용 되었다.[40] 육군은 약 40%인 8만 명 정도의 병을 모집으로 충원해 왔고 해군, 해병, 공군의 경우에는 대부분 모집병으로 충원해왔다. 그러나 최근 해병과 해군의 병 지원율이 급격히 떨어지고 있는 것도[41] 원인분석과 해결방안을 모색해야 할 문제로 대두되고 있다. 전반적인 병 징집 인원이 감소하는 한편 모집병 충원율도 급감하는 현상이 나타나고 있다.

현역 군인이 주축인 국방인력에 있어서 현재 총병력 규모 50만 명 수준에 미치지 못하는 현실과 인구 급감으로 인해 나날이 악화되고 있는 충원 환경, 우수자

---

39) 형혁규, “부사관 인력 충원 현황 및 개선방안,” 국회입법조사처 「이슈와 논점」 제2106호(2023.6.27), p. 2.

40) 이의재, 같은 글.

41) 해병의 경우 2023년 7월 모집에서 0.2대 1의 지원율을 보였으며, 해군의 경우에는 몇 년간 지속적으로 지원율이 감소하여 지방병무청과 간담회를 개최하는 등 노력을 기울이고 있다. 최원영, “채상병 사건’ 이후 해병대 지원율 0.2 대 1 역대 최저,” 『동아일보』(2023.9.7.), https://www.donga.com/news/Society/article/all/202309 0 7/121069679/1(검색일: 2024.4.10.); 최원태, “경남병무청, 해군 모집병 충원 향상 간담회 개최,” 『경남도민신문』(2023.5.9.), http://www.gndomin.com/news/articleView.html?idxno=352544(검색일: 2024.4.10.)

원의 군 간부 확보 어려움 등을 종합적으로 극복하는 데 지혜를 모아야 할 것이다. 이를 위해서는 첨단 과학기술을 활용하여 전쟁양상의 변화에 무인화를 신속히 도입하는 것도 중요하다. 그러나 국가방위의 핵심은 언제나 사람이며, 국방인력의 근간이 바로 서는 것이 무엇보다 중요하다. 이를 위해서는 인력소요 판단에서부터 획득 및 충원, 그리고 교육이 유의미한 과정이 되려면 현실적으로 군인사법의 개정을 통해 우수자원이 간부로 복무할 수 있도록 유인하는 제도개선이 절실한 것으로 평가된다.

현재의 의무복무 기간 법규에 병, 부사관 및 장교의 신분 구분을 없애는 개정이 필요하다. 현재 병은 육군과 해병대는 2년, 해군은 2년 개월, 공군은 2년 3개월로 법규에 되어 있으며, 국방부장관이 6개월 범위 내에서 증감할 수 있게 명시되어 있다. 그런데 의무복무만 하는 단기복무 부사관의 경우에는 4년이며, 학군사관 장교의 단기복무는 3년으로 1년 범위 내에서 국방부장관이 증감할 수 있게 되어 있다. 이러한 복무기간의 차이는 부사관이 제일 길고, 장교가 그 다음이며 병이 제일 짧게 되어 있다.

병사의 실제 복무기간은 육군과 해병대는 18개월, 해군은 20개월, 공군은 21개월이며 병사의 봉급은 2025년 기준 병장이 150만원 + 저축지원금 55만원을 합하여 205만원 수준으로 급상승하였다. 대다수의 의무복무를 앞둔 남자의 경우 병사로 복무하는 것을 선호하게 되었다. 따라서 군인사법 제7조의 의무복무기간에서 단기복무 부사관과 장교에 대한 기간을 '병역법 제18조 현역의 복무' 기간과 동일하게 수정하여 이러한 문제점을 해결해야 한다. 그래야 자연스럽게 장교, 부사관, 병 순으로 우수자원이 충원될 것이다.

2. 예비군

예비군은 현역과 달리 평시에는 생업에 종사하다가 소집 또는 동원에 의해 임무를 수행하는 국가방위 인력이다. 우리나라 예비군제도는 1968년 김신조를 비롯한 북한 무장 간첩들이 청와대를 기습하려 했던 1·21사태를 계기로 만들어졌다. 향토예비군으로 출발하여 지금은 동원되어 현역과 함께 부대를 완편하여 임무를 수행하는 동원예비군과, 해당 지역과 직장을 지키는 지역 및 직장예비군으로 구분되어 있다. 이렇게 구분 편성된 예비군은 예비군법 제2조에 따라 다음과 같은 임무를 수행한다.

〈그림 23〉 예비군의 임무[42]

- 전시, 사변 그밖에 이에 준하는 국가비상사태하에서 현역 군부대의 편성이나 작전에 필요한 동원을 위한 대비
- 적 또는 반국가단체의 지령을 받아 무기를 지니고 있는 사람(무장공비)이 침투하거나 침투할 우려가 있는 지역에서 적이나 무장공비의 소멸
- 무장 소요가 있거나 소요의 우려가 있는 지역에서 무장 소요 진압 (경찰력만으로 그 소요를 진압하거나 대처할 수 없는 경우만 해당)
- 제2호 및 제3호의 지역에 있는 중요시설·무기고 및 병참선 등의 경비
- 「민방위기본법」에 따른 민방위 업무의 지원

2022년 국방백서에는 사관후보생, 전시근로소집, 전환/대체 복무 인원 등을 포함하여 총예비전력을 310만여 명으로 표기하고 있으나[43] 동원율 등을 고려 시 실제 가용한 예비군의 총병력 수는 이에 미치지는 못할 것으로 예상된다.[44] 북한군의 현역 병력 120만 명에 예비 전력 762만 명으로 집계되고 있어 남북한 전력 차이를 여실히 보여주고 있다. 그러나 핵무기를 제외한 해, 공군과 무기체계 및 주한미군을 포함하면 대등한 것으로 평가하고 있다.

예비군은 '예비군법'에 의해 예비역인 장교, 준사관 및 부사관과 현역 또는 상근예비역의 복무를 마친 사람(현역 복무를 마친 것으로 보는 사람을 포함한다)으로서 그 복무를 마친 날의 다음 날부터 8년이 되는 해의 12월 31일까지의 기간에 있는 예비역의 병으로 조직한다. 여기에는 사회복무요원 등 각종 대체 복무로

---

42) "예비군법," 『국가법령정보센터』, https://www.law.go.kr/(검색일: 2025.1.22.)

43) 국방부, 『2022 국방백서』(2023), p. 334의 표에 북한은 762만여 명(교도대, 노농적위군, 붉은청년근위대 등 포함)으로 비교하고 있음.

44) 2010년 국방백서에는 예비군 실제 병력 수를 기준으로 했을 때 총 293만 명으로 기술하였다. 국방부, 『2010 국방백서』(2010), p. 122.

병역의무를 마친 인원들도 포함된다. 그중에서 통상 1~4년 차 예비군들이 동원되어 현역과 같이 부대 편성되는 경우이며, 5~8년 차 예비군들은 지역 또는 직장예비군에 편성된다.

2010년 3월 기준으로 여성을 포함한 1만여 명의 지원자가 향방예비군에 편성되어 활동하고 있다. 당시 기준 총 293만여 명의 예비군 중에서 약 132만여 명의 동원되는 예비군을 제외하고 약 161만여 명이 지역 및 직장예비군으로 편성되어 임무를 수행한다. 동원되는 예비군을 효율적으로 지원하기 위하여 동원지원단을 총 11개소 편성하여 운영하고 있으며 제60, 66, 72, 73, 75보병사단은 동원지원단의 지원하에 예비군으로 완편되는 사단이다. 이를 총괄 지휘하는 동원전력사령부가 2018년 4월에 창설되어 임무를 수행하고 있다.

제4절 무기체계

〈표 6〉은 2022년 기준 각군의 주요 무기체계를 포함한 한국의 군사력 수준을 북한과 비교하여 종합적으로 보여주고 있다.

〈표 6〉 남북한 군사력 현황[45)]

2022년 12월 기준

구분				한국	북한
병력(평시)	육군			36.5만여명	110만여 명
	해군			7만여 명 (해병대 2.9만여 명 포함)	6만여 명
	공군			6.5만여 명	11만여 명
	전략군			-	1만여 명
	계			**50만여 명**	**128만여 명**
주요전력	육군	부대	군단(급)	(해병대 포함) 12	15
			사단	(해병대 포함) 36	84
			여단(독립여단)	(해병대 포함) 32	117
		장비	전차	(해병대 포함) 2,200여 대	4,300여 대
			장갑차	(해병대 포함) 3,100여 대	2,600여 대
			야포	(해병대 포함) 5,600여 문	8,800여 문
			다련장 / 방사포	310여 문	5,500여 문
			지대지 유도무기	발사대 60여 기	(전략군) 발사대 100여 기
	해군	수상함정	전투함정	90여 척	420여 척
			상륙함정	10여 척	250여 척
			기뢰전함정(소해정)	10여 척	20여 척
			지원함정	20여 척	40여 척
		잠수함정		10여 척	70여 척
	공군		전투임무기	410여 대	810여 대
			감시통제기	(해군 항공기 포함) 70여 대	(정찰기) 30여 대
			공중기동기(AN-2포함)	50여 대	350여 대
			훈련기	190여 대	80여 대
	헬기(육·해·공군)			700여 대	290여 대
예비병력				310만여 명 (사관후보생, 전시근로소집, 전환/대체 복무 인원 등 포함)	762만여 명 (교도대, 노농적위군, 붉은청년근위대 등 포함)

국가방위를 위한 수단을 크게 사람과 사람이 아닌 것으로 구분하였을 때 사람은 앞 제3절에서 국방인력으로 살펴보았다. 사람이 아닌 것은 장비와 물자, 시설 등이 있다. 그중에서 시설을 뺀 나머지 것들이 적을 살상하고 아군을 방호하기

45) 국방부, 『2022 국방백서』(2023), p. 334

위해 사용될 경우 우리는 그것을 무기체계라고 한다. 일반적으로 무기는 살상용 장비를 의미하나 무기체계는 비살상용 장비와 물자를 포함한다. 무기체계는 크게 각군별 무기체계로 구분할 수 있으며 여기서는 육군과 해병대를 묶어 지상군 무기체계로 분류하여 살펴보고 이어서 해군 및 공군 무기체계를 설명하였다.

1. 지상군(육군+해병대) 무기체계

해병대를 포함한 육군의 무기체계는 크게 기동과 화력 무기체계로 구분된다. 물론 정보, 통신, 항공, 방공 등도 있으나 전차와 장갑차를 중심으로 한 기동 무기체계와 야포와 다련장 및 방사포, 유도탄 등의 화력 무기체계로 대별 된다.

가. 기동 무기체계

한국이 보유한 대표적인 기동 무기체계 중에서 전차는 2,200여 대, 장갑차는 3,100여 대로 2022 국방백서에서는 집계하고 있다.

전차는 한때 대전차미사일에 취약하다는 지적도 있었고 지금은 드론에 취약하다는 문제를 제기하기도 하나 여전히 적 종심을 돌파하고 심리적 마비를 강요하며 목표를 탈취하는 등 지상군 최강의 무기체계라는 대체적 설명에 이견은 없다. 한국이 국가방위를 위해 운용 중인 주력전차는 K-2 흑표전차이다. 그 외 K-1 계열의 전차와 구형이 된 M48A5K 전차 및 러시아의 T-80 전차도 도입, 사용하고 있다.[46)]

46) 이하 전차에 관해서는 국방홍보원, 『한눈에 보는 국군 무기체계 2020』(2019), pp. 14-25를 참조.

〈사진 6〉 K-2전차 사격 장면[47]

주력전차인 K-2는 국방과학연구소가 개발한 세계 정상급 전차로서 2008년 개발을 완료하여 작전배치하기 시작했으며, 2023년에는 폴란드에 수출한 전차로서 1,500마력의 디젤엔진이 장착되어 있다. 주포는 120밀리 활강포를 탑재하였으며 최고 속도는 포장도로에서는 시속 70km, 야지에선 시속 50km의 이동 속도를 자랑한다. 그 외에도 깊이 4.1m의 하천도 잠수상태로 도하가 가능하며, 최첨단 현수장치로 상하좌우, 전후로 차체가 제어되며 기동 간에도 빠르고 정확하게 장전 및 사격할 수 있으며, 표적 자동탐지 및 추적 장치가 탑재되어 있다. 특히, 전기식 포탑 및 포 구동장치와 C4I(Command, Control, Communications, Computers, Intelligence)와 연계된 전술정보 처리장치 등을 갖추고 있다.

장갑차의 경우에는 K21 보병전투장갑차가 주력이며, 그 외에도 기존의 K200 계열 장갑차와 BMP-III 보병전투장갑차, KAAV 한국형상륙돌격장갑차, K808 및 806 차륜형장갑차 등이 있다. 장갑차는 지상전투와 전투지원을 위해 가장 융통성있게 운용할 수 있는 무기체계이다. 지상작전의 중심인 보병에게 기동력과 방호력을 제공함으로써 전차와 동반하여 적의 강력한 저항을 무너뜨리면서 목표를 탈취하는 중요한 임무를 가능하게 한다.

47) https://m.post.naver.com/viewer/postView.naver?volumeNo=35356555&memberNo=60206285&vType=VERTICAL(검색일: 2025.1.23.)

〈사진 7〉 K21 보병전투장갑차 도하 장면[48)]

한국군 주력 장갑차인 K21 보병전투장갑차는 차장, 사수, 부사수 등 3명의 승무원과 9명의 보병 등 12명이 탑승하며 현존하는 최대 구경의 40밀리 기관포를 탑재하였다. 전투중량 25톤에 750마력의 소형 고출력 동력장치를 통해 시속 70km를 자랑한다. 에어백식 수상부양 장치를 장착하여 수상에서 최고 시속 7km 속도로 이동할 수 있다. 또한, 세계에서 유일하게 자동 및 다중 송탄장치에 의해 날개안정철갑탄과 복합기능탄 등의 탄종을 선택하여 발사할 수 있으며, 특히 차량간 정보체계, 지상전술C4I체계와 연동 기능으로 제대 간 음성과 디지털 정보를 공유할 수 있다.[49)]

기동 무기체계에서 전차와 장갑차 외에 기동지원장비로는 주로 공병부대에서 운용하는 K1 교량전차, 리본부교, K600 장애물개척전차, KM9ACE 전투장갑도저, M58 지뢰지대개척선형폭약, K1 구난전차, K21 경구난장갑차 등이 있다.

나. 화력 무기체계

화력 무기체계 소화기, 박격포, 포병 및 포병지원장비, 로켓, 대전차무기, 유도

48) https://bemil.chosun.com/nbrd/bbs/view.html?b_bbs_id=10044&num=227159 (검색일: 2025.1.23.)
49) 국방홍보원, 『한눈에 보는 국군 무기체계 2020』(2019), pp. 26-27.

무기 등으로 구분된다. 소화기는 개인별 지급되는 소총 및 권총이 포함되며 2022 국방백서에 한국군이 보유하고 있는 야포는 5,600여 문이며 다련장과 방사포가 310여 문, 지대지 유도무기 발사대가 60여 기를 보유하고 있는 것으로 집계하고 있다.

소화기는 보병의 기본화기이면서 전투원 자신을 보호하고 적을 사살하거나 사격 지원, 저격 등의 임무를 가능하게 한다. 일반적으로 0.6인치 이하인 구경의 총기를 일컬으며 소총과 기관총, 산탄 등이 있으며 K2소총이 가장 많이 운용되고 있으나 2014년부터 개발에 착수한 개량형 K2C1이 전력화되고 있다. 1984년 개발이 완료된 K2소총은 한국군 고유 모델의 기본화기로서 길이는 97cm이며 가늠자와 가늠쇠를 활용한 조준은 동심 원리를 채택해 빠르고 정확하게 사격이 가능한 특징이 있다. 무게는 4kg, 유효사거리는 600m, 발사속도는 분당 700~900발이다. 단발과 자동 외에도 3발 점사 정치가 있어 탄약의 낭비를 줄일 수 있고 총구 앙등 억제 소염기를 적용하여 연발사격 시 총구가 들리는 현상을 줄였다. K2를 개량한 K2C1은 피카티니 레일을 이용하여 조준경 등 악세서리를 장착할 수 있게 하였고, 조절형 접철식 개머리판으로 교체하였다. 원리와 내부 구조는 K2와 같아 사거리와 성능도 동일하다.[50)]

50) 국방홍보원, 『한눈에 보는 국군 무기체계 2020』(2019), pp. 50-53을 참조.

〈사진 8〉 K2C1소총으로 훈련하는 장면[52)]

〈사진 9〉 K9자주포 사격 준비 중인 내부 모습[51)]

포병은 적에게 쉽게 노출되지 않고 상당히 이격된 거리에서 강력한 타격을 통해 큰 피해를 주는 무기를 운용한다. 그중에서 야포는 발사각도에 따라 평사포와 곡사포, 수송 수단에 따라 견인포와 자주포로 각각 구분하며 구경에 따라 다양한 포가 있다. 한국군을 대표하는 야포로는 K9/K9A1 155밀리 자주포가 있으며 그 외에도 K55/K55A1 155밀리 자주포, K105A1 105밀리 차륜형 자주포, KH178 105밀리 곡사포, K179 155밀리 견인 곡사포, M101A1 105밀리 곡사포 등이 있다.

---

51) https://kookbang.dema.mil.kr/newsWeb/20190904/8/BBSMSTR000000010023/view.do(검색일: 2025.1.23.)

52) https://bemil.chosun.com/nbrd/bbs/view.html?b_bbs_id=10044&num=218537(검색일: 2025.1.23.)

K9/K9A1 155밀리 자주포는 국방과학연구소와 삼성테크윈(현 한화에어로스페이스)이 개발하여 1999년에 첫 시제품을 생산했다. 현재는 약 1,300여 문을 운용하고 있으며 2007년 7월 튀르키에로 수출하는 등 세계 정상급 포병으로 불리고 있다. 최대사거리가 40km에 달하고 사격통제장비와 포타늬 이송, 장전 장비를 완전 자동화하여 효율적 운용이 가능해졌다. 즉, 표적의 위치를 입력하면 자동으로 사격제원을 산출하고 목표 방향으로 포를 지향하고 탄약을 자동으로 장전하게 된다. 사격 명령을 접수하고 약 30초 이내에 초탄을 발사할 수 있으며, 3분 동안 연속 18발을 사격할 수 있다. 5명의 승무원이 탑승하며 이동은 최대 1,000마력의 출력으로 주행 가속성이 우수하고 방향 전환도 용이하다.[54)]

〈그림 24〉 현무-V 개발 소개[53)]

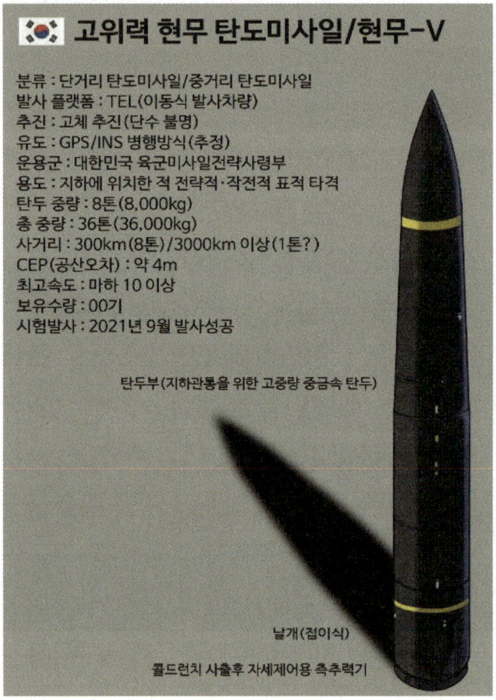

소화기, 포병 외의 화력 무기체계 중에서 로켓은 고온, 고압 가스를 발생시켜 분출함으로써 그 반동으로 추진하는 장치로서 발사대와 사격통제 장치가 통합된 시스템으로 운용된다. 단발형 로켓과 여러 발을 다수의 발사관을 통합한 상자형 다연장 로켓도 있다. 1970년대 말부터 개발하기 시작하여 현재는 K239다연장로켓 천무, K136다연장로켓 구룡, 130밀리 유도로켓 등이 있다. K239다연장로켓 천무는 구경 230밀리급으로 적의 장사정포 사정권 밖에서 적의 공격 원점과 핵심 표적을 실시간 정밀타격할 수 있는 육군 포병의 대화력전 핵심 화력 무기체계이다. 기존의 237밀리 다연장로켓(MLRS)와 130밀리 구룡로켓을 대체하여 전력화하고 있다. 천무는 유압식 구동장치와 디지털 제어시스템으로 급속 방열이 가능하며 C4I체계와 상호 연동

---

53) https://blog.naver.com/rich_k1/223225254172?photoView=9(검색일: 2025.1.23.)
54) 국방홍보원, 『한눈에 보는 국군 무기체계 2020』(2019), p. 72.

이 가능하여 신속 정확하게 사격할 수 있다.[55)]

최근에는 북한의 핵미사일 개발과 전력화에 따라 2021년 그동안 한국의 탄도미사일 개발에 사거리와 탄두 중량에서 제약을 가했던 한미미사일지침이 폐기됨에 따라 고위력의 탄도미사일을 개발, 배치하고 있다. 육군전략미사일사령부 예하부대에사 운용하는 것으로 알려진 현무-II, III, IV-1가 있으며 2024년 10월 1일 실물을 최초로 공개한 현무-V도 이미 2023년에 공개한 만큼 이미 전력화된 것으로 보인다.[56)] 북한의 핵미사일이 전력화된 이상 한국으로서는 국가방위를 위해 더 이상 주저하지 말고 적의 도발 억제와 유사시 응징을 위한 전력의 균형을 추구해야 할 것이다. 국제사회를 설득하여 전략적으로 자체 핵무장도 추진해 나가야 할 것이다.

2. 해군 무기체계

육군이나 해병대와 달리 해군은 주로 바다에서 국가방위를 위한 군사작전을 수행해야 하는 만큼 함정 무기체계를 중심으로 임무를 수행한다. 함정은 그 크기에 따라 고속정, 초계함, 호위함, 구축함, 순양함, 항공모함 순으로 그 외에도 잠수함, 상륙함, 기뢰전함, 지원함 등이 있다. 한국 해군에는 순양함과 항공모함은 없다.

〈표 7〉 함정 분류[57)]

분 류	배수량(톤)	약호	비고(영어 표현)
고속정	200~500	P	Patrol Boat
초계함	1,000내외	C	Corvette
호위함	1,500내외	FF	Frigate
구축함	3,000~7,000	DD	Destroyer
순양함	1만톤이상	C	Cruiser
항공모함	3만톤이상	CV	Aircraft Carrier
잠수함(정)	다양	SS	Submarine
상륙함정	9천~2.5만	L	Amphibious Ship

55) 국방홍보원, 『한눈에 보는 국군 무기체계 2020』(2019), pp. 81-82.
56) 이일우, “괴물 미사일 신형 현무와 합동화력함, 북한 도발 억제할 자산,” 『한국일보』(2023.10.3.), https://www.hankookilbo.com/News/Read/A2023092715060005960? did=NA(검색일: 2024.10.18.)
57) 필자 정리

분 류	배수량(톤)	약호	비고(영어 표현)
기뢰전함정	400~3,000	M	Mine-warfare Ship
지원함정	2,000~4,000	A	Auxiliary Ship

군함은 전투를 목적으로 만들어진 배로서 전투를 하는 무기체계이면서 동시에 전투병이 거주하는 공간이기도 하다. 외국 항구에 기항하면 국토의 일부로서 치외법권을 가지며 평시에는 국가이익과 외교적 수단으로 활용되기도 한다. 위의 표에서 보듯이 크기와 임무에 따라 함과 정으로 구분되며 일반적으로 수상함의 경우 배수톤수가 500톤 이상이면 함으로, 미만이면 정으로 분류된다. 다양한 해군 무기체계 중에서 한국의 국가방위력을 증강하기 위해 전력화에 박차를 가하고 있는 구축함과 잠수함을 중심으로 살펴본다.

가. 구축함

한국 해군의 2000년대 이후 한국형 구축함사업(KDX: Korea Destroyer Experiment)을 통하여 대양해군으로 발돋움하고 있다. 현재는 KDX-III으로 탄생한 7,600톤급의 세종대왕함이 2007년 현대중공업에서 진수되어 2008년 취역한 후 2010년에는 율곡이이함, 2012년에는 서애류성룡함 등이 뒤를 이어 취역하였다. 해군으로서는 북한의 대잠수함 및 대함유도탄, 항공기 공격으로부터 효과적으로 방어할 수 있는 이지스구축함 체계를 갖추게 되어 한층 강화된 생존성과 전투력을 확보하게 되었다.

최근에는 8,200톤급의 정조대왕함이 2024년 12월 취역하였고 다산정약용함이 뒤를 이를 예정이다. 정조대왕급 구축함은 대한민국 해군이 KDX-III Batch-II(광개토-III Batch-II) 사업을 통해 전력화하는 신형 이지스 시스템 탑재 구축함(DDG: Destroyer Guided-missile)으로, 탄도미사일 방어체계가 추가되고 대잠전 체계가 향상되었다. 또한 신형 한국형수직발사관(KVLS: Korea vertical launch system)-II를 전력화해 무장을 더 효율적으로 탑재할 수 있게 되었다. 정조대왕급 구축함은 길이 170m이며, 세종대왕급 구축함(DDG-I) 대비 길이 4m, 배수량 600톤 늘어났다. 다기능 위상배열 레이더, 적외선 탐지·추적장비, 전자광학추적장비 등을 갖춰 탐지·추적 등의 대응 능력은 2배 이상 증가했다. 통합 소나체계를 탑재해 잠수함 탐지 거리는 3배 이상 향상됐으며, 보조 추진 체계로 연료를 절감할 수 있도록 했다.[58)]

〈사진 10〉 정조대왕함(DDG-955)[59)]

나. 잠수함

잠수함은 수상함과 달리 바다 속 수중에서 은밀하게 작전을 수행함으로써 결정적인 시간과 장소에서 기습하여 적에게 치명적인 타격을 가하는 무기체계이다. 해군은 1980년대 정급 국산 돌고래함을 운용하기 시작하여 1992년 1,200톤급의 장보고함을 취역시켰으며 연료전지를 구비하여 잠항 시간을 대폭 늘린 1,800톤급의 손원일함도 2007년부터 운용하고 있다. 2018년에는 3,000톤급 잠수함인 도산안창호함이 진수되어 2021년 취역하였으며 이어 안무함이 신채호함이 뒤를 이어 2023년과 2024년에 각각 취역하였다.[60)]

장보고급 잠수함은 독일의 209급 잠수함을 모델로 한 디젤 잠수함이며 9번함 이억기함까지 운용중에 있으며 2002년 환태평양 훈련에 참가하여 나대용함이 잠

---

58) “정조대왕급 구축함,” https://namu.wiki/w/정조대왕%20구축(검색일: 2025.1.23.)
59) https://blog.naver.com/iemate/223278272402(검색일: 2025.1.23.)
60) 이하 잠수함 등에 관한 내용은 국방홍보원, 『한눈에 보는 국군 무기체계 2020』(2019), pp. 110-158을 참조

대함 하푼(Harpoon) 미사일을 발사해 72km 떨어진 9,200톤급 퇴역 함정을 명중시키기도 하였다. 크기는 전장 56m 전폭 6.2m로 최대 22노트의 수중속력을 가지고 있으며 어뢰, 기뢰, 잠대함 유도탄 등을 무장하고 있다.

손원일급 잠수함은 독일의 214급 잠수함을 모델로 2010년대 대한민국 해군의 주력 잠수함이었다. 공기가 없이도 추진할 수 있는 공기불요장치(AIP: Air Independent Propulsion)를 탑재하여 부상하지 않고도 약 2주간의 수중작전이 가능하다. 대잠어뢰 공격으로부터 생존능력이 뛰어나며 대 수상함 및 잠수함 작전과 해상교통로 보호, 적의 주요 항만 봉쇄 등의 임무를 수행한다.

도산안창호급 잠수함은 장보고사업 III단계로 추진하여 국내 독자 기술 개발로 정거리 순항미사일 탑재가 가능한 중(重)형 잠수함이다. 대우조선해양에서 설계에서 건조에 이르는 전 과정을 국내 기술로 추진하였으며 이를 통해 세계에서 12번째로 자체 잠수함 제작 기술을 보유하게 되었다. 크기는 83.3m의 전장에 9.6m의 전폭으로 손원일급의 두 배이면서도 최대 수중에서 20노트까지 이동할 수 있다. 공기불요장치에 고성능 연료전지를 추가하여 잠항시간도 증가하였다. 무장은 어뢰, 기뢰 및 잠대함 유도탄을 탑재하고 있으며 잠수함발사탄도미사일까지 장착하고 있는 것으로 평가된다.

도산안창호급 잠수함에는 잠수함발사탄도탄(SLBM)이 탑재 가능한 수직발사체계(VLS)를 장착했다. 현무-II 단거리 탄도탄을 기반으로 하는 한국형 SLBM(현무-IV)은 2021년 7월 15일 국방과학연구소 안흥종합시험장에서 대통령과 국방부장관 등이 참석한 가운데 세계에서 7번째로 수중 발사시험에 성공하였다.

〈사진 11〉 신채호함 항해 모습[61]

해군은 구축함, 잠수함 외에도 호위함으로 인천/대구급 유도탄호위함, 울산급 호위함이 있으며, 초계함으로는 동해/포항급 초계함이 있다. 고속함정으로는 윤영하급 유도탄고속함, 참수리-II급 유도로켓 탑재 고속정, 참수리급 고속정 등이 있다. 또한, 헬기 7개 착륙이 가능한 독도급 대형수송함, 천왕봉/고준봉급 상륙함, 고속상륙정 솔개, 기뢰탐색소해함, 기뢰탐색함, 기뢰부설함, 잠수함구조함, 수상함구조함, 천지/소양급 군수지원함 등을 운용하고 있다.

3. 공군 무기체계

공군 무기체계는 하늘이라는 3차원 공간에서 수평, 수직으로 자유롭게 비행하면서 신속한 이동과 정밀 타격 무기를 통해 적을 제압하는 특징을 가지고 있다. 공군 무기체계는 항공우주력의 수단으로 전쟁억제, 영공방위, 전쟁승리를 추구하는 무기로서 대개 전투기, 공격기, 폭격기, 수송기, 정찰기, 조기경보통제기, 공중급유기, 무인기 등으로 분류할 수 있다.

61) http://www.kjdaily.com/upimages/gisaimg/202404/05-626638.jpg(검색일: 2025. 1.24.)

〈표 8〉 항공기 분류 및 임무[62)]

구 분	임무 및 기능	항공기 종류
전투기	공대공전투	F-14, 15, 35
	공대공 및 공대지전투	F-16, 18
공격기	후방차단, 전장차단, 근접지원	A-10, F-117
폭격기	전술 및 전략폭격	B-2, 52
수송기	병력 및 물자수송	C-130, 141
정찰기	광학 및 전자정찰	U-2, J-STARS

가. 전투기

〈표 8〉과 같이 분류되는 항공기 중에서 대한민국 공군이 운용하고 있는 전투기는 F-35, F-15K, KF-16이 주력으로 운용되고 있다. F-35전투기는 미국이 1993년부터 야심차게 추진해온 통합공격전투기 사업에 따라 탄생한 5세대 전투기 중에서 통상적 이착륙형인 다목적형 A형(B형은 항공모함 탑재형이며 C형은 단거리이륙/수직착륙이 가능한 공격기형)을 2018년부터 대한민국이 도입하였다. 2024년 현재 60대가 도입되어 운용 중이며, 2028년까지 총사업비 약 4조 2600억 원을 투입하여 F-35A 20대를 추가 도입하기로 하였다.[63)] 한국은 록히드 마틴 측과 협상하여 정비의 핵심요소인 스텔스 도료에 대한 창정비 능력을 확보하기 위해 그 시설을 국내에 들어오기로 하고 2027년부터 시작될 예정이며, 청주기지 안에 설치된다고 밝혔다.

F-35의 가장 큰 특징인 스텔스 기능은 특별히 설계된 동체와 레이더파를 흡수하는 도료를 통해 레이더 반사 단면적을 최소화하였다. 표준무장으로는 공대공미사일 2발, 합동정밀직격탄(JDAM: Joint Direct Attack Munition) 2발을 탑재하고 25밀리 기관포가 장착되어 있다. 길이는 15.7m, 폭은 10.67m, 높이는 4.38m, 최고 속도는 마하 2.0 이상이며 최대항속거리는 2,222km이다.

62) 필자 정리
63) https://namu.wiki/w/F-35/대한민국(검색일: 2025.2.6.)

〈사진 12〉 대한민국 공군 F-35 1호기 비행 장면[64)]

F-15K 전투기는 정밀공격과 공대공 능력을 구비한 이중임무 전투기로서 2005년 도입하여 운용하고 있는 주력 전투기이다. 제공 및 장거리 전투능력을 겸비하고 있으며 기존의 F-15의 성능을 향상시킨 F-15E 시리즈 중에서 최신형으로 제작되었다. 길이 19.43m, 폭은 13.05m, 높이는 5.63m로 F-35에 비해 크면서도 최고 속도는 마하 2.3까지 가능하며 최대작전반경은 1,800km이다. 10.4톤의 외부 장착 기능이 있어 무장은 SLAM-ER, 하푼 미사일 등을 탑재하여 장거리 공대지 및 공대함 공격이 가능하다. GPS(Global Positioning System) 유도방식으로 JDAM과 고강도 지하보호시설 공격을 위한 벙커버스터를 투하할 수 있다.

KF-16 전투기는 1985년 F-16C/D를 도입한 후 1994년 차세대 전투기사업을 통해 KF-16을 도입 또는 국내 생산해 운용하고 있다. 전자비행제어방식(FBW: Fly By Wire)[65)]을 최초로 채택하였고 20밀리 기관포, 공대공 AIM(Air

64) https://www.flickr.com/photos/highbrassphoto/40200650964/in/photostream/ (검색일: 2025.1.24.)

65) 조종간과 항공기의 비행 제어장치가 유압 시스템처럼 물리적인 결합으로 이뤄지지 않고 전자제어 시스템으로 연결되어 있는 방식

Intercept Missile)-9사이드와인더, AIM-7스패로우, 공대지 AGM(Air to Ground Missile)-65매버릭을 비롯하여 공대지레이저유도폭탄 GBU(Guided Bomb Underground)-12, GBU-10/24 등 다양한 무장을 장착할 수 있다.

그리고 대한민국 공군은 노후기인 F-4 팬텀II와 KF-5 제공호를 대체하기 위해 국내 자체 개발 초음속 4.5세대 전투기 전력화를 추진중에 있으며, FA-50 파이팅이글, KA-1 전술통제기를 운용하고 있다. 또한 C-130과 CN-235 수송기, KT-1 웅비기본훈련기, T-50 골든이글, KT-100 실습기 등을 운용하고 있다.

나. 항공통제기

북한의 핵미사일 전력화로 인하여 한국은 적의 도발 징후를 조기에 탐지하고 신속하게 타격해야 하는 조기경보체계에 대한 소요가 매우 중요해졌다. 이에 따라 2011년 피스아이를 시작으로 E-737 항공통제기(AEW&C: Airborne Early Warning and Control) 4기를 도입하여 운용중에 있다. 이동성이 좋고 고성능 레이더를 이용하여 적의 도발 징후를 탐지하며 전투기를 목표지점으로 지휘할 때에는 공격적으로 적의 공격으로 인해 반격할 때에는 방어적 용도로 활용한다. B-737 항공기를 기초로 제작된 E-737 항공기로서 공중과 해상의 1,000여 개 표적을 동시에 탐지하여 정보를 통합 처리할 수 있으며, 360도 전방위 감시가 가능하다.66)

기체 길이는 33.6m, 폭 34.3m, 높이 12.5m이며 최고 속도는 853km/h, 순항속도는 마하 0.78이고 비행시간은 9시간이다. 따라서 24시간 공백없이 작전을 수행하기 위해서는 예비기까지 최소 4기가 필요하다. 기체 상부에 달려있는 긴 모양의 길이 10m, 높이 3m, 무게 2톤의 다기능 전자식 위상배열(MESA: Multi-role Electronically Scanned Array) 레이더를 장착하고 있다. 이는 피스아이의 눈의 역할을 하며 한반도 전역에 해당하는 370~500km의 탐지거리를 가진다. 기계식과 달리 10초 이내에 목표 지역을 집중적으로 감시할 수 있다.

66) 이하 조기경보통제기에 관해서는 국방홍보원, 『한눈에 보는 국군 무기체계 2020』(2019), pp. 186-187을 참조

〈사진 13〉 대한민국 공군 항공통제기[67]

2022년 7월 국방부 소요검증위원회는 2027년까지 항공통제기 4대를 추가 도입하기로 했다. 항공통제기 4대가 추가되면 항공통제기는 8대로 늘어나며 북한의 핵미사일 전력화로 인한 증가된 목표물을 감시·탐지하고 아군을 지휘·통제하는 공중조기경보통제 역할을 한다.[68] 2024년 11월에 미국무부는 약 6조 7천억원 규모의 한국에 대한 E-737 공중조기경보통제기 4기 추가 판매를 승인하였다.[69] 추후 미 의회의 승인이 필요한 사항이며, 한국은 구매, 체계통합 및 수락 검사 등의 전력화 과정을 거쳐 도입하게 된다.

공군은 KC-330 시그너스 공중급유기도 도입하여 운용하고 있다. 공중급유기 도입은 1990년대부터 논의되다가 2013년 중국이 방공식별구역을 늘리면서 한국

67) https://blog.naver.com/cbnets/221003643539?photoView=5(검색일: 2025.1.24.)
68) 최정석, "국방부, 항공통제기 4대 추가도입…北미사일 감시 강화," 『조선일보』(2022.7 .17.), https://biz.chosun.com/policy/policy_sub/2022/07/17/4AAHS7AUXFAVFNSFS5DSSKMJ4M/(검색일: 2025.1.24.)
69) 서혜림, "美국방부 국무부, 한국에 E-7 조기경보기 4대 판매 승인," 『연합뉴스』(2024. 11.5.), https://www.yna.co.kr/view/AKR20241105011500009?section=search(검색일: 2025.1.24.)

방공식별구역(KADIZ: Korea Air Defense Identification Zone) 침공 논란으로 급유기의 필요성이 다시금 대두되어 본격 추진하게 되었다. 2014년 1월 공식적으로 공지하여 6월 공개입찰을 마감한 뒤 2015년 6월 30일 에어버스사의 A330 MRTT를 최종 후보로 선정해 2018년 말 1호기를 인도받았다. 2019년 11월까지 4호기를 도입하여 운용체계를 완성하였다.70)

제5절 국방예산

국가방위를 위한 수단에서 빼놓을 수 없는 것이 국방예산이다. 국방예산은 국가방위를 위한 주요 수단으로서 국방조직, 지휘체계, 국방인력, 무기체계를 움직이는 기름의 역할을 한다. 그리고 국가방위를 위한 방법으로서 국방정책, 통합방위, 군사작전, 국방협력, 군비통제 등 각종 활동을 작동시키는 매개체이다.

1. 국방예산의 궤적

2025년 대한민국 국방예산은 61조 5,878억 원을 편성하여 세계 11위 수준이다. 대한민국의 국방비는 미국의 군사원조가 사실상 사라진 1987년 이전과 그 이후로 구분된다.

가. 1887년 이전의 국방비와 미국의 군사원조

〈표 9〉 한국의 국방비(1954~1987년)71)

년도	총국방비 (억달러)	국방예산 (억달러)	미군사원조 (억달러)	미군사원조 비율(%)
1954	6.03	(1.00)	5.03	83.4
1955	5.61	(1.00)	4.61	82.2
1956	3.31	(1.00)	2.31	69.8
1957	3.89	1.24	2.65	68.1

데이터를 확인할 수 있는 1954년 이후부터 1987년까지 대한민국 국방비 현황을 보면 〈표 9〉과 같다. 1953년까지의 국방예산도 1954년

70) "공중급유기," 『나무위키』, https://namu.wiki/w/공중급유기(검색일: 2025.1.24.)
71) 김정기, 『한국 전쟁지도체제의 발전』(서울: 선인, 2021), p. 144, 211.

1958	4.99	1.43	3.56	71.3
1959	3.67	1.55	2.12	57.8
1960	3.61	1.48	2.13	59.0
1961	3.59	1.26	2.33	64.9
1962	3.24	1.36	1.88	58.0
1963	3.25	1.14	2.11	64.9
1964	2.89	1.02	1.77	61.2
1965	3.55	1.12	2.43	68.5
1966	3.20	1.44	1.76	55.0
1967	3.21	1.67	1.54	48.0
1968	4.41	2.12	2.31	52.4
1969	5.36	2.69	2.67	49.8
1970	6.49	2.69	3.50	53.9
1971	6.67	3.74	2.93	43.9
1972	8.32	4.42	3.90	46.9
1973	6.36	4.61	1.75	27.5
1974	8.75	6.97	1.78	20.3
1975	10.99	9.14	1.85	16.8
1976	17.36	14.54	2.82	16.2
1977	21.93	19.62	2.31	10.5
1978	28.65	26.44	2.01	7.0
1979	31.43	30.36	0.97	3.1
1980	37.94	37.05	0.89	2.3
1981	41.74	41.45	0.36	0.9
1982	43.85	43.45	0.41	0.9
1983	43.07	43.82	−0.75	−1.7
1984	44.09	44.36	−0.27	−0.6
1985	45.44	45.46	−0.02	−0.04
1986	46.43	47.17	−0.74	−1.5
1987	55.71	57.70	−1.99	−3.6

의 추정치 약 1억 달러를 보면 그보다는 낮았을 것이다. 대한민국은 국군 창설 당시부터 미국으로부터 군사원조를 받기 시작하였다. 1949년 미군이 철수하면서 남긴 장비 일체도 일종의 무상 군사원조였다. 그리고 1950년부터 한국은 미국의 군사지원사업(MAP: Military Assistance Program)에 의해 무상군사원조(GA: Grant Aid)와 국제군사교육훈련(IMET: International Military Education and Training)으로 지원받기 시작하였다. 1950년에 GA 10만 달러, 1951년에 GA 1,080만 달러와 IMET 163.2백만 달러, 1952년에 GA 80만 달러와 IMET 359.8백만 달러, 1953년에 GA 340.6백만 달러를 지원받았다.

1954년 한미상호방위조약과 합의의사록이 체결되면서 본격화된 미국의 군사원조는 1970년까지 한국 자체 국방예산을 대부분 넘어서는 수치로 총국방비에서

50% 이상을 차지하였다. 1966년부터 1973년까지는 한국의 베트남파병과 브라운각서에 의해 군사원조지원금(MASF: Military Assistance Service Funded)이 별도로 제공되기도 했다. 다만 1971년부터는 무상군사원조가 대외군사판매 차관형식으로 전환되었으며 한국의 자주국방 정책에 의해 1975년부터 방위세가 신설되어 한국의 국방예산은 획기적으로 증가하기 시작하였다. 1976년 처음으로 국방예산이 10억 달러를 넘어 14억 5,400만 달러에 이르렀다. 이후 미군사원조의 비율은 획기적으로 감소하였으며 1978년 총국방비에서 미군사원조 비율이 처음으로 10%이하로 떨어졌다.

1983년 이후에는 차관 상환액이 오히려 군사원조액을 초과하는 현상이 나타났으며 1988년 이후에는 사실상 군사원조가 사라지게 되었다. 거시적으로 보면 미국과 소련의 냉전은 대한민국이 미국이 주도하는 자유진영의 동아시아 전초기지로서 역할을 한 것으로 미국은 자국의 국익을 위해 주한미군을 주둔시키고 한국에 군사원조를 지원한 것으로 해석할 수 있다. 그러나 동전의 양면처럼 이는 한국에게 미국의 지원이 필요하지 않았다면 성립될 수 없는 것이다.

나. 1888년 이후 국방예산과 주한미군 방위비 분담

한국의 경제가 성장하고 미국의 군사원조가 사실상 종료되면서 새로운 현상이 나타나기 시작하였다. 1988년부터 미국은 주한미군에 대한 주둔 비용을 한국이 분담할 것을 요구하면서 1989년부터 주한미군 주둔 비용에 대한 분담을 한국에 요구하여 4,500만 달러를 지원하기 시작하였다. 이 시기부터 총 국방비는 전액 국방예산에서 지출되게 되었으며 주한미군 방위비 분담을 대한민국이 지원하는 시기로 전환하였다. 1991년 12월 31일부로 특별세인 방위세가 폐지되었음에도 국가 경제력의 상승에 따라 국방예산은 〈표 10〉에서 보듯이 매년 꾸준히 증가하였다.

〈표 10〉 국방예산 및 주한미군 방위비 분담(1988~2025년)72)

년도	국방예산 (억원, *억달러)	방위비 분담 (억원, *억달러)	분담 비율(%)	분담 결정 방식
1988	*75.56	-	-	
1989	*89.60	*0.45	0.5	
1990	*93.75	*0.70	0.7	
1991	*101.59	*1.50	1.5	원화로 지출되는 현지발생비용의 1/3 분담(1, 2차 협정)
1992	*107.71	*1.80	1.7	
1993	*114.80	*2.20	1.9	
1994	*125.14	*2.60	2.1	
1995	*143.63	*.00	2.1	
1996	122,434	2,640(*3.30)	2.2	달러화기준 연 10% 증액(3차 협정)
1997	137,865	2,904(*3.63)	2.1	
1998	138,000	3,591(*3.14)	2.6	
1999	137,490	4,004(*3.39)	2.9	경제성장률 + 소비자 물가지수 상승률 적용(4차 협정)
2000	144,774	4,244(*3.91)	2.9	
2001	153,884	4,934(*4.44)	3.2	
2002	163,640	5,689(*4.72)	3.5	8.8% + GDP 디플레이터 증가율 적용(5차 협정)
2003	175,148	6,559(*5.57)	3.7	
2004	189,412	6,983(*6.22)	3.7	
2005	211,026	6,804(*6.58)	3.0	4% 이내에서 전년도 물가상승률 반영 전액 원화로 지불 (6, 7차 협정)
2006	225,129	6,804	3.0	
2007	244,972	7,225	3.0	
2008	266,490	7,415	2.8	
2009	285,326	7,600	2.7	4% 이내에서 전전년도 소비자 물가지수 반영 (8차 협정)
2010	295,627	7,904	2.7	
2011	314,031	8,125	2.6	
2012	329,576	8,361	2.5	
2013	343,453	8,695	2.5	

72) 출처: 함택영, 『국가안보의 정치경제학: 남북한의 경제력, 국가역량, 군사력』(서울: 법문사, 1998), p. 206의 표 5.1; 국방부, 『2022 국방백서』(2023), p. 333 및 각종 보도자료 등을 참조하여 필자 정리

2014	357,056	9,200	2.6	4% 이내에서 전전년도 소비자 물가지수 반영 (9차 협정)
2015	374,560	9,320	2.5	
2016	387,995	9,441	2.4	
2017	403,347	9,507	2.4	
2018	431,581	9,602	2.2	
2019	466,971	10,389	2.2	국방예산 증가율 반영(10차)
2020	501,527	10,389	2.1	협상 결렬로 동결
2021	528,401	11,833	2.2	전년도 국방예산 증가율 반영(11차 협정)
2022	546,112	12,472	2.3	
2023	570,143	12,896	2.3	
2024	594,244	13,463	2.3	
2025	615,878	14,028	2.3	

방위비 분담은 주한미군의 주둔경비 일부에 대한 우리 정부의 재정지원을 의미한다. 1990년 이전에는 미국이 주둔비용뿐만 아니라 대부분의 시설도 자국의 부담으로 건설하였다. 그런데 한국의 경제력이 성장함에 따라 미국의 요청으로 한국 정부는 동맹국 군대의 주둔을 분담한다는 차원에서 방위비 분담금을 지원하기 시작하였다. 1991년 이후 주한미군지위협정(SOFA: Status of Forces Agreement) 제5조 4에 대한 '방위비분담 특별협정(SMA: Special Measures Agreement)'를 체결하여 주한미군의 주둔 비용을 지원하고 있다.[73] 〈표 10〉의 분담 방식에서 보듯이 SMA는 협상을 통해서 분담 비율을 정하고 있으며 2020년에는 미국의 과도한 분담 요구에 따라 협상이 결렬되어 전년도와 같은 수준으로 동결되었던 적도 있다.

미국의 제47대 대통령으로 제45대 대통령이었던 트럼프가 귀환함으로써 한국에 대한 미국의 주한미군 주둔 방위비 분담 증액 압력이 반복될 것으로 보인다. 더구나 제11차 SMA가 2025년 종료되고 2026년에 새로운 협상 타결에 따라 비용을 산정할 수 있는 기회의 창이 열려있다. 대한민국은 이제 국가방위를 자력으로 할 수 있다는 자신감을 가지고 주한미군에 타성적으로 의존하는 자세를 벗어나야 한다. 주한미군 철수를 가지고 미국이 협상하려고 한다면 한국은 적절한 분

73) 국방부, 『2022 국방백서』(2023), p. 156.

담금을 제시하면서 한국이 할 수 있는 것은 한국이 스스로 하겠다는 복안과 확고한 의지를 가지고 협상에 임해야 한다. 필요하다면 자체 핵무장을 추진하는 것도 좋은 기회가 될 수 있다. 불확실한 확장억제에서 벗어나 완전한 자력국방을 위해 전진할 필요가 있다.

현실적으로는 1조 4천억 원 이상의 방위비 분담 외에도 주한미군의 주둔과 관련된 경비 지원에 소요되는 막대한 예산을 한국이 실질적으로 지원하고 있다는 점을 협상에서 강조해야 한다. 주둔기지 등과 관련된 무상 토지 공여, 약 3,000여 명의 카투사 병력 지원, 훈련장 사용, 전기료 등 각종 공공요금, 기지이전 및 정비 관련 비용 등에 걸쳐 연간 2조 원 이상이 지원되고 있다. 이를 포함한 전체 방위비 분담금액은 2021년 기준으로 3조 4,430억 원에 이르는 것으로 평가되었다.

〈표 11〉 주한미군 주둔 지원 직 · 간접 경비[74)]

지속적 지원내역 : 약 3.4조 원

단위 : 억 원

구분	분류	세분	항목	2021년
직접지원	국방예산	방위비분담금	인건비(5,598), 군사건설(4,368), 군수지원(1,867)	11,833
		방위비분담금 외	美 통신선·연합C4I체계 사용	210
			카투사 병력지원	169
			기지정비 및 이전 관련 비용	2,789
			부동산 지원	95
	국방예산 외 지원		기지 주변 정비 비용(주변 도로사업, 지역개발)	5,917
	직접지원 합계			21,013
간접지원	기회 비용		무상 공여토지 임대료 평가	10,739
			카투사 기회 비용	904
			훈련장 사용지원	337
	면제 및 감면 비용		관세, 내국세, 지방세, 석유 수입 및 판매 관련 세금 면제	1,247
			상하수도료, 전기료, 가스사용료, 전화통신료 감면	97
			도로, 항만, 공항, 철도 이용료 면제	93
	간접지원 합계			13,417
총계				34,430

74) 위의 책, p. 367.

만약 미국이 주한미군 철수와 핵전력 제공을 철회하겠다는 압력을 가하더라도 이에 대처할 수 있는 외교적, 군사적 공간을 미리 만들어 놓고 협상에 임해야 한다.

2. 국방예산의 현황

2025년 기준 61조 5,878억 원이 책정된 국방예산은 크게 군사력을 운영하는 전력운영비 43조 5,166억 원과, 군사력을 건설하는 방위력개선비 18조 712억 원으로 편성되었다. 전력운영비는 다시 병력운영비와 전력유지비로 구분된다. 전역운영비는 군복무에 대한 합당한 보상과 전투역량 강화를 위해 사용되며, 방위력개선비는 한국형 3축체계 등 첨단전력 강화를 위해 집중 투자된다.[75]

북한 핵미사일 위협에 대응한 핵심전력을 집중 보강하는 차원에서 킬체인에 3조 2,076억 원, 한국형미사일방어에 1조 5,326억 원, 대량응징보복에 6,249억 원 감시정찰·지휘통제 기반 마련에 7,963억 원이 투입된다. 무기체계 작전효율성 극대화 및 방위산업 첨단전략 산업화를 위해서 KF-21 최초 양산 등 최적의 전력을 확보하고 지상, 해상, 공중 무기체계를 확보하는 데 8조 6,516억 원, 글로벌 4대 방산 수출국가 도약을 위한 방산생태계 활성화와 수출 유망중소기업 지원 강화를 위해서도 3,940억 원이 편성되었다.

군 간부 복무 여건 개선을 위해 군인 가족 및 초급간부 주거여건 개선을 위해 간부 주거시설 예산을 대폭 증액하여 2024년의 5,260억 원에서 2025년에는 7,863억 원으로 49.5%를 증액하였다. 부대운영 부담을 경감하는 차원에서 전투역량강화비와 부대별 작전예산을 증액하여 GOP, 해안, 강안 대대 등 접적지역 전술활동비와 경계부대 교대비 및 동계작전 준비비 등을 증액하였다. 간부 주거시설 예산도 증액하여 노후 간부숙도 개선 및 간부숙소 1인 1실 확보를 추진하는 데 6,048억 원을 편성하고, 신규 관사 확보사업을 전량 국민평형인 85㎡로 반영토록 432세대 481억 원을 편성하였다. 병영생활전문상담관을 660명에서 700명으로 증원하여 장병들이 전문적인 상담을 받을 수 있는 여건을 마련하도록 예산을 편성하였다.

---

75) 국방부·방위사업청, “2025년 국방예산, 전년 대비 3.6% 증가한 61.6조원,” 공동 보도자료(2024.8.27.)

〈표 12〉 국방예산 배분 현황(단위 : 억원)[76]

프로그램		'24예산 (A)	'25정부안 (B)	증 감 (B-A)	%
국방예산 합계		59조 4,244	61조 5,878	2조 1,634	3.6
전력운영비 소계		41조 7,712	43조 5,166	1조 7,454	4.2
병력운영비		24조 3,292	25조 4,161	1조 869	4.5
인건비	급여정책	17조 9,815	18조 8,779	8,964	5.0
	연금기금 등	3조 7,176	4조 88	2,912	7.8
급식 및 피복		2조 6,302	2조 5,294	- 1,008	- 3.8
전력유지비		17조 4,420	18조 1,005	6,585	3.8
국방정보화		7,610	8,275	665	8.7
장병보건 및 복지향상		1조 5,171	1조 7,924	2,753	18.1
군수지원 및 협력		6조 4,448	6조 6,359	1,911	3.0
군인사 및 교육훈련		8,701	8,653	- 48	- 0.6
군사시설건설 및 운영		5조 1,118	5조 1,007	- 111	- 0.2
예비전력관리		2,415	2,647	232	9.6
책임운영기관 운영		2,509	2,600	91	3.6
정책기획 및 국제협력		1조 5,477	1조 5,845	368	2.4
국방행정지원		6,971	7,024	53	0.8
복지기금 전출금(주거지원)		0	671	671	순증
방위력개선비 소계		17조 6,532	18조 712	4,180	2.4
지휘정찰		2조 3,039	1조 8,187	- 4,852	- 21.1
기동화력		3조 4,083	3조 4,066	- 17	- 0.0
함정		2조 1,314	2조 1,421	107	0.5
항공기		3조 2,956	3조 7,388	4,432	13.4
유도무기		2조 6,992	2조 9,208	2,216	8.2
방위사업정책지원		3조 5,772	3조 8,112	2,340	6.5
기타(방위사업행정지원 등)		2,376	2,330	- 46	- 1.9

군복무에 대한 합당한 보상을 위해 병장 기준 150만 원의 병 봉급을 인상하고 병 내일준비지원금(저축지원금) 최대 55만 원을 책정하였다. 예비군 지원도 확대하여 동원미지정 예비군 대상 훈련참가비(4만 원)를 신설하였으며, 효과적인 예

76) 국방부·방위사업청, "2025년 국방예산, 전년 대비 3.6% 증가한 61.6조원," 공동 보도자료(2024.8.27.)

비전력 운용을 위한 장기 비상근예비군도 50명에서 200명으로 확대하도록 예산을 투입한다. 군 의료의 질적 향상과 진료 접근성을 개선하기 위해서는 군 필수의료분야 중심 역량을 강화하고 장기 군의관 응급진료보조비를 신설하여 건당 10만 원, 최대 150만 원을 반영하였다. 공공 의료기관 역할 강화를 위해서 취약지역 주민 대상 군병원 및 사단 의무대 외래진료 지원 시범사업을 지속 추진할 수 있도록 예산을 편성하였다.

과학화된 교육훈련 및 장비·물자 획득을 할 수 있도록 국방분야 연구개발을 확대하여 신규 반영하도록 하여 전력운영 연구개발에 716억 원으로 전년대비 39억 원을 증액하였고 방위력개선을 위한 연구개발에는 4조 9,024억 원을 반영하여 2,654억 원을 증액하였다. 80억 원 규모의 드론 구매를 확충하고 드론작전사령부의 작전역량과 교육훈련을 강화도록 예산을 반영하였다. 또한 입체적 훈련통제, 분석 및 사후검토가 가능한 과학화 훈련체계 3건 71억 원을 신규반영하고, 첨단 과학화체계에 기반한 실기동, 실사격 훈련이 가능한 과학화훈련장을 확충토록 예산을 투입한다. 그리고 실내사격장 및 차단벽구조사격장 건설에 투자를 확대한다.

미래세대 장병의 임무 집중 환경을 조성하기 위해 병영생활관 개선은 기존 8~10인 1실에서 2~4인 1실로 지속적으로 개선토록 예산을 반영하고 기능성 방한복, 기능성 전투우의 등 품질을 개선한 보급품이 지급되도록 편성하였다. 군용차량 보상범위를 확대하도록 특약 보험료를 2024년 167억 원에서 2025년 208억 원으로 증액하여 임무 중 차량사고 시 완전한 보상이 가능하도록 편성하였다.

글로벌 안보네트워크 구축을 위한 한반도 평화 및 국제안보를 위한 예산도 편성하여 한국과 유엔사회원국 간의 국방장관회의 정례화 및 서울안보대화를 장관급으로 격상하여 개최할 수 있도록 예산을 편성하였다. 국방력 및 방산기술 대내외 홍보를 강화하기 위해 블랙이글스 국제에어쇼 참가(58억 원), 국제저격수 경연대회 개최 등도 반영하였으며 루마니아 무관부를 신설하는 국방외교 확충사업에도 예산을 편성하였다.[77)]

---

77) https://blog.naver.com/mnd9090/223581651113(검색일: 2025.1.30.)

3. 국방예산 편성 및 집행체계[78)]

국방예산은 기획관리기본훈령의 예산편성 및 집행체계를 적용한다. 기획관리기본훈령은 국방중기계획 상의 기준연도 사업과 소요 재원을 검토·조정하여 사업별, 비목별로 필요한 예산을 구체화시킴으로써 예산획득의 근거를 제공한다. 또한, 예산획득 목표를 달성함으로써 계획의 실현성을 높이며, 예산의 효율적 집행을 위한 기준을 제공한다.

가. 예산편성

국방예산을 편성하기 위해서 국방부 계획예산관실은 기준연도 사업에 대한 국방예산안 편성 및 기금운용계획 작성 지침을 하달하고, 합참과 각군 및 기관이 제출한 예산요구를 종합한 국방예산요구(안)(특별회계 및 기금을 포함)을 작성한다. 이때 각군 및 기관에서 예산요구서를 제출할 때 국방중기계획상 재원 규모를 과도하게 초과하여 요구하거나 국방중기계획에 반영되지 않은 사업을 요구할 경우에는 요구액 규모에 따라 해당 기관의 기본경비 삭감 등 불이익을 부과한다. 국방예산요구(안)에 대해서는 소정의 심의과정을 거쳐 기획재정부에 국방예산을 요구하고 국회의 심의를 받는다.

국방부 전력정책관실은 방위력개선사업에 대한 예산편성지침(안)을 수립하여 국방부 계획예산관실로 제출하며, 방위사업청에서 편성한 방위력개선사업 예산요구서 실무회의 안건을 검토하여 그 결과를 방위사업청에 통보한다. 방위사업청은 각군 및 기관에서 제출한 전력화지원요소 관련 자료를 검토·반영하여 방위력개선사업 예산요구서(안)을 작성하여 실무회의, 분과위원회 및 방위사업추진위원회의 심의·조정을 거쳐 방위력개선사업 예산요구서(안)을 확정하여 장관에게 보고한 후 기획재정부로 제출한다.

각 관련 부서는 방위력개선사업 예산요구서 실무회의 안건의 소관분야에 대한 검토결과를 국방부 전력정책관실로 제출하고, 전력운영분야 예산 및 기금운용계획 검토결과는 국방부 계획예산관실로 제출한다. 합참과 각군 및 기관은 전력운영분야에 대한 예산요구(안)을 작성하여 국방부 사업 주관부서에 제출하고, 방위

78) "국방기획관리기본훈령," 『국가법령정보센터』, https://www.law.go.kr/admRulLs InfoP.do?admRulSeq=2100000212026(검색일: 2025.1.30.)

력개선사업분야에 대한 수정 · 보완사항 등 검토 자료를 방위사업청에 제출한다.

〈그림 25〉 국방예산 편성 절차[79]

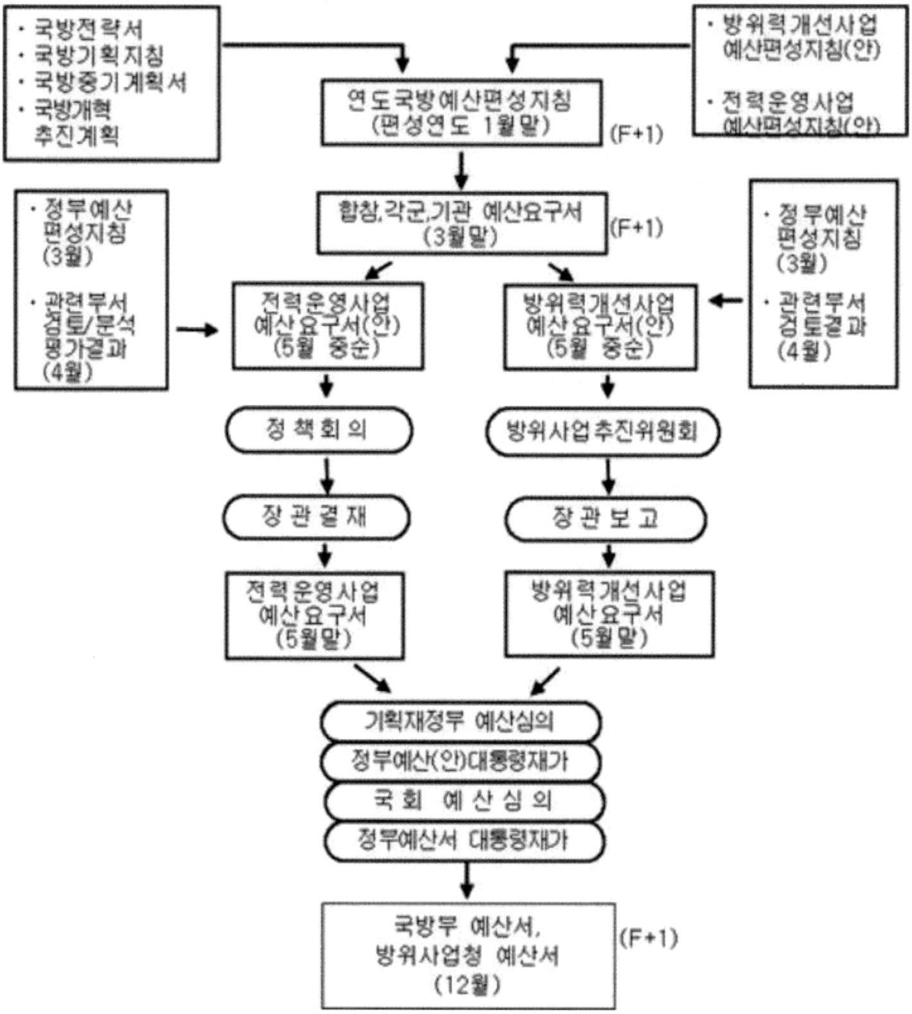

예산편성 업무절차는 먼저, 국방부 전력정책관실에서 방위력개선사업예산편성지침(안)을 작성하여 예산편성 연도 1월 15일까지 국방부 계획예산관실로 제출한다. 국방부 계획예산관실은 국방전략서, 국방중기계획서, 국방개혁추진계획 및 방

79) "국방기획관리기본훈령," 『국가법령정보센터』, https://www.law.go.kr/admRulLs InfoP.do?admRulSeq=2100000212026(검색일: 2025.1.30.)

위력개선사업 예산편성지침(안) 등을 근거로 연도 국방예산안 편성 및 기금운용계획 작성지침을 수립하여 예산편성 연도 1월 말까지 합참, 각군 및 기관, 방위사업청에 통보(하달)한다.

합참과 각군 및 기관은 연도 국방예산안 편성 및 기금운용계획 작성지침을 근거로 국방중기계획서의 기준연도 사업에 대한 예산요구서를 작성하여 전력운영사업은 국방부 계획예산관실과 프로그램별 사업 주관부서 및 합참 전략기획본부로, 방위력개선사업 전력화지원요소는 방위사업청으로 예산편성 연도 3월 말까지 각각 제출한다. 국방중기계획서에 반영되지 않은 전력운영분야의 신규 사업을 예산에 반영하고자 할 때에는 사전에 국방부 정책회의 등을 통하여 사업추진을 결정하고 계획예산관실과 협의하여야 한다.

방위사업청은 연도 국방예산 편성지침을 근거로 국방중기계획서의 기준연도 사업과 긴급소요(F+1년)사업에 대한 방위력개선사업 예산요구서(안)를 작성하여 실무회의, 분과위원회 및 방위사업추진위원회의 심의 · 조정을 거쳐 방위력개선사업 예산요구서(안)을 확정하여 장관에게 보고한다.

국방부 계획예산관실 및 사업주관부서는 합참과 각군 및 기관의 예산요구서를 검토하고, 필요한 경우 주요사업에 대하여 전문기관에 분석평가를 의뢰한다.

각 관련 부서 및 기관은 전력운영사업에 대한 검토결과 및 분석평가 결과를 예산편성연도 4월 말까지 계획예산관실로 제출하고, 방위력개선사업에 대한 검토결과는 4월 말까지 전력정책관실로 제출하며, 전력정책관실은 이를 종합 검토하여 그 결과를 방위사업청에 통보한다. 방위사업청은 전력정책관실의 검토결과를 접수하여 방위력개선사업 예산요구서(안)을 작성하고, 방위사업추진위원회 심의 · 조정을 거쳐 장관에게 보고한 후 예산편성 연도 5월 말까지 기획재정부로 제출한다.

〈표 13〉 국방예산 편성 관련 문서 작성 주관부서 및 시기[80)]

문서명	주관부서	작성시기	작성주기	대상기간
전력운영사업 예산요구서	국방부(계획예산관실)	5월말	매년	F+1년
방위력개선사업 예산요구서	방위사업청	5월말	매년	F+1년
국방부 예산서	국방부(계획예산관실)	12월	매년	F+1년
방위사업청 예산서	방위사업청	12월	매년	F+1년

80) "국방기획관리기본훈령," 『국가법령정보센터』, https://www.law.go.kr/admRulLsInfoP.do?admRulSeq=2100000212026(검색일: 2025.1.25.)

국방부 계획예산관실은 전력운영사업 및 기금에 대한 관련 부서 검토결과를 종합하여 정책실무회의에서 조정하며 전력운영사업 예산요구서(안)을 작성하고 정책회의 심의 후 장관의 결재를 받아 예산편성 연도 5월 말까지 기획재정부로 제출한다. 기획재정부에서 검토하여 정부예산안에 포함된 국방예산 편성안은 대통령 재가 후에 국회 예산심의를 거쳐 정부예산서에 포함되어 다시 한번 대통령재가를 거친다.

국방부 계획예산관실과 방위사업청은 각각 예산편성 연도 12월까지 국회 예산심의를 거쳐 확정된 국방부 예산서와 방위사업청 예산서를 각 관련부서와 각군 및 기관에 통보(하달)한다.

나. 집행체계

예산을 편성하는 것만큼이나 집행하는 것도 중요하다. 예산집행은 일종의 국가방위를 위한 수단을 사용하는 방법론의 일종이다. 제3장에서 본격적으로 설명하는 국가방위 주요 방법에 인사이트를 제공하기 위해 여기에서 다루기로 한다. 국방예산 집행체계는 편성된 예산을 효율적으로 사용하여 계획된 사업 목표를 달성하는 데에 기여하고 편성예산의 이·전용을 억제하고 이월·불용액 발생을 최소화하는 데 그 목적이 있다.

〈표 14〉 국방예산 집행 관련 문서 작성 주관부서 및 시기[81)]

문서명	주관부서	작성시기	작성주기	대상기간
국방예산배정계획서	국방부(계획예산관실)	집행전년도 12월말	매년	F+1년
세입 · 세출 및 기금 결산 보고서	국방부(계획예산관실)	집행다음년도 2월	매년	F년
방위력개선사업 예산배정계획서	방위사업청	집행전년도 12월	매년	F+1년
방위력개선사업 세입 · 세출 예산 결산보고서	방위사업청	집행다음년도 12월	매년	F년

국방예산 집행업무를 위한 부서 및 기관별 임무로 국방부 계획예산관실은 국방

81) "국방기획관리기본훈령," 『국가법령정보센터』, https://www.law.go.kr/admRulLsInfoP.do?admRulSeq=2100000212026(검색일: 2025.1.25.)

예산운용지침서와 국방예산배정계획서(수시 배정을 포함)를 각군 및 기관에 하달하고 예산운영 및 결산업무를 수행한다. 집행 실적이 부진한 사업 중 그 사유를 명확하게 소명하지 못한 사업은 국방중기계획 수립과 국방예산안을 편성할 때 관련예산을 삭감하는 등 불이익을 부과한다. 합참과 각군 및 기관은 전력운영분야에 대한 예산배정요구서를 계획예산관실로 제출한다. 방위사업청은 각군 및 기관에서 제출한 조달계획서를 종합하여 매년 11월 말까지 조달계획을 심의·확정하고, 이를 군수관리관실과 각군 및 기관에 통보한다.

예산집행 업무절차는 먼저 예산배정을 위해 국방부 계획예산관실은 예산배정계획 작성지침을 집행 전년도 10월 말까지 합참, 각군 및 기관에 통보(하달)한다. 합참과 각군 및 기관은 예산배정계획작성지침서에 따라 예산배정요구서를 분야별·비목별로 작성하여 집행 전년도 11월 20일까지 국방부 계획예산관실로 제출한다. 국방부 계획예산관실은 국방예산배정계획을 수립하여 장관 결재를 받아 기획재정부로 제출하고 국무회의 심의를 거쳐 대통령의 재가를 받아 확정된 예산배정계획을 집행 전년도 12월 말까지 합참과 각군 및 기관에 통보(하달)한다. 합참과 각군 및 기관은 예산배정계획을 부득이한 사유로 변경할 때는 당겨배정요구서를 계획예산관실로 제출하고 계획예산관실은 장관의 결재를 받아 기획재정부에 승인을 신청한다.

예산집행보고를 위해 합참과 각군 및 기관은 대통령령이 정하는 바에 따라 월별재정 보고서(수입징수보고서·지출원인행위액보고서 및 지출액보고서)를 매월 5일까지 국방부 계획예산관실과 기획재정부 및 감사원으로 국방재정정보시스템을 이용하여 전송하는 방법으로 각각 제출한다.

예산이월은 합참과 각군 및 기관이 예산을 이월하고자 하는 경우 대통령령이 정하는 바에 따라 이월명세서를 작성하여 다음 연도 1월까지 국방부 계획예산관실로 제출하여야 하며, 계획예산관실은 이를 검토한 후 장관의 결재를 받아 승인사항을 1월 31일까지 기획재정부 및 감사원에 송부한다.

예산결산은 합참과 각군 및 기관이 소관에 속하는 매 회계연도 세입·세출 및 기금 결산보고서와 국가의 채무에 관한 계산서를 다음 연도 1월 31일까지 국방부 계획예산관실로 제출하며, 계획예산관실은 장관 결재 후 2월 말까지 기획재정부로 제출한다.

제25조(집행문서 주관부서, 작성 시기 및 주기, 대상기간) 집행문서 주관부서, 작성 시기 및 주기, 대상기간은 다음과 같다.

제3장

국가방위의 주요 방법

제1절 국방정책

제2장에서 국가방위를 위한 주요 수단을 국방조직, 지휘체계, 국방인력 및 무기체계로 정리하였다. 제3장에서는 그러한 수단을 활용하여 국가방위를 어떻게 구현하느냐에 관한 방법론을 추구한다. 첫째는 국방정책이다. 국방정책은 크게는 국가안보정책의 일부로서 외부 위협이나 침략에 대해 국가의 생존을 보호하기 위하여 군사 및 비군사에 걸쳐 각종 국가방위 수단을 유지, 조성 및 운용하는 것이다. 정책은 전쟁을 염두에 둔 전략과 달리 무엇보다 평시에 바람직한 사회를 이룩하려는 목표에 따라 이를 달성하기 위해 필요한 수단을 활용하는 정부기관의 권위있는 기본 방침이다. 이를 통해 외부 위협을 감소시켜 전쟁을 예방하고 도발을 억제하며 유사시 효과적인 방어를 가능하게 한다.

따라서 국방정책은 국방조직, 지휘체계, 국방인력과 무기체계, 국방예산 등의 국가방위 수단에 대한 공식적인 활용 방침을 정하는 것을 의미한다. 여기에서는 각각의 수단에 대한 세부적인 방침을 열거하지는 않으며 공식적인 국방정책의 과정과 의사결정기구 및 표준화된 국방정책 관련 문서체계, 그리고 주요 국방정책 현안을 중심으로 살펴본다.

1. 국방정책 과정

국방정책 과정은 국가방위와 관련된 정책추진 의제를 설정하고 정책추진 방향과 세부 방침 즉, 정책을 결정하며 정책을 집행하고 정책을 평가하고 환류하는 전반적 과정을 의미한다. 〈그림 26〉은 4단계의 이러한 일련의 국방정책 과정을 설명하고 있다.

〈그림 26〉 국방정책 과정 4단계[1]

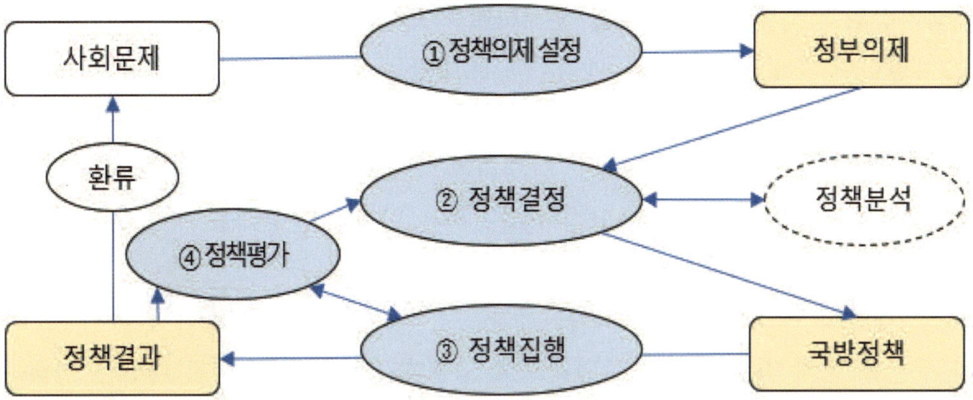

가. 정책의제 설정

국방정책 의제는 일반적으로 국가안보정책의 하위 과제로 하달되거나 정책결정권자에 의한 의제 제시, 언론을 통한 이슈화로 인한 의제화, 그리고 조직 내부 및 하위 기관에 의한 건의 등을 통해서 설정된다. 제기된 사안이 모두 의제화되는 것은 아니며 의제 설정에 관한 이론 또는 모형에도 여러 가지가 존재한다.

즉, 주도집단별 모형에는 외부주도형, 내부주도형 및 관료 또는 외부집단이 정책결정자에 접근하여 의제화하는 내부접근형이 있다. 과정별 모형으로 어떤 계기를 통해 정책의 창이 열리는 정책흐름모형, 적절한 환경이 조성될 때 의제화되는 포자모형, 대중의 관심으로 발현되는 이슈관심주기모형 등이 있다. 행위자별 의제설정 이론에는 소수지배 엘리트가 주도한다는 엘리트이론, 대중의 다양한 영향력을 강조하는 다원론, 의제화를 막는데 초점을 맞추는 무의사결정론 등이 있다.

바람직한 대한민국 국가방위 정책의제의 설정은 의제를 선제적, 능동적으로 탐색하고 전략적으로 추진해야 할 의제를 상황과 요구에 맞게 제시하고, 중대하고 시급한 문제를 즉시 의제화하여야 하며 국민적 관심사에 대해서는 공공의 이익이 반영되도록 의견을 수렴해야 한다. 그러나 현실은 영향력 있는 상위 기관이나 소수에 의해 주도되거나 문제를 인식하지 못하고 실기하거나 정부 교체에 따라 선택적으로 의제화하거나 정권의 이익에 따라 차단되는 부작용이 있다.

---

1) 한용섭, 『국방정책론』(서울: 박영사, 2012), p. 92.

나. 정책결정

국가방위 정책결정은 ①문제를 분석하여 목표를 설정하고 ②정책대안을 탐색하고 개발하며 ③대안의 결과를 예측하여 ④대안을 비교 평가한 후 ⑤최선의 정책대안을 선택하는 과정을 거친다. 먼저 문제를 분석하고 정책목표를 설정하기 위해서는 문제의 원인과 인과관계를 규명하는 데에서 시작한다. 그리고 문제를 해결하기 위한 정책목표 설정은 달성하고자 하는 바람직한 상태를 애매모호하지 않으면서 과도하게 구체적이지도 않도록 설정한다.[2)]

정책대안의 탐색은 경험과 학습, 과학기술, 이론 등에서 도출하거나 집단토의와 토론을 통해 직관적 혹은 주관적으로 도출하기도 한다. 탐색한 대안은 정책목표를 설정하고 이를 달성하기 위한 수단을 파악하여 배합함으로써 보다 구체적으로 개발된다. 정책대안의 결과는 과거 또는 외국의 사례나 모형 혹은 모의, 실험을 통하여 예측한다. 자료와 지식이 부족하거나 시간과 비용이 많이들 경우에는 예측이 제한될 수 있다. 예측의 제한으로 불확실할 경우에는 상황을 보아가면서 점진적으로 접근(점증주의)할 수 있으며, 최악의 시나리오를 가상해서 결과를 예측하고 보수적으로 접근할 수 있다.

정책의 대안을 비교 평가하기 위해서는 정책의 바람직함을 비교하는 소망성(desirability) 평가와 실현가능성(feasibility)을 동시에 비교해야 한다. 소망성은 목표를 얼마만큼 달성할 수 있는가의 효과성, 투입비용 대비 결과의 능률성, 수혜효과의 공평성을 따져야 한다. 현실적으로 소망성을 평가할 때에는 동시에 정치적 합리성을 고려한다. 즉, 비록 문제를 해결할 수 있다고 하더라도 정치적 어려움을 증가시키지는 않는지와 추진 자체가 정치적 문제의 개선에 도움이 될 수 있는지를 검토한다. 이러한 모순적 현상은 결국 가치판단의 문제로 귀결되므로 상충될 경우에는 결국 헌법과 법률적 타당성에 근거해야 한다. 실현가능성은 채택가능성과 집행가능성을 동시에 비교하되 정치적, 기술적, 재정적, 행정적, 법적, 윤리적 가능성을 모두 고려해야 한다.

최선의 정책대안 선택은 실현 불가능한 대안은 제외하고 실현가능한 대안 중에서 가장 소망스러운 대안을 선택하는 것이다. 정책결정은 여러 가지 모형으로 설명하기도 하며 목표 달성에 가장 적합한 것을 선택하는 합리모형, 제한된 합리성

---

2) 이하 정책결정 내용은 한용섭, 『국방정책론』(서울: 박영사, 2012), pp. 92-103을 참조.

항에서 보다 현실적인 것을 선택하는 만족모형, 현재에서 소폭 변화된 것을 선택하는 점증모형, 조직(원)의 선호에 의해 선택하는 조직모형 등이 있다. 이러한 모형에 기초하여 앨리슨(Graham Allison)은 쿠바 미사일 사태와 세계 핵전쟁의 위기를 합리적행위자, 조직과정, 관료정치 모형으로 분석하기도 했다.[3)]

다. 정책집행

결정된 국방정책을 실현시키는 과정으로서 정책집행은 정책수단을 운용하는 문제로 귀결된다. 정책집행을 위해서는 집행 수단의 물적, 인적 자원을 확보하고 집행담당자와 집행조직이 의지를 가지고 추진해야 한다. 또한 결정된 국방정책을 집행하는 과정에서 당면하게 되는 장애와 저항에 대해서는 합법적 행정조치를 통해 순응하도록 제반여건을 조성해야 한다.

정책집행에 순응하도록 유도하기 위해서는 도덕적 설득을 배경으로 하여 명확하고 간결하게 결정된 사항을 전파하고 객관적으로 타당성과 일관성을 유지하여 신뢰성을 견지해야 한다. 경우에 따라서는 유인과 보상을 통해 보다 효과적이고 능률적으로 집행되도록 추진할 수도 있다. 적극적, 소극적 저항이 계속된다면 강압 또는 처벌을 통해 비용을 치르더라도 집행함으로써 설정된 목표를 달성해야 한다. 물론 정책집행 과정에서 정책평가를 통해 도출되는 사안들에 따라 집행과정에서 속도와 범위를 조정해 나갈 수도 있다.

라. 정책평가

정책평가는 정책결정, 정책집행 과정에서 나타난 제반 사항들과 정책결과에 대한 지속적인 검토를 통하여 정책이 긍정, 부정, 완급, 선호 등을 따져보는 과정이다. 그 목적은 정책결정과 집행에 필요한 정보를 제공하고 보다 효과적이고 능률적인 정책을 결정하고 집행을 도모하는 것이다. 이러한 과정은 정책과정 상의 관련된 법적, 회계상 책임과 관리 및 정치적 책임을 동시에 확보하게 된다.

시기적으로는 정책집행이 완료되었을 때 하는 총괄평가와 과정상의 과정평가로 구분된다. 총괄평가는 정책목표에 대한 달성에 관한 효과성 평가, 투입 대비 결과

---

3) Graham Allison and Philip Zelikow, *Essence of Decision: Explaining the Cuban Missile Crisis,* 2ed.(Addison Wesley Longman, 1999).

의 비율인 능률성 평가, 정책효과와 비용의 배분 상태인 공평성 평가를 하게 된다. 과정평가는 집행계획, 집행절차, 투입자원 및 집행활동 등을 평가하는 것으로서 수단과 효과와의 인과관계를 파악하는 협의의 과정평가가 있으며, 정책이 의도한 대로 집행되는가를 평가하는 집행과정 평가가 있다.

2. 국방정책 의사결정기구와 문서

가. 의사결정기구

국방정책 결정을 위한 의사결정기구에는 정책실무회의, 정책회의, 군무회의가 있다. 순서대로 정책실무회의를 거쳐 정책회의를 하고 최종적으로 군무회의를 통해 결정한다.

정책실무회의는 안건을 관장하는 국장이 의장이 되며 해당 과장급이 위원으로 참석한다. 정책회의를 통해 검토가 필요한 모든 사안이 회의 안건이 된다. 관장하는 국장이 필요하면 사전에 공지하고 수시로 개최할 수 있다. 실제로 국방부 국별로 과장들이 참석하는 매주 주간회의를 실시하는 것이 보통이며 따로 시간을 내기보다는 이 회의를 병행하는 것으로 관련 안건을 논의하게 된다.

정책회의는 국방부차관이 의장이 되며 위원으로는 국방부의 실장(5명), 합동참모차장, 각군 참모차장, 해병대부사령관, 의장이 지정하는 자(정보본부장 등)으로 구성된다. 회의는 의장이 필요시 소집하며 구성위원 과반수 이상 출석으로 2/3가 찬성하면 의결된다. 심의하는 안건으로는 ①군무회의 관련 안건 ②국방 주요정책과 관하여 부서간 협조 및 조정이 요구되는 사항 ③기타 장관, 차관이 지시한 사항 ④기타 회의에서 회부 하도록 결정한 사항 등이 대상이다.

군무회의는 국방부장관이 의장이며, 위원으로는 차관, 합참의장, 각군 참모총장, 해병대사령관, 국방부 실장(5명), 의장 지정자(연합사부사령관, 정보본부장 등) 등으로 구성된다. 필요시 의장이 지정하는 관련 부서장, 관계 전문요원(국방연구원, 국방과학연구소 등), 각군의 관련 참모부장, 방위사업청과 병무청의 관련 국장 등이 배석할 수 있다. 회의는 분기 1회 또는 필요시 하게되며 구성위원 2/3 이상 출석에 2/3이상 찬성으로 결정된다.

〈사진 14〉 군무회의 장면(2004.3.12.)[4]

군무회의 심의 안건으로는 ①국방 주요정책과 계획의 결정·변경에 관한 사항 ②정부부처 협조를 위하여 정책적인 결정이 요구되는 주요사항 ③대 외국 협조에 관하여 정책적인 결정이 요구되는 주요사항 ④2개 군 이상이 관련되는 주요 정책 결정 사항 ⑤국민생활에 중요한 영향을 미치는 국방정책의 결정 및 변경에 관한 사항 ⑥기존 예산 및 인력에 중대한 변화를 가져오는 사항 등이다.

실제로 국방정책 의사결정기구를 단계적으로 밟아 결정하는 주요 안건으로는 국방예산 배분 결정, 주요 무기체계 획득, 해외 파병과 철수의 결정, 국방혁신과 관련된 주요 정원, 부대의 조정, 통합방위와 군사작전에 관한 주요 결정, 국방교류협력 및 남북한 군비통제에 관한 주요 결정 등이다. 그러나 의사결정기구를 통해 심의를 함으로써 얻는 실익이 정무적 결단으로 책임 정책을 구현했을 때 확보되는 효용성보다 낮을 때에는 장관의 결심과 의지로 결정되고 집행되는 것이 현실이다.

나. 국방정책 문서

국방정책을 추진하는 표준화된 사항들을 문자로 일목요연하게 정리한 것이 국방정책 문서이다. 이 문서들은 기본 방향을 제시하고 점검해야 할 요소들을 담고 있으므로 국방정책을 기획하고 계획하며 예산을 할당한 후 집행하며 평가하는 일

4) https://n.news.naver.com/mnews/article/001/0000590552(검색일: 2025.1.25.)

련의 국방기획관리체계(PPBEES: Planning Programming And Budgeting Execution Evaluation System)[5)]의 뼈대가 된다.

〈그림 27〉 국방정책 문서체계[6)]

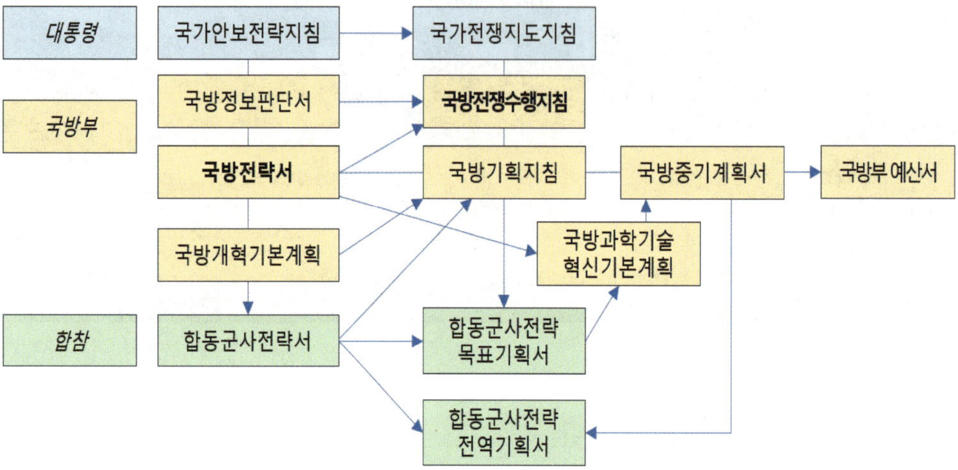

이 문서체계 상 국방부에서 작성하는 문서에는 국방정보판단서, 국방전략서, 국방전시정책서, 국방개혁기본계획, 국방기획지침, 국방중기계획서, 국방부 예산서 등이 있으며, 합동참모본부에서는 합동군사전략서, 합동군사전략목표기획서, 합동군사전략전역기획서를 작성한다.

그 문서체계 중에서 국방전략서는 국가안보전략지침과 국방정보판단서를 기초로 국방정책의 목표와 기본방향을 제시하는 국방기획관리체계 상의 최상위 기획문서이다. 5년 단위로 정부 출범 시에 작성하며 작성하는 대상 기간은 15년(F+1~15년)으로 국방정책 추진계획 수립과 집행에 지침을 제공한다. 필요시 중·장기 정책목표 및 추진지침이 제시된 분야별 정책서를 국방전략서 발간주기와 동

---

5) 이는 현존 군사력을 분석하여 새로운 국방목표를 설계하고, 국방목표 달성을 위하여 군사력 건설과 유지·운영 방향을 종합적이고 체계적으로 모색하여, 최선의 방안을 선택하여 국방 자원을 보다 효율적으로 배분·관리하기 위한 통합적 국방 자원 관리 업무 체계이다. 기획·계획·예산·집행·평가 체계로 구성되는 개념이다. 『네이버 지식백과』, https:// terms.naver.com/entry.naver?docId=2753730&cid=55599&categoryId=55599(검색일: 2025.1.25.)

6) "국방기획관리기본훈령," 『국가법령정보센터』, https://www.law.go.kr/admRulLsInfoP.do?admRulSeq=2100000212026(검색일: 2025.1.25.)

일하게 부록으로 발간할 수 있다. 부록 발간 시에는 정책실무회의, 정책회의를 거쳐 장관의 결재를 받아야 한다. 또한, 국방부 군구조개혁추진관실은 국방전략서의 부록으로 국방비전서를 발간한다. 국방비전서는 매 5년 단위로 작성하되 국방전략서 작성지침의 수립 이전에 발간하여 미래 국방전략과 국방정책에 기준과 방향을 제시한다.

〈표 15〉 국방정책 각종 문서 작성 주관부서 및 시기[7)]

문서명	주관부서	작성시기	작성주기	대상기간
국방정보판단서	국방정보본부	2월	5년	F+1년 ~F+15년
국방전략서	국방부 (정책기획관실)	10월	5년	F+1년 ~F+15년
국방개혁기본계획	국방부 (국방개혁실)		2~3년	
합동군사전략서	합참 (전략기획본부)	11월	5년	F+1년 ~F+15년
국방기획지침	국방부 (정책기획관실)	9월	매년	F+2년 ~F+6년
합동군사전략목표기획서	합참 (전략기획본부)	12월	매년	F+3년 ~F+7년
합동군사전략전역기획서	합참 (전략기획본부)	12월	매년 재발간 또는 수정 필요성 검토	F+1년 ~F+5년
국방과학기술혁신 기본계획	국방부 (전력정책관실)	12월	5년	F+1년 ~F+15년

2022년 국방정책 문서체계가 일제히 재정리되면서 기존의 국방기본정책서를 국방전략서로 대체하였고, 국방전시정책서가 국방전쟁수행지침으로 변경되었다. 그리고 국방기획지침을 새로 반영하였으며, 국방과학기술혁신법이 제정되면서 국방과학기술기본계획도 문서로 반영되었다. 합참에서 작성하는 문서 중에는 기존의 합동군사전략능력기획서가 합동군사전략전역기획서로 변경되었다. 각 문서에 대한 작성 주관부서와 작성시기 및 내용에 대한 대상기간은 〈표 8〉과 같다.

7) "국방기획관리기본훈령," 『국가법령정보센터』, https://www.law.go.kr/admRulLsInfoP.do?admRulSeq=2100000212026(검색일: 2025.1.25.)

3. 국방정책 주요 현안

대한민국 국가방위를 위한 정책의 주요 현안은 시대적 상황에 따라 대두되는 주요 당면 과제에 대한 정책의 결정과 집행을 의미한다. 통상 국방정책 주요 현안은 확고한 군사대비태세 유지, 한미동맹 및 관련국과 안보협력 강화, 존중받는 군 복무환경 개선, 첨단과학기술군 건설 등을 화두로 삼는다.[8] 특히 최근에는 30년 이상 지속되고 있는 북한의 핵미사일 위협 대응, 러시아-우크라이나 전쟁과 이스라엘-하마스 전쟁에서 나타난 과학기술전쟁 양상에 따른 국방과학기술혁신 추진, 그리고 군간부 충원 문제가 심각하게 대두된 만큼 국민으로부터 존중받는 균형된 장병 처우 개선이 가장 시급한 현안으로 판단된다.

가. 북한 핵미사일 위협 대응

북한의 핵미사일 전력화는 이제 더 이상 돌아올 수 없는 강을 건넌 것으로 평가된다. 미국의 45대 대통령으로 재임에 실패하고 퇴임 후 절치부심했던 트럼프(Donald Trump)가 47대 대통령으로 귀환하면서 북한을 핵보유국가(Nuclear Power)로 칭하였다.[9] 2017년 시험발사에 성공한 화성 15형 및 2022년 시험 발사한 화성 17형은 이미 미 본토를 타격할 수 있는 사거리를 확보하였으며, 핵탄두 탑재가 가능한 단거리 탄도미사일은 대한민국의 국가방위에 심각한 위협으로 대두되었다.

---

8) "국방부 2025 주요 현안 해법회의," https://www.mnd.go.kr(검색일: 2025.1.25.)
9) 김지은, "트럼프, 다시 김정은에게 연락해 보겠다," 『한겨레』(2025.1.24.), https ://www.hani.co.kr/arti/international/america/1179612.html(검색일: 2025.1.25.)

〈그림 28〉 북한이 보유한 탄도미사일(2022년 12월 기준)[10)]

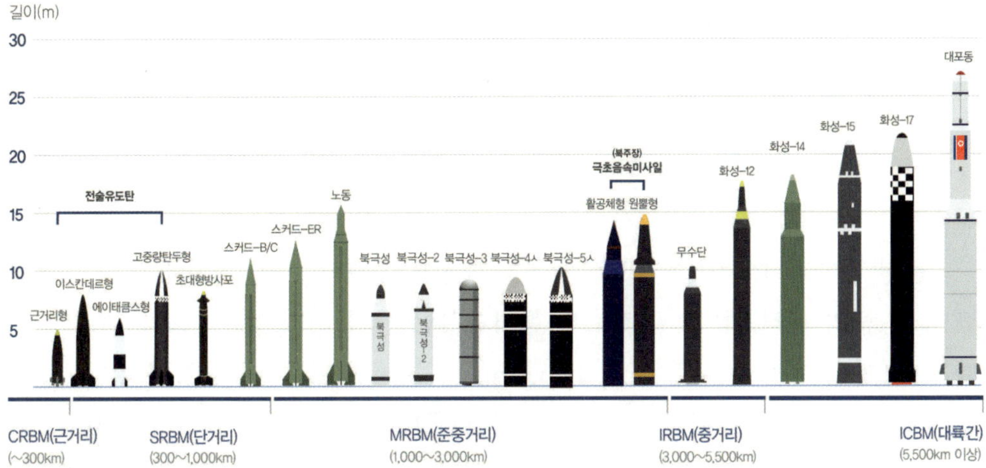

그동안 대한민국은 국가방위를 위해 북한의 핵미사일 위협에 대응하여 크게 세 가지 기조로 대응해 왔다. 첫째, 북한의 비핵화 추진을 국제사회와 함께 지속 노력하며 둘째, 한미의 긴밀한 협력으로 확장억제정책위원회 혹은 한미핵협의그룹(NCG)를 가동하여 억제하고 셋째, 그래도 북한이 도발한다면 맞춤형 억제전략하에 4D(Detect, Disrupt, Destroy, Defend) 혹은 3축(Kill Chain, KAMD, KMPR)체계를 통해 조기에 무력화하겠다는 것이 기본적인 정책 기조다. 북한의 비핵화는 외교적으로 국제사회 및 관련 국가들과 북한의 비핵화에 대한 정책 기조를 일치시킴으로써 북한의 핵보유를 인정하지 않고 대북제재를 지속해 나가는 것을 의미한다. 북한은 경제적 제재라는 국제사회의 압박을 받고 스스로 핵을 내려놓을 수 있도록 하는 것이다.

한미간 핵도발 억제를 위한 협력은 결국 미국의 확장억제 실행력을 제고하기 위한 것으로 2024년 10월 30일 워싱턴에서 개최된 제56차 한미안보협의회의(SCM)에서 워싱턴선언에 따라 출범한 한미 핵협의그룹(NCG)의 성과를 높이 평가하고 2024년 7월 11일 한미 대통령이 승인한 '대한민국과 미합중국의 한반도 핵억제 · 핵작전 지침' 완성을 환영하였다. 또한, 핵억제·핵작전 관련 의사결정과 한반도에서의 잠재적 핵 유사시 기획을 강화하기 위해 실시한 한미 NCG 모의연

10) 국방부, 『2022 국방백서』(2023), p. 31.

습(TTS)과 도상연습(TTX)의 성공적 개최도 환영하였다. 그리고 2024년 10월 1일부로 창설한 대한민국 전략사령부를 환영하고 ①보안절차 및 정보공유 확대 ②위기 및 유사시 핵 협의 절차 ③핵 및 전략기획, 한미 핵·재래식 통합(CNI)을 통한 유사시 미국 핵작전에 대한 대한민국 재래식 지원 ④전략적 메시지 ⑤연습·시뮬레이션·훈련·투자 활동 ⑥위험감소 조치들을 포함하는 NCG 과업의 신속한 진전을 지속해 나갈 것을 합의하였다.[11)]

맞춤형 억제전략의 강화는 3축 체계를 중심으로 핵·미사일 위협에 집중 대응하고 우리 군의 공격, 방어, 응징보복 능력과 태세를 획기적으로 강화해 나가고 있다. 한국형 3축체계는 '킬체인(Kill Chain)', '한국형미사일방어(KAMD: Korea Air and Missile Defense)', '대량응징보복(KMPR: Korea Massive Punishment and Retaliation)'으로 구성되며, 우리 군은 '한국형 3축체계' 핵심전력을 조기에 확보함으로써 북한 핵·미사일 대응능력을 강화하고 작전개념과 계획발전을 포함한 즉응작전태세를 균형되게 완비하기 위해 노력하고 있다.

고도화되고 있는 북한의 핵 · 미사일 위협에 효과적으로 대응하고 관련된 전력발전을 주도하기 위해 2024년 10월 1일에 전략사령부를 창설하였다. 전략사령부는 우리 군이 보유한 초정밀·고위력 타격능력과 우주·사이버·전자기스펙트럼 등 다영역 능력을 통합 운용하여 북한의 핵·미사일 위협을 억제하고, 관련 역량에 관한 체계적인 전력발전을 주도할 것이다. 이를 위해 미사일·사이버 전력과 우주·전자기스펙트럼 전력, 이밖에 특정한 상황에서 전략적 억제 및 대응을 위해 필요한 전력을 운용해 나갈 것이다.[12)]

한편, 트럼프 대통령의 귀환으로 본격화될 수 있는 북미대화와 북핵 인정과 핵군비통제를 중심으로 협상이 재개될 수 있다는 점에서 한국은 남북한 군사적 신뢰구축과 군비통제를 위한 대화채널을 복원하는 데에도 관심을 기울여야 할 것이다. 이는 관계개선을 통해 핵위험성을 제거할 수 있다는 논리가 작동하는 만큼 1960~70년대 중국의 핵개발과 미중수교 사례를 참고할 필요가 있다.

---

11) 이승준, "제56차 한미안보협의회의(SCM) 공동성명," 『디펜스투데이』(2024.11.1.), http://www.defensetoday.kr/news/articleView.html?idxno=8284(검색일: 2025.1.15.)

12) 국방부, 『2022 국방백서』(2023), pp. 57-62.

나. 국방과학기술혁신 추진

2023년 국방부는 국방개혁2.0 기본계획을 보완한 국방혁신4.0 기본계획을 발표하면서 목표를 'AI과학기술강군 육성'으로 제시하였다. 그리고 추진 중점의 하나로 'AI기반 핵심 첨단전력 확보'를 설정하고 군구조에서도 첨단과학기술에 기반한 군구조를 발전시키겠다고 발표하였다.[13] 이는 획기적으로 발전하고 있는 인공지능(AI: Artificial Intelligence)의 국방분야에 미치는 지대한 영향을 반영한 결과이다.

'2023~2037 국방과학기술기본계획'에 따르면 비전을 '미래전장을 주도할 과학기술 강군(强軍) 건설'로 하고 목표를 '북핵·미사일 위협 및 주변국 대응을 위한 AI·첨단과학기술 기반 구축(전통적 지상·해양·공중 영역에 우주, 사이버 등까지 포괄하는 확대된 미래전장 대비), 선진국 수준의 첨단기술 분야 국방연구개발 역량 확보(국방과학기술수준 2023년 9위 → 2037년 6위)'로 설정하였다. 이를 위한 추진전략으로는 ①현존 위협 및 미래전장 대비 첨단기술 분야 집중 투자 ②혁신·개방·융합의 국방과학기술 발전을 위한 제도적 기반 마련 ③국방과학기술 거버넌스 재정립 ④국방과학기술 인력양성 및 인프라 강화 ⑤국방과학기술 민·군 협력 강화 및 국제협력 확대 등 5가지로 정리하였다. 그리고 발전시켜야 할 국방전략기술로 '인공지능, 양자, 우주, 에너지, 첨단소재, 사이버·네트워크, 유·무인 복합, 센서·전자기전, 추진, WMD대응'을 열거하였다.[14]

한미국방협력 분야에서도 과학기술(S&T, science and technology) 협력의 중요성에 주목하여 차관급 국방과학기술협력위원회(DSTEC: Defense Science and Technology Executive Committee)를 신설하기로 하였다. 자율화, 인공지능, 유 · 무인 복합체계를 포함한 우선 협력 분야가 대한민국의 국방 혁신 4.0 목표를 달성하고 한미군사동맹 역량을 현대화하는 데 있어 특히 중요한 것으로 인식하였다. 양자기술, 차세대 무선통신 기술, 지향성 에너지와 관련된 미래 과학기술 협력을 추진하고 2025년 국방과학기술 컨퍼런스 개최를 제안하였으며, 이를 활용하여 국방과학기술 협력의 기준과 우선순위를 정할 것으로 보인다. 미국

---

13) 국방부, 『국방혁신 4.0』(2023), p. 4.

14) 국가과학기술자문회의 심의회의, "2023~2037 국방과학기술혁신 기본계획," https://www.pacst.go.kr/jsp/council/councilArchiveView.jsp?archive_id=1092&cpag e=10(검색일: 2025.1.25.)

은 트럼프가 재집권하면서 권역별 정비거점 구축정책(RSF: Regional Sustainment Framework)의 진전과 공군의 항공 장비 및 해군의 함정에 대한 유지, 보수 및 정비(MRO, Maintenance, Repair, and Overhaul)에 대한 한국의 참여를 요청하고 있다.[15]

〈그림 29〉 유 · 무인복합전투체계 추진 개념[16]

국방혁신의 큰 틀에서 국방과학기술혁신은 시대적 흐름이 되었으며 기술적으로 가장 앞선 미국과의 협력은 필수적이다. 이스라엘 등 괄목할 성과를 거두고 있는 나라와도 긴밀하게 협력해 나갈 필요가 있으며 특히, 이스라엘의 탈피오트(Talpiot) 제도를 벤치마킹한 국방첨단과학기술사관학교 설치법도 2024년 1월 통과되어 2026년 1월 시행을 앞두고 있다.[17] 국가방위를 위한 국군의 근간은 사람이며, 전쟁의 승패는 군사작전을 지휘하는 군간부의 능력과 투입한 병력의 양적인 비례와 질적인 우수성의 결과이다. 첨담과학기술을 활용하여 누가 승전의 기회

---

15) 이승준, "제56차 한미안보협의회의(SCM) 공동성명," 『디펜스투데이』(2024.11.1.), http://www.defensetoday.kr/news/articleView.html?idxno=8284(검색일: 2025.1.15.)

16) "힘에 의한 평화를 구현하는 자랑스러운 과학기술 강군," 『국방부』, https://www.mnd.go.kr(검색일: 2025.1.25.)

17) https://www.law.go.kr/lsInfoP.do?lsiSeq=258697&viewCls=lsRvsDocInfoR#(검색일: 2025.1.25.)

를 포착하는가는 우수 군간부의 충분한 확보와 능력 발휘로 결정되는 것이다.

다. 국민으로부터 존중받는 균형된 복무 여건 마련[18)]

인구절벽과 병사 봉급이 급격히 인상됨에 따라 초급간부 충원율이 급감하고 기존의 중견간부들도 상대적 근무 환경이 열악하다고 판단하여 대거 전역하고 있다. 이에 대한 국방부와 각군의 개념적 접근은 간부 복무여건을 개선하고 각종 홍보활동과 수당의 현실화 등으로 군의 사기를 고양하는 것이다. 그리고 직업 안정성을 제고하고 군인가족 지원정책을 강화하여 삶의 질을 향상하도록 노력하는 것이다.

병장 기준 봉급과 자산형성 프로그램을 합하여 205만 원대로 인상은 계획대로 추진하고 있으며 동시에 간부들에 대한 처우도 지속적으로 개선하고 있다. 2025년에는 하사 기준 봉급을 6.6% 인상하고 당직근무비도 평일은 5만원 휴일에는 10만원으로 인상하여 소방, 경찰과 대등한 수준으로 인상을 추진하였다. 미혼 간부 숙소의 경우에도 2025년에 1인 1실을 94.4%까지 확충하고 주택수당을 신청하는 경우에는 1인당 24만원을 지급하기로 하였다. 대학 졸업 후 학사장교를 지원하는 경우에도 신청시 지급하는 등 복무장려금 대상을 확대하고 2027년까지 작전부대 초급간부들의 경우 연봉 약 5,000만 원으로 일반기업과 대등한 수준으로 추진하고 있다.

18) “국방부 2025 주요 현안 해법회의,” 『국방부』, https://www.mnd.go.kr (검색일: 2025.1.25.)

〈그림 30〉 장병 처우 개선 추진[19)]

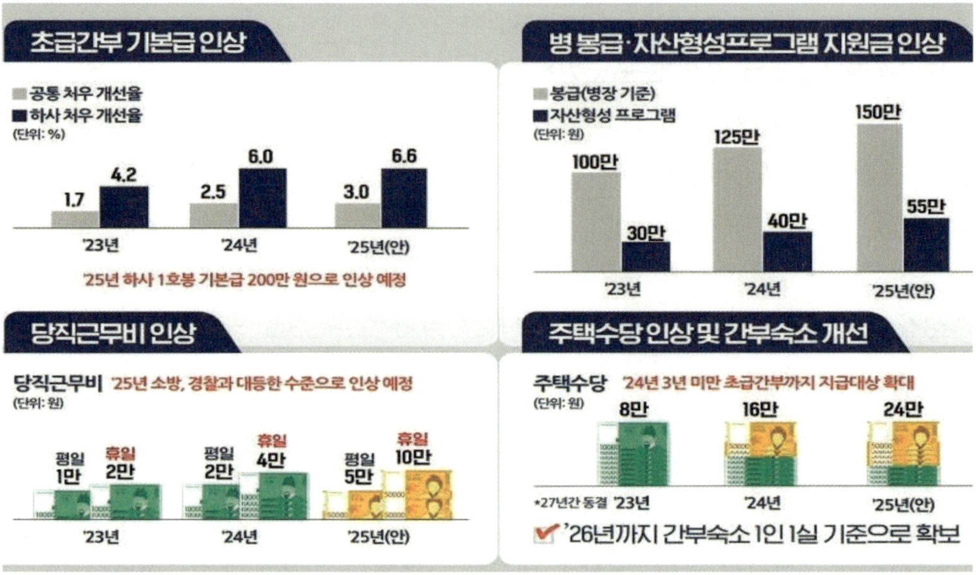

그러나 아직도 간부들의 처우 개선은 피부에 와닿지 않고 있는 것이 현실이다. 번번이 예산편성 과정에서 여러 가지 요인들로 인해 제대로 반영되지 않았고 이러한 현상은 수년간 계속되고 있는 현실이다. 군간부들도 보람되게 병사들의 만족 수준을 같이 느낄 수 있도록 균형된 복무 여건을 마련하는 획기적인 제도적 개선 노력을 배가해야 할 것으로 보인다.

예를 들면, 병 복무를 징병제에서 점진적 모병제로 전환해 나가면서 미군의 스페셜리스트[20)] 개념의 계급을 신설하여 여성에도 문호를 개방할 수 있을 것이다. 특히, 우수한 군간부 충원을 위해서는 직업군인을 하기 위한 장기복무 지원자가 아닌 단기복무 간부의 경우에는 병사와 동일한 의무복무 기간을 적용하도록 군인사법 개정해야 한다. 의무복무 기간을 초과하는 복무는 병, 간부 모두 기간에 따라 수당과 처우를 한다면 우수자원들이 장교, 부사관, 스페셜리스트, 병 순으로 지원하게 될 것이다.

---

19) "힘에 의한 평화를 구현하는 자랑스러운 과학기술 강군," 『국방부』, https://www.mnd.go.kr(검색일: 2025.1.25.)

20) 상병과 병장 사이의 계급으로 전문대학 졸업 이상의 학력을 가진 지원자를 대상으로 선발하며, 신병 훈련 후 바로 해당 계급을 부여한다.

제2절 통합방위

〈그림 31〉 국가총력방위체제[21]

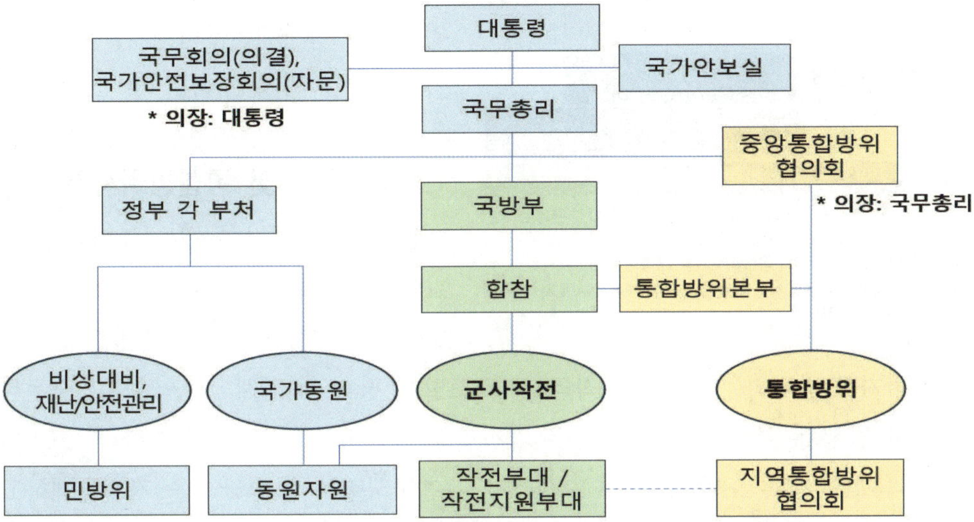

국방정책이 평시에 국가방위 주요 수단(국방조직, 지휘체계, 국방인력, 무기체계, 국방예산 등)을 투입하여 전쟁억제를 하기 위한 정부 차원의 활동을 하는 것이라면, 통합방위는 침투 · 도발이나 그 위협에 대응하기 위하여 국가 총력전(總力戰)의 개념을 바탕으로 국가방위요소를 통합·운용하기 위한 대책을 세우고 유사시 실행하는 것이다. 여기에 더하여 전시에는 국가 전체가 총력방위체제를 가동하여 군사작전을 중심으로 이를 지원하여 전쟁에서 승리를 도모하게 된다. 〈그림 31〉은 국가총력방위체제에서 통합방위와 군사작전, 국가동원의 관계와 위치를 보여준다.

대한민국은 국가방위를 위해서 평시, 침투 · 도발시, 위기시, 전시를 구분하여 이에 대처하고 있으며, 평시에는 국방정책을 통하여 침투·도발시에는 통합방위를 통해 대처하며, 위기시와 전시에는 한미연합방위를 작동시키고 있다. 각각의 시기별

21) 합동참모본부, 『군사기본교리』(2014), p. 2-4.
22) https://n.news.naver.com/mnews/article/469/0000017641(검색일: 2025.1.26.)

〈그림 32〉 국가 위기관리 상황 구분[22)]

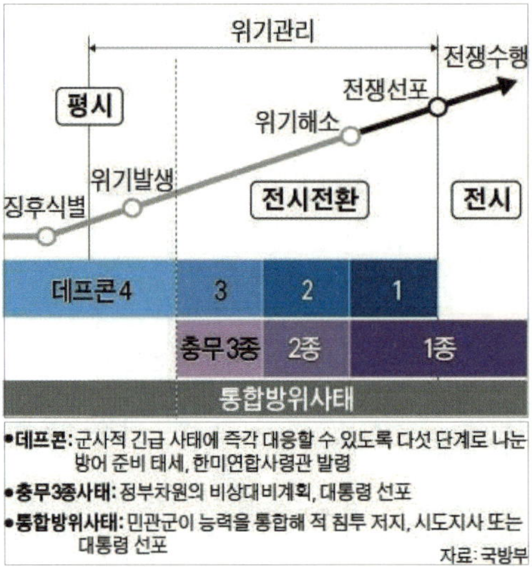

상황에 맞는 사태를 선포하고 그 사태별 조치부호에 따른 행동을 작전예규와 작전계획에 반영하여 시행할 수 있도록 평시에도 조건반사적 훈련을 시행한다. 〈그림 32〉에서 보듯이 통합방위사태는 평시에서부터 위기시는 물론이고 전시에까지 지속될 수 있다.

1. 경계태세 및 통합방위사태[23)]

통합방위란 '적의 침투·도발이나 그 위협에 대응하기 위하여 각종 국가방위요소를 통합하고 지휘체계를 일원화하여 국가를 방위하는 것'이다. 적의 침투·도발은 평시, 위기시, 전면전시를 구분하지 않고 발생할 수 있다. 대한민국은 정전협정과 한미상호방위조약에 따라 6·25전쟁 이후에도 침투·도발 상황이 발생하면 유엔군사령부가 한국군을 작전통제하고 있었기 때문에 그 통제를 받아 작전을 수행하였다.

그러나 1968년 1·21사태로 촉발된 한미간 갈등으로 그해 1월 30일 한국은 합동참모본부에 대간첩작전본부를 편성하여 평시 대간첩작전에 대한 지휘권을 환수하였다. 그리고 1994년 12월 평시작전통제권을 합참이 한미연합군사령부에서 환수하면서 1995년 1월 1일 통합방위본부로 확대하여 평시 대침투·도발에 대한 통합방위체제를 확립하여 현재에 이르게 되었다.[24)] 따라서 통합방위는 평시 적의 침투에 따른 '경계태세'에서부터 적의 도발 또는 그 위협으로 인한 통합방위사태에 이르는 전 과정에서 군사작전을 수행하거나 이를 지원하는 형태로 이뤄지게 된다.

가. 경계태세

경계태세는 지정된 군부대의 장 및 경찰관서의 장(서울 외의 지역에서는 육군

---

23) 이하 관련 내용은 "통합방위법," 『국가법령정보센터』, https://law.go.kr/법령/통합방위법(검색일: 2025.1.26.)

24) "합동참모본부 창설 40주년," 『대한민국 정책브리핑』, https://www.korea.kr/news/policyNewsView.do?newsId=30002441(검색일: 2025.1.26.)

은 연대장급, 해·공군의 경우에는 독립전대장급, 서울은 사단장급 이상의 지휘관이나 경찰서장급 이상의 지휘관)이 적의 침투·도발이나 그 위협이 예상될 경우 통합방위작전을 준비하기 위하여 경계태세를 발령하는 일종의 전투준비태세이다. 경계태세가 발령된 때에는 해당 지역의 국가방위요소는 적의 침투·도발이나 그 위협에 대응하기 위하여 필요한 지휘·협조체계를 구축하여야 한다.[25)]

경계태세의 종류는 그 상황을 고려하여 경계태세 3급, 2급, 1급으로 구분하며, 통상적으로 이를 진돗개 셋, 둘, 하나로 칭한다. 보통의 일상적 상황은 진돗개 셋이며, 보다 강화된 경계와 작전을 준비하는 것은 진돗개 둘, 실제 대침투작전 등이 시행되는 경우는 진돗개 하나이다. 훈련일 경우에는 훈련 진돗개 둘, 하나로 불리며, 경계태세 구분에 따른 세부 내용 및 조치사항 등은 비밀로 분류된 별도의 대통령령으로 정하고, 이를 구체화한 각 부대별로 작전계획과 전투세부시행규칙 및 개인임무카드에 명시된다.

2010년 이후 경계태세 즉, 진돗개가 발령된 사례로는 2010년 11월 23일 연평도 포격전으로 서해 5도, 1군, 3군 지역에 진돗개 하나가 발령되었으며, 2014년 10월 10일 북한이 연천지역의 대북전단 발원지에 격파사격을 했을 때에도 발령되었다. 2015년 8월 20일 을지연습 기간 중 서부전선 포격 사건으로 6군단 지역 및 1야전군 예하부대에 진돗개 하나가 발령되었다. 2020년 11월 4일에는 신원미상의 남성 1명이 고성군 지역의 제22보병사단 군사분계선을 11월 1일에 넘은 상황을 조치하기 위해 해당 지역에 진돗개 하나, 인근 부대에 진돗개 둘이 발령되었

〈그림 33〉 진돗개(경계태세) 구분[26)]

25) "통합방위법 시행령," 『국가법령정보센터』, https://law.go.kr/LSW/lsInfoP.do?lsiSeq=245169#0000(검색일: 2025.1.26.)
26) "데프콘? 워치콘? 진돗개? 군사용어 알아보기," 『대한민국 정책브리핑』, https://www.korea.kr/multi/visualNewsView.do?newsId=148799686(검색일: 2025.1.26.)

다. 2024년 12월 3일 비상계엄 당시에는 북한의 도발에 대비하기 위해 전군에 경계태세 2급(진돗개 둘)이 발령되기도 했다.[27)]

나. 통합방위사태

통합방위사태는 갑종, 을종, 병종으로 구분되며 갑종사태란 '일정한 조직체계를 갖춘 적의 대규모 병력 침투 또는 대량살상무기(大量殺傷武器) 공격 등의 도발로 발생한 비상사태로서 통합방위본부장 또는 지역군사령관의 지휘·통제 하에 통합방위작전을 수행하여야 할 사태'를 말한다. 을종사태란 '일부 또는 여러 지역에서 적이 침투·도발하여 단기간 내에 치안이 회복되기 어려워 지역군사령관의 지휘·통제 하에 통합방위작전을 수행하여야 할 사태'를 의미한다. 또한 병종사태란 적의 침투·도발 위협이 예상되거나 소규모의 적이 침투하였을 때에 시·도경찰청장, 지역군사령관 또는 함대사령관의 지휘·통제 하에 통합방위작전을 수행하여 단기간 내에 치안이 회복될 수 있는 사태를 말한다.[28)]

여기서 침투란 적이 특정 임무를 수행하기 위하여 대한민국 영역을 침범한 상태를 말하며 도발이란 적이 특정 임무를 수행하기 위하여 대한민국 국민 또는 영역에 위해(危害)를 가하는 모든 행위를 의미한다. 그리고 위협이란 대한민국을 침투·도발할 것으로 예상되는 적의 침투·도발 능력과 기도(企圖)가 드러난 상태를 말한다. 방호란 적의 각종 도발과 위협으로부터 인원·시설 및 장비의 피해를 방지하고 모든 기능을 정상적으로 유지할 수 있도록 보호하는 작전 활동이며, 국가중요시설이란 공공기관, 공항·항만, 주요 산업시설 등 적에 의하여 점령 또는 파괴되거나 기능이 마비될 경우 국가안보와 국민생활에 심각한 영향을 주게 되는 시설을 말한다.

통합방위사태는 갑종사태, 을종사태 또는 병종사태로 구분하여 선포하며, 상황에 따라 국방부장관 또는 행안부장관이 국무총리를 거쳐 대통령에게 통합방위사태의 선포를 건의하여야 한다. 갑종사태에 해당하는 상황이 발생하였을 때 또는

27) 김형준, "국방부, 전군 비상경계 2급 태세… 대비태세 강화," 『한국일보』, https://www.hankookilbo.com/News/Read/A2024120323200004500(검색일: 2025.1.26.)
28) 이하 관련 내용은 "통합방위법," 『국가법령정보센터』, https://law.go.kr/법령/통합방위법(검색일: 2025.1.26.)

둘 이상의 특별시 · 광역시 · 특별자치시 · 도 · 특별자치도(이하 시 · 도)에 걸쳐 을종사태에 해당하는 상황이 발생하였을 때에는 국방부장관이, 둘 이상의 시 · 도에 걸쳐 병종사태에 해당하는 상황이 발생하였을 때에는 행정안전부장관 또는 국방부장관이 건의한다. 대통령은 통합방위사태 선포 건의를 받았을 때에는 중앙협의회와 국무회의의 심의를 거쳐 통합방위사태를 선포할 수 있다.

시 · 도경찰청장, 지역군사령관 또는 함대사령관은 을종사태나 병종사태에 해당하는 상황이 발생한 때에는 즉시 시 · 도지사에게 통합방위사태의 선포를 건의하여야 한다. 건의를 받은 시 · 도지사는 시 · 도 협의회의 심의를 거쳐 을종사태 또는 병종사태를 선포할 수 있다. 시 · 도지사는 을종사태 또는 병종사태를 선포한 때에는 지체 없이 행정안전부장관 및 국방부장관과 국무총리를 거쳐 대통령에게 그 사실을 보고하여야 한다. 통합방위사태를 선포할 때에는 그 이유, 종류, 선포일시, 구역 및 작전지휘관에 관한 사항을 공고하여야 하며, 시 · 도지사가 통합방위사태를 선포한 지역에 대하여 대통령이 통합방위사태를 선포한 때에는 그 때부터 시·도지사가 선포한 통합방위사태는 효력을 상실한다.

통합방위사태가 선포된 지역에서 작전지휘관(통합방위본부장, 지역군사령관, 함대사령관 또는 시 · 도경찰청장)이 국가방위요소를 통합하여 지휘 · 통제하는 방위작전을 수행하며 이를 통합방위작전이라 칭한다. 지역군사령관이란 통합방위작전 관할구역에 있는 군부대의 장성급(將星級) 지휘관 중에서 통합방위본부장이 정하는 사람을 말한다. 다만, 통합방위본부장은 필요하다고 인정하는 때에는 대령급 지휘관 중에서 정할 수 있다.

2. 통합방위기구 운용[29)]

통합방위작전을 수행하고 지원하기 위해 운용되는 기구로는 중앙 통합방위협의회, 지역 통합방위협의회, 직장 통합방위협의회, 통합방위본부, 통합방위지원본부, 정보센터 및 합동정보조사팀, 합동보도본부 등이 있다.

29) "통합방위법," 『국가법령정보센터』, https://law.go.kr/법령/통합방위법(검색일: 2025. 1.26.)

가. 중앙 통합방위협의회

중앙 통합방위협의회는 국무총리 소속으로 중앙협의회의 의장은 국무총리가 되고, 위원은 기획재정부장관, 교육부장관, 과학기술정보통신부장관, 외교부장관, 통일부장관, 법무부장관, 국방부장관, 행정안전부장관, 국가보훈부장관, 문화체육관광부장관, 농림축산식품부장관, 산업통상자원부장관, 보건복지부장관, 환경부장관, 고용노동부장관, 여성가족부장관, 국토교통부장관, 해양수산부장관, 중소벤처기업부장관, 국무조정실장, 법제처장, 식품의약품안전처장, 국가정보원장 및 통합방위본부장과 그 밖에 대통령령으로 정하는 사람이 된다. 중앙협의회 간사는 통합방위본부의 부본부장인 합참 작전본부장이다.

중앙협의회는 ①통합방위 정책 ②통합방위작전·훈련 및 그에 관한 지침 ③통합방위사태의 선포 또는 해제 ④그 밖에 통합방위에 관하여 대통령령으로 정하는 사항을 심의한다.

나. 지역 및 직장 통합방위협의회

지역 통합방위협의회는 시 · 도지사 소속으로 시 · 도 협의회를 두고, 그 의장은 시 · 도지사가 되며, 시장 · 군수 · 구청장(자치구의 구청장을 말함) 소속으로 시 · 군 · 구 통합방위협의회를 두고, 그 의장은 시장 · 군수 · 구청장이다.

시 · 도 협의회와 시 · 군 · 구 통합방위협의회(이하 지역협의회)는 ①적이 침투하거나 숨어서 활동하기 쉬운 지역(이하 취약지역)의 선정 또는 해제 ②통합방위대비책 ③을종사태 및 병종사태의 선포 또는 해제 ④통합방위작전·훈련의 지원대책 ⑤국가방위요소의 효율적 육성 · 운용 및 지원 대책 ⑥그 밖에 통합방위에 관하여 대통령령으로 정하는 사항을 심의한다.

〈그림 34〉 통합방위기구[30]

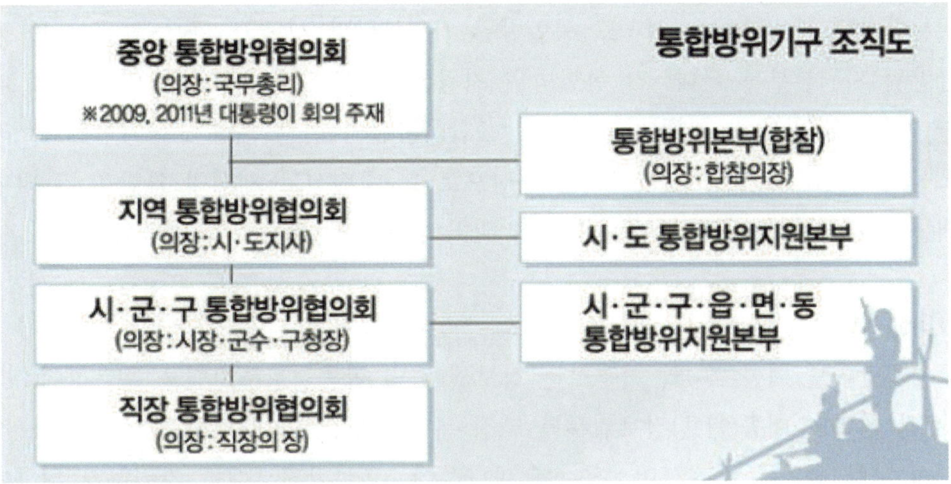

직장은 직장 통합방위협의회(이하 직장협의회)를 두며 그 의장은 직장의 장이 된다. 중앙협의회, 지역협의회 및 직장협의회는 예비군법에 따른 방위협의회, 민방위기본법에 따른 중앙민방위협의회 또는 지역민방위협의회와 통합하여 운용할 수 있다.

다. 통합방위본부

통합방위본부는 합동참모본부에 두며 본부장과 부본부장 1명씩을 두되, 통합방위본부장은 합동참모의장이고 부본부장은 합참 작전본부장이다. 통합방위본부는 ①통합방위 정책의 수립 · 조정 ②통합방위 대비태세의 확인 · 감독 ③통합방위작전 상황의 종합 분석 및 대비책의 수립 ④통합방위작전, 훈련지침 및 계획의 수립과 그 시행의 조정 · 통제 ⑤통합방위 관계기관 간의 업무 협조 및 사업 집행사항의 협의 · 조정 사무를 분장해서 담당한다.

통합방위본부에 통합방위에 관한 정부 내 업무 협조와 그 밖에 통합방위 업무의 원활한 수행을 위하여 통합방위 실무위원회를 둔다.

30) https://n.news.naver.com/mnews/article/021/0002065350(검색일: 2025.1.26.)

라. 통합방위 지원본부

통합방위 지원본부는 시 · 도 통합방위 지원본부와 시 · 군 · 구 · 읍 · 면 · 동 통합방위 지원본부를 둔다. 각 통합방위 지원본부는 ①통합방위작전 및 훈련에 대한 지원계획의 수립·시행 ②통합방위 종합상황실의 설치·운영 ③국가방위요소의 육성·지원 ④통합방위 취약지역을 대상으로 한 주민신고 체제의 확립 ⑤그 밖에 대통령령 또는 조례로 정하는 사항에 관하여 사무를 분장하여 담당한다.

마. 기타

통합방위를 위한 그 외 기구로는 정보센터 및 합동정보조사팀을 운용하여①정부 각 기관의 대공(對共)정보업무를 조정·분담하고, 적의 침투 · 도발 및 적의 정황에 관한 첩보를 수집하며, 정보를 판단하여 지역 작전부대를 지원하기 위하여 국가정보원 · 군 · 경찰 · 지방자치단체 등으로 구성된 지역단위의 정보센터를 비상설기구로 설치·운영할 수 있다. ②적의 부대나 요원의 출현, 그 밖의 대공혐의 상황이 발생하였을 때에는 현지의 상황을 조사·분석하고, 체포된 포로에 대하여 일차적으로 신문(訊問)하기 위하여 국가정보원 · 군 · 경찰 등 관계 기관 정보원으로 구성된 합동정보조사팀을 설치 · 운영할 수 있다.

합동보도본부는 통합방위 진행 상황 및 대국민 협조사항 등을 알리기 위하여 필요하면 설치 · 운영할 수 있다. 작전지휘관은 대통령령으로 정하는 바에 따라 언론기관의 취재 활동을 지원하여야 하나, 병력 또는 장비의 이동 · 배치 · 성능이나 작전계획에 관련된 사항은 공개하지 아니한다. 다만, 통합방위작전의 수행에 지장을 주지 아니하는 범위에서 국민이나 지역 주민에게 알릴 필요가 있는 사항은 공개할 수 있다.

3. 통합방위작전 및 훈련[31)]

통합방위작전 및 훈련을 하기 위한 통합방위사태 선포 시의 지휘 및 협조 관계는 단계별, 관할지역별로 구분되어 구성된다.

31) "통합방위법 시행령," 『국가법령정보센터』, https://law.go.kr/검색일: 2025.1.26.)

가. 통합방위작전

갑종사태가 선포된 때에는 통합방위본부장 또는 지역군사령관이 모든 국가방위요소를 작전통제하여 통합방위작전을 수행한다. 을종사태가 선포된 때에는 지역군사령관이 모든 국가방위요소를 작전통제하여 통합방위작전을 수행한다. 병종사태가 선포된 때의 경찰관할지역에서는 시 · 도경찰청장이 민방위대 자원 및 지역군사령관으로부터 위임받은 군 작전요소를 작전통제하여 통합방위작전을 수행한다. 특정경비지역 및 군관할지역에서는 지역군사령관이 관할지역 안의 모든 국가방위요소를 작전통제하여 통합방위작전을 수행한다. 특정경비해역 및 일반경비해역에서는 함대사령관이 관할해역 안의 모든 국가방위요소를 작전통제하여 통합방위작전을 수행한다.

지방자치단체의 장은 통합방위사태가 선포된 경우 지역군사령관, 함대사령관 및 시 · 도경찰청장과 협조하여 국민과 국가방위요소를 연계시키고, 통합방위작전을 지원하는 등 지역단위 통합방위태세를 확립한다. 작전지휘관은 통합방위작전 전반에 대하여 책임을 지며, 국가방위요소가 통합되고 상호 연계된 각각의 통합방위작전 계획을 수립 · 시행한다. 통합방위작전을 수행하는 시 · 도경찰청장은 통합방위작전을 효율적으로 수행하기 위하여 필요한 경우 지역군사령관에게 작전지원을 요청할 수 있다. 이에 따라 작전지원을 요청받은 지역군사령관은 군 작전지원반을 편성하여 지원할 수 있다.

국가중요시설의 관리자는 통합방위사태가 선포된 경우 자체 경비·보안 및 방호를 강화하고, 적의 침투에 대비하여 대비책을 수립 · 시행하며, 대대(大隊) 단위 지역책임 부대장 및 경찰서장과 협조하여 방호태세를 확립한다. 행정안전부장관, 국가정보원장, 경찰청장 및 해양경찰청장은 통합방위사태가 선포된 경우 국가방위요소 간 협조체제를 유지하기 위하여 5급 이상의 공무원을 연락관으로 임명하여 통합방위본부 군사상황실에 상주시키고, 그 밖의 관련 기관은 통합방위본부장이 요청하는 경우에 연락관을 파견한다.

〈그림 35〉 화랑훈련 포스터[32)]

나. 통합방위훈련[33)]

통합방위훈련은 통합방위작전 수행 및 지원에 대한 절차를 숙달하기 위하여 대통령이 정하는 바에 따라 국가방위요소가 참여하는 통합방위훈련을 실시한다. 훈련의 종류는 자체훈련, 협동훈련, 합동훈련, 대침투종합훈련 및 후방지역종합훈련(화랑훈련)으로 구분하여 실시한다.

자체훈련은 국가중요시설 및 각 기관, 전시 동원업체, 방위산업시설의 경비직요원을 대상으로 간첩 및 무장공비 식별요령, 검문검색요령, 경계 및 수색요령, 사격 및 사격술 예비훈련, 자체방호 및 즉각 조치요령, 장비운영 등 필요한 내용을 선정하여 월 1회 실시한다.

협동훈련은 지상협동훈련(군 · 경 · 예비군 · 행정관서)으로 연대급 이상 지역책임부대장이 전반기 연 1회 계획하여 실시하며, 제대별 접경지역 통합훈련, 중점작전지역 훈련, 봉쇄차단 및 탐색격멸훈련 등을 위주로 경찰, 향방예비군훈련과 통합실시하며 향방예비군 훈련이 실시되는 지역의 행정관서는 기간 중 1회 6시간 이상 통합방위지원본부 및 합동상황실을 개소하여 훈련한다.

합동훈련은 평시 소규모 적 특작부대의 침투에 대비한 해안침투대비 합동훈련과 대규모 적 특작부대 상륙작전에 대비하는 합동 대상륙훈련으로 구분 실시하며, 유사시 작전절차를 숙달할 수 있도록 군·관·예비군 등 지역내 전 국가방위요소가 적극 참여한다.

대침투종합훈련은 지역군사령관 책임하에 연 1회 실시하며, 적 침투 대비태세

32) https://search.naver.com/search.naver?ssc=tab.image.all&where=image&sm=tab_jum&query=화랑훈련(검색일: 2025.1.26.)
33) "통합방위훈련," 『서울시』, https://news.seoul.go.kr/safe/archives/868(검색일: 2025.1.26.)

를 강화하여 지역주민의 안보의식을 고취하는데 중점을 두고 지역 내 전 국가방위요소가 참가하여 실시한다.

화랑훈련은 후방지역종합훈련으로 통합방위본부 주관하에 권역별로 실시하며 후방지역에 대한 전·평시 연계된 작계시행 절차를 숙달하고 지역주민의 안보의식을 고취시키며, 민·관·군·경 통합방위태세를 확인하는데 중점을 두고 실시한다. 〈그림 35〉는 2023년 실시한 대구·경북 지역 화랑훈련을 홍보하는 포스터이다.

제3절 군사작전

군사작전은 국군의 본연의 핵심적인 임무이다. 국방정책은 국방부 본부 중심으로 이뤄지는 주로 평시에 이뤄지는 정책 활동이며, 통합방위는 평시시에서부터 전시에 이르기까지 국가방위요소가 망라되어 군사작전을 지원하는 데 중점을 둔다. 그런데 군사작전은 작전부대와 작전지원부대 혹은 전투부대, 전투지원부대 및 전투근무지원부대가 작전 목표를 달성하기 위해 가용한 수단을 투입하여 작전을 수행하는 것을 의미한다. 평시 군사작전은 경계태세 혹은 통합방위사태 발령하에서 합참의 지휘통제로 침투·국지도발 대비작전을 수행하게 된다. 위기시 즉, 방어준비태세(DEFCON: Defense Readiness Condition, 이하 데프콘)-III이 발령되면서 한미연합군사령부가 한국군 작전부대에 작전통제권을 행사하면서 군사작전을 수행하게 된다. 따라서 대한민국 국가방위를 위한 군사작전은 크게 침투·국지도발과 전면전으로 구분된다.

침투·국지도발시 군사작전은 통합방위작전으로 귀결되므로 이미 제2절에서 설명하였다. 따라서 여기에서는 전면전시 군사작전을 중심으로 설명한다.

1. 전면전 준비태세

국가 위기 상황이 전면전으로 확대될 수 있는 단계에서 한미연합군은 방어준비태세 즉, 데프콘을 발령하며, 대한민국 정부 차원에서는 전쟁 준비를 위해 충무사태를 선포한다.

가. 데프콘(DEFCON)[34]

데프콘은 냉전 시기 미국이 소련과의 핵무기 경쟁체제에 돌입하면서 핵전쟁에 대비하기 위한 준비태세에서 출발하였다. 다섯 단계로 구분되며 아무런 위협이 없는 평화로운 상태를 데프콘-5로 칭하고 연습 및 훈련을 할 경우에는 영어로는 FADE OUT(페이드아웃)이라고 부른다.

한국의 경우에는 전쟁 상태가 중단된 정전 상대이기 때문에 평시에도 데프콘-5보다는 강화된 데프콘-4단계를 유지한다. 평화 시보다는 강화된 정보감시 및 경계태세가 유지된다. 따라서 한국에서 일상적 상태는 데프콘-4라는 인식을 해야 하며 연습 및 훈련용어는 DOUBLE TAKE(더블테이크)이다.

데프콘-3이 발령되면 전투준비태세가 증강되며 보통 영외거주하는 군간부들이 모두 소집되어 부대로 복귀하여 출동을 준비해야 한다. 연습 및 훈련용어는 ROUND HOUSE(라운드하우스)이며, 미국의 경우에는 15분 이내에 공군이 출격할 수 있도록 출동상태를 갖춘다. 한국에서는 1976년 판문점에서 8·18 도끼만행사건 직후 발령되었으며 미루나무 절단작전을 수행할 당시에 전방부대는 데프콘-2까지 발령되었다. 미국에서는 2001년 9·11테러 직후와 1973년 10월 제4차 중동전쟁인 욤키푸르(Yom Kippur)전투, 그리고 최근에는 2022년 2월 러시아의 우크라이나 공격 당시 데프콘-3이 발령되었다.

---

34) "데프콘," 『나무위키』, https://namu.wiki/w/데프콘(검색일: 2025.1.27.)

〈표 16〉 데프콘(DEFCON) 단계별 설명[35]

Readiness condition	Exercise term	Description	Readiness
DEFCON 1	COCKED PISTOL	Nuclear war is imminent or has already started	Maximum readiness. Immediate response.
DEFCON 2	FAST PACE	Next step to nuclear war	Armed forces ready to deploy and engage in less than six hours
DEFCON 3	ROUND HOUSE	Increase in force readiness above that required for normal readiness	Air Force ready to mobilize in 15 minutes
DEFCON 4	DOUBLE TAKE	Increased intelligence watch and strengthened security measures	Above normal readiness
DEFCON 5	FADE OUT	Lowest state of readiness	Normal readiness

데프콘-2는 핵전쟁에 근접해 가는 단계로 연습 및 훈련용어로는 FAST PACE(화스트페이스)이다. 보통 탄약 기본휴대량이 배분되며 개인 전투물자가 대부분 지급되고 사용 직전 단계까지 준비하는 상태가 된다. 미군의 경우 6시간 이내에 부대가 전개 및 투입할 준비를 한다. 실제 데프콘-2가 발령된 사례로는 1968년 1월 23일 동해안에서 미정보함인 푸에블로((Pueblo)호가 납북되었을 당시 발령되었으며, 미국에서는 1962년 쿠바미사일위기 당시에도 발령되었다.

데프콘-1은 핵전쟁이 실제로 임박했거나 이미 시작된 상황으로 최고의 전투준비태세를 완비하고 즉각 대응하는 단계이다. 연습 및 훈련용어는 COCKED PISTOL(칵트피스톨)이며 아직 한번도 실제로 발령된 적이 없다. 일종의 지구 종말의 날이 시작되는 신호라고 볼 수 있으며 북한의 핵무기전력화에 따라 한반도에도 데프콘-1이 발령된다면 재앙적 상황을 피하기 어려울 것이다. 훈련 시에는 칵트피스톨이 발령되면 제한된 범위 내에서 봉인 상태로 있는 전시 탄약을 해체하여 분배하는 연습을 하기도 한다.

35) https://daxopeducation.amebaownd.com/posts/33641834(검색일: 2025.1.27.)

나. 충무사태[36)]

충무사태는 전면전에 대비해 발령하는 대한민국 국가 자체적으로 전쟁준비를 하는 것을 단계화하여 구분한 것이다. 충무3종, 충무2종, 충무1종 구분되며 단계별로 상황조치에 들어간다. 국방부장관의 건의로 국무회의 심의를 거쳐 대통령이 발령(선포)하게 된다. 사태가 긴급하게 전개될 경우에는 사전 조치 후 사후 승인을 받는다. 일반적으로 전쟁 징후가 현저히 증가한 상태가 충무3종이다. 현재까지 발령된 사례가 없다. 이보다 위협이 높아진 '전쟁 위협 가일층 증대 상태'가 충무2종, 전쟁임박 최상의 위기상태에서 충무1종을 발령한다. 전쟁임박이란 전면전 징후가 포착돼 위기감이 고조된 개전 직전의 상태를 의미한다.

충무사태는 한미 정부의 승인하에 한미연합군사령관이 발령하는 데프콘 각 단계와 그 위기 수준이 유사하게 비교된다. 다만 그 의미로서 데프콘이 한미연합군이 전투준비태세를 갖추는 것인데 반면에 충무사태는 정부가 앞장서서 민관군이 함께하는 전쟁준비를 하는 것이다. 충무사태는 통상 을지연습 때 상황조치와 절차를 실제 상황에 대비한 연습하게 되는데, 실제 충무사태와 구분하기 위해 연습상황에서는 충무 대신에 을지라는 용어를 써서 을지3종, 을지2종, 을지1종이라고 사태를 구분한다.

충무사태가 발령되면 단계에 따라 국가자원을 동원할 수 있다. 충무3종에서 국가 자원의 일부를 동원하며, 국지도발 등 후방지역 위협에 대비할 수 있으며, 충무2종에 이르면 '총동원'을 할 수 있다. 2011년까지는 충무2종이 발령되었을 때 '총동원'만 할 수 있도록 규정돼 있었고 '일부 동원'에 관한 규정은 없어 국지도발 등 사태 발생시 즉각적인 동원을 통한 대응이 불가능했었다. 이런 이유로 2011년 7월 국가전쟁지도지침과 충무계획을 각각 수정하고 부분동원 시행 근거 법률을 전시대기법으로 제정해 충무3종 사태 시 국가자원의 일부를 동원, 국지도발 등 후방지역 위협에 대비하도록 했다.

---

36) "충무사태," 『국방일보』, https://kookbang.dema.mil.kr/newsWeb/20220822/2/BBSMSTR_000000100042/view.do(검색일: 2025.1.27.)

2. 한미연합작전

데프콘-3단계부터 한국군 작전부대는 합참의장으로부터 한미연합군사령관의 작전통제로 넘어가며, 한미연합작전으로 전쟁준비를 하게 된다. 부대별로 영외거주자 소집, 군장결속, 탄약 및 식량 등 전투물자 지급, 군장검사 후 부대별 정해진 방어거점의 진지로 투입된다. 그리고 정해진 작전계획에 따라 방어작전에 임하게 되며 전쟁이 길어질수록 작전계획과는 다른 전쟁의 전개 상황에 따라 작전명령으로 하달되는 임무에 따라 군사작전을 수행하게 될 것이다.

가. 작전계획

큰 그림에서 한미연합지휘체계는 제2장 제2절에서 이미 살펴보았다. 그중에서 국가통수 및 군사지휘기구는 대통령과 국방부장관 및 합참의장에 이르는 상부의 구조를 의미하며 평시부터 양대통령간의 한미정상회담, 양 국방장관간의 한미안보협의회의, 양 합참의장간의 한미군사위원회를 통해서 협의를 진행한다. 전시에도 필요하면 이런 과정을 거쳐 한미연합군사령관에게 전략지시 또는 작전지침을 하달하게 된다. 그리고 그 지시와 지침에 따라 작전계획을 수립하고 명령을 하달하여 시행함으로써 한미의 국가이익 및 목표에 부합한 군사작전을 수행할 수 있게 된다.

작전계획은 철저히 군사비밀로 외부에 공개되지 않는다. 다만 그간에 공개된 언론과 데이터사이트의 내용을 중심으로 살펴보면 현재 한반도에서 유효화할 수 있는 작전계획은 작전계획 5027을 대체한 작전계획 5015, 작전계획 5029의 개념계획 그리고 미국의 핵전쟁 계획인 작전계획 8010-08 등 3가지로 볼 수 있다.

먼저, 작전계획 5027은 영어로 Operational Plan 5027(OPLAN 5027)로서 1974년 처음 만들어진 대한민국 국군의 단계별 작전계획이다. 주로 짧게 작계 5027이라 부르며, 숫자에서 50은 태평양 지역을 가리킨다. 27은 일련 번호이다. 한미연합군이 북한군의 공격을 방어한 후 반격하여 수복 및 통일을 이루기까지 총 6단계로 구성되어 있다. 계획상 미군의 한반도 전시증원은 전쟁 후 90일 안에 병력 69만 명, 5척의 항공모함, 함정 160여 척, 항공기 2,500여 대이다. 그런데 이 작전계획은 2005년과 2009년 북한의 해킹으로 유출되어 현재는 폐기된 것으로 알려졌다.37)

〈사진 15〉 작계 5015 서명 소식을 알리는 보도 장면[38]

따라서 이를 대체하는 작전계획이 2015년 새로 등장하였으며 이를 작전계획 5015라 칭한다. 작전계획 5015(OPLAN 5015)는 북한과의 전면전에만 초점을 두고 있던 작전계획 5027을 개선한 후속 계획으로 작전계획 5027을 수정하여 전시 작전통제권 반환 이후에도 전면전과 국지전, 북한의 대량살상무기에도 대응할 수 있도록 설계되었다. 2010년 10월에 열린 제42차 한미 안보협의회(SCM)에서 양국 국방장관의 합의로 시작되어 2015년 6월 한미연합군사령부 사령관 스캐퍼로티(Curtis Scaparrotti) 대장과 합동참모본부 의장 최윤희 대장이 서명하면서 발효되었다. 이후 8월 27일에 공보부에서 언론을 발표하였다.[39]

작전계획 5029(OPLAN 5029)는 북한의 쿠데타, 혁명, 대규모 망명, 대량 탈북, 대량살상무기 유출, 북한 내의 한국인 인질 사태, 대규모 자연재해 등이 발생하여 북한지역에 급변사태가 발생한 경우에 대비한 한미연합 작전계획이다. 2005년 당시 북한 자극, 주권 침해 등의 논란이 있었을 당시 국방부는 지난 5월 2일에 '한미 간 작전계획 5029-05의 수립은 완전히 중단됐지만 작전계획 5029의 개념계획을 보완, 발전시킬 필요성은 있어 한미연합사 측에 개념계획을 보완, 발전시키자는 제의'를 했다고 밝히기도 했다. 작전계획은 수천 쪽의 방대한 분량

37) "작전계획 5027," 『나무위키』, https://ko.wikipedia.org/wiki/작전계획_5027(검색일: 2025.1.27.)
38) https://blog.naver.com/cosmonwin1377/220667093308(검색일: 2025.1.27.)
39) "작전계획 5015," 『나무위키』, https://ko.wikipedia.org/wiki/작전계획_5015(검색일: 2025.1.27.)

에 각 상황에 따라 동원되는 부대와 무기, 부대 전개 경로 등을 상세히 계획하는 데 반면, 개념계획은 상황에 따른 대략의 원칙과 방향만을 간략히 정하는 것으로, 작전계획 5029는 개념계획 형태로 뒤의 번호를 바꿔어 예를 들면 '개념계획 5029-25' 등으로 존속하고 있을 것이다.[40)]

작전계획 8010-08(OPLAN 8010-08)은 2009년 1월 오바마 행정부가 출범하면서 작성된 작전계획으로, 적성국의 대량살상무기 등을 핵무기 및 재래식 무기로 타격한다는 내용이 담겨 있다. 2010년 2월 미국과학자연맹이 공개한 자료에 따르면 타격 대상이 되는 적성국으로 러시아 · 중국 · 북한 · 이란 · 시리아를 적시했다. 북한이 핵미사일을 전력화한 상태에서 한미가 확장억제정책협의를 강화하여 핵협의그룹(NCG)을 가동되고 있어 북한의 핵공격시 이 작전계획은 유효화할 것으로 보인다. 타격 대상으로 적성국의 군사력, WMD 무기체계, 군사 및 국가 지도부, 전쟁 지원 인프라를 포함하고 있다.[41)] 한미는 NCG가 가동되고 있으므로 북한의 핵공격 징후에 따라 작전계획 8010-08도 한반도에 유효화될 가능성이 있는 것으로 판단된다.

나. 연합연습

군사작전은 이미 준비해 놓은 작전계획을 평시에 연습을 통하여 숙달했을 때 실제 작전 목표를 달성하고 성공할 확률이 높아진다. 6·25전쟁 이후 유엔군사령부는 1954년부터 포커스렌즈(Focus Lens) 연습을 매년 시행하면서 미 증원군의 전개 절차와 작전계획 시행을 연습했다. 한편 한국 정부는 1968년 1·21사태 이후 을지연습을 시작하여 정부 주관으로 위기관리와 전시전환 절차를 연습하였다. 두 연습을 1976년 7월부터 통합하여 을지포커스렌즈(UFL)연습으로 한미 연합연습으로 2005년까지 지속해 왔다.

UFL이 계속되면서 병행하여 한미연합군의 실병기동훈련인 팀스피리트(TS:

---

40) "작전계획 5029," 『나무위키』, https://ko.wikipedia.org/wiki/작전계획_5015(검색일: 2025.1.27.); 이경아, "개념계획 5029 역시 위험하다," 『오마이뉴스』, https://www.ohmynews.com/NWS_Web/View/at_pg.aspx?CNTN_CD=A0000253822(검색일: 2025.1.27.); 『SBS뉴스』, "한·미, '개념계획 5029' 완성하기로 합의," https://news.sbs.co.kr/news/endPage.do?news_id=N1000193065(검색일: 2025.1.27.)

41) "작전계획 8010-08," 『네이버 지식백과』,https://terms.naver.com/entry.naver?docId= 929124&cid=43667&categoryId=43667(검색일: 2025.1.27.)

Team Spirit)가 1976년부터 시작하여 1992년을 제외하고 1993년까지 이어졌다. 이후에는 TS를 대체하여 연합전시증원(RSOI)연습과 한국군 독자 기동훈련인 호국훈련이 시작되었다. 이때부터 1978년 창설되면서 연합연습을 통제해 온 한미연합군사령부가 컴퓨터 모의에 의한 전쟁연습을 본격화하였다.[42]

2006년부터는 새로운 연합연습 개념을 정립하여 전반기 실시되던 연합전시증원 및 독수리 연습은 키리졸브/독수리(KR/FE: Key Resolve/Foal Eagle) 연습으로, 후반기 실시되는 을지포커스렌즈 연습은 을지프리덤가디언(UFG: Ulchi Freedom Guardian) 연습으로 바꾸었다. 그리고 2018년 싱가포르 북미정상회담에서 한미연합연습을 중단하기로 하면서 2019~2022년에는 한국 정부는 을지연습을, 연합사는 연합지휘소훈련(CCPT: Combined Command Post Training)을 별도로 진행하였다. 2023년부터는 한미연합연습을 을지자유의방패(UFS: Ulchi Freedom Shild) 연습으로 명칭을 바꿔 부활시켰다.[43]

현재는 한미연합 군사작전을 숙달하기 위해 연합연습을 1년에 두 차례에 걸쳐 실시한다. 전반기(보통 3월 말에서 4월 초)에는 프리덤실드연습을 전시증원연습으로 한미연합군사령부의 통제하에 실시하며, 후반기(보통 8월 말에서 9월 초)에는 한국 정부의 연습과 병행하여 UFS연습을 실시한다. 한미연합으로 대규모 실병기동훈련을 하는 것은 사라졌으나 필요한 과제에 대해서는 전투단 이하 대대 혹은 중·소대급 정도의 연합훈련을 통해 행동절차를 숙달하고 있다.

---

42) 김정기, 『한국 전쟁지도체제의 발전』(서울: 선인, 2021), pp. 204-206.

43) "한미연합연습·훈련 70년…공고한 한미동맹의 상징으로," 『정책브리핑』, https: //www.korea.kr/news/policyNewsView.do?newsId=148914385(검색일: 2025.1.27.)

〈사진 16〉 UFS연습 중 한미공병의 연합 교량구축 훈련[44]

3. 전쟁지속지원

군사력과 국력의 차이가 월등하게 나지 않는 한 전쟁은 승패를 가르기도 힘들고 짧은 시간에 끝내기도 어렵다. 과거 소련의 일부분이었던 우크라이나를 침공한 러시아는 핵무기사용을 위협까지 하면서도 3년 이상 전쟁을 마무리하지 못하고 있다. 전쟁에 들어가는 비용은 천문학적이며 군사작전을 지원하기 위한 인력과 장비, 시설, 재정의 투입은 국가적인 출혈을 강요한다.

가. 지원체계

국가방위를 위한 전쟁지속지원은 대통령의 국가전쟁지도지침과 국방부의 전쟁수행지침이 기준이 되어 각종 전쟁의 수행을 위한 자원의 동원, 인력의 보충, 물자의 조달 등 군수지원을 수행하게 된다. 국방부는 전쟁수행과 인력 및 물자의 동원, 군수지원의 주무 행정부로서 이를 계획하고 전시에 한미연합군사령부가 중심이 되어 수행하는 군사작전을 지원한다.

국방부는 전쟁지속지원을 위해 전시 국방목표를 수립하여 국방전쟁수행지침을

44) 김현태, "한·미군 합동 교량구축 훈련," 『연합뉴스』, https://www.yna.co.kr/vie w/PYH20220826063500053(검색일: 2025.1.27.)

작성한다. 국방전쟁수행지침은 국방부 본부, 합참, 각 군 본부, 국직부대 및 기관의 전시문서 작성을 위한 근거와 지침을 제공한다. 동원령이 선포되면 계획된 전시부대확장을 위해서 국방동원소요판단을 기초로 국방자원동원소요를 행정안전부와 자원관리 주무 부처에 요구하며 병력동원을 집행하여야 한다. 병력 사항과 포로, 병력동원자원, 군수지원 소요에 따라 동원부대를 편성하고, 병력을 보충하며 군수물자를 지원한다. 전시예산은 평시에 편성된 전시예산 및 전시기금을 운용하고 국회에 추가 소요 예산을 요구한다.[45)]

〈표 17〉 전시 대비 국방부 작성 문서[46)]

전자문서	주관부서	작성시기	작성주기	대상기간
국방전쟁수행지침	국방부(정책기획관실)	10월	5년	F+1~F+5년
연도국방자원동원소요서	국방부(동원기획관실)	전년도 2월	매년	F+1년
국방전시인력지원소요 및 능력판단서	국방부(인사기획관실)	전년도 3월	매년	F+1년
국방전시군수지원소요 및 능력판단서	국방부(군수관리관실)	전년도 3월	매년	F+1년
전시부대확장계획서	합참(작전본부)	2년전 12월	매년	F+2년
연도 국방부 집행계획 (병력동원/전시근로소집)	국방부(동원기획관실)	전년도 8월	매년	F+1년
국방자원동원운영계획서	국방부(동원기획관실)	전년도 9월	매년	F+1년
국방전시예산서	국방부(계획예산관실)	전년도 12월	매년	F+1년
합참 전시예산요구서	합참(군사지원본부)	전년도 8월	매년	F+1년
방위력개선사업 전시예산요구서	방위사업청	전년도 7월	매년	F+1년
전시조달집행계획서	방위사업청	전년도 12월	매년	F+1년

국무총리는 전쟁지속지원을 위해 평시에 '비상대비에 관한 법률'을 기초로 하여 행안부장관의 주무하에 국가자원의 비상대비에 관한 계획을 수립하고, 인력·물자 등 군사작전을 지원할 수 있는 자원을 관리하며 필요한 교육훈련 등을 실시한다. 전쟁지속지원을 위한 '인력자원'은 중점관리대상으로 지정된 업체에 종사하

45) "국방기획관리기본훈령," 『국가법령정보센터』, https://www.law.go.kr/admRulLsInfoP.do?admRulSeq=2100000212026(검색일: 2025.1.25.)
46) 위의 같은 곳.

는 사람, 전쟁지속지원을 위해 특별한 기술 면허 또는 자격을 취득한 사람이나 과학기술자를 의미한다. '물적자원'이란 전쟁지속을 위해 활용하기 위한 물자와 업체로서 무기·탄약·폭약과 그 밖의 군용물자, 식품·음료 및 담배 등을 망라한 전쟁수행에 필요한 거의 모든 물자와 업체가 해당된다. 따라서 비상대비에 관한 법률에 따라 행정 각부는 해당되는 물자와 업체에 관한 평시 자원관리와 전시 지원을 담당하게 된다.[47]

나. 충무계획(비상대비계획)

전쟁지속지원을 위한 충무계획은 비상대비계획으로 대한민국 정부가 전시(사변 또는 이에 준하는 비상시포함)에 능동적으로 대처하기 위해 평시에 준비하는 범정부적인 대비계획을 의미한다. 충무계획에는 정부, 지자체, 공공기관 등이 국가비상사태 시 정부의 전쟁수행 능력을 강화하고, 효율적으로 군사작전을 지원하기 위한 범정부 차원의 조치사항들과 전시 국민의 생활 여건을 보장하고 국민 피해를 최소화하는 내용이 포함되어 있다.[48] 충무계획은 기본지침, 기본계획, 집행계획, 시행계획, 실시계획으로 계서(繼序)화되어 있다.

기본지침은 국무총리가 5년의 범위에서 대통령령으로 정하는 기간마다 비상대비업무의 기본적인 사항에 관한 지침을 작성하여 대통령의 승인을 받아 중앙행정기관의 장에게 통보한다. 기본지침에는 ①비상사태와 관련되는 중기적 관점에서의 국내외 환경변화 분석 및 예측 ②비상사태에 대비한 효율적 대응 전략 ③기본계획을 수립할 때 고려하여야 할 사항 ④그 밖에 비상대비업무와 관련하여 대통령령으로 정하는 사항이 포함되어야 한다.

기본계획을 작성하기 위해서는 먼저 중앙행정기관의 장이 기본지침과 인력자원 및 물적자원의 변동 상황 등을 고려하여 그 소관 업무에 관한 기본계획안을 작성하여 행정안전부장관과 협의를 거쳐 국무총리에게 제출한다. 국무총리는 중앙행정기관의 장이 제출한 기본계획안을 종합하여 기본계획을 작성하고 국무회의의

---

47) "비상대비에 관한 법률," 『법령정보센터』, https://www.law.go.kr/lsSc.do?section=&menuId=1&subMenuId=15&tabMenuId=81&eventGubun=060101&query=비상대비에+관한+법률#undefined(검색일: 2025.1.27.)

48) "비상대비계획," 『행정안전부』, https://www.mois.go.kr/frt/sub/a06/b12/emergencyplan/screen.do(검색일: 2025.1.27.)

심의를 거쳐 대통령의 승인을 받아 확정한다. 국무총리는 확정된 기본계획을 지체 없이 중앙행정기관의 장에게 통보하고 국회에 통고한다.

〈표 18〉 충무계획 내용 및 작성 체계[49)]

1. 비상대비계획(충무계획)의 내용 체계

비상대비계획 3대 목표		
1 정부기능유지	2 군사작전지원	3 국민생활안정
- 전시행정체제 전환 - 전비조달 - 정치·외교 기능	- 병력·인력 지원 - 물자, 장비, 업체 지원 - 의료지원	- 생필품 공급 - 전력·수도 공급 - 국민행동요령 홍보

2. 비상대비계획의 작성 체계

계획명		작성기관	승인권자	내용
기본지침		국무총리 (행정안전부)	대통령	중장기 충무계획 작성방향 제시
기본계획		국무총리 (행정안전부)	대통령 (국무회의 심의)	전시 각 부처가 해야 할 기본적인 임무 부여
집행계획		중앙행정기관의 장	국무총리	부처 임무에 대한 수행계획
시행계획		시·도지사	중앙행정기관의 장	시·도에 부여된 임무에 대한 수행계획
충 무 실시계획	시·군·구	시·군·구청장	시·도지사	시·군·구에 부여된 임무에 대한 수행계획
	업체	업체장	지정권자	업체에 부여된 임무에 대한 수행계획

집행계획은 중앙행정기관의 장에게 통보된 기본계획에 따라 그 소관 업무에 관한 집행계획을 작성하여 행정안전부장관과 협의를 거쳐 국무총리의 승인을 받아 확정한다. 중앙행정기관의 장은 확정된 집행계획을 관계 중앙행정기관의 장, 시·도지사 및 소속 지방행정기관의 장에게 통보하여야 한다.

시행계획은 시·도지사와 중앙행정기관 소속 지방행정기관의 장이 통보된 집행계획에 따라 그 소관 업무에 관한 시행계획을 작성하여 해당 중앙행정기관의 장의 승인을 받아 확정한다. 시·도지사는 확정된 시행계획을 시장·군수·구청장에게 통보한다.

실시계획은 시장 · 군수 · 구청장에게 통보된 시행계획에 따라 그 소관 업무에 관한 실시계획을 작성하여 시 · 도지사의 승인을 받아 확정한다. 지정된 중점관리

49) "비상대비계획," 『행정안전부』, https://www.mois.go.kr/frt/sub/a06/b12/emergencyplan/screen.do(검색일: 2025.1.27.)

대상업체 고지된 임무에 관한 실시계획을 작성하여 자원관리주관기관의 장의 승인을 받는다.

다. 을지연습 및 충무훈련

전쟁지속지원을 위해 실시하는 연습과 훈련으로는 을지연습과 충무훈련이 대표적이다. 을지연습은 전쟁 이전 국지도발 등 국가 위기관리 및 전시전환절차 연습에서부터 전쟁 발발 시 국가총력전 연습을 통한 국가비상 대비태세를 확립하는데 목적을 두고 매년 8월 말에서 9월 초에 실시한다. 을지연습은 앞에서 기술한 바와 같이 보통 한미연합으로 을지프리덤실드(UFS)연습으로 전시전환절차, 도상연습, 전시현안토의, 지정한 실제훈련 등으로 진행한다.

전시전환절차 연습은 예상치 못한 범국가적 대형복합 위기로 확산되는 상황을 가정하여 현장상황 및 대처상황을 점검한다. 전시 현안과제토의는 상황 해결을 위해 계획 검토 위주로 실시하는 연습이며, 실제훈련은 인력, 물자, 장비 등을 어떻게 사용할 것인지 사전에 계획을 세우고 이에 따라 동원절차를 실제 행동으로 숙달시키는 훈련이다. 화생방훈련, 주민이동훈련, 민방공훈련 등을 많이 반영한다.[50)]

충무훈련은 전시·사변 또는 이에 준하는 비상사태에 대비한 전시대비계획 즉, 충무계획의 실효성 검증과 시행절차를 숙달하기 위하여 실시하는 훈련이다. 주요자원을 대상으로 동원훈련과 중요시설 피해에 대한 복구훈련 등을 실제 훈련 위주로 실시하는 훈련이며, 17개 시·도 중에서 매년 5~6개 시·도를 선정하여 실시한다. 지역단위 종합훈련으로 실시하며 군사작전지원을 위한 자원동원, 국가 기간시설 긴급복구, 복합재난대비 훈련 등을 중심으로 실시한다.

군사작전지원을 위한 주요자원 동원훈련은 비상사태 발생시 군사작전지원을 위해 지정된 기술인력(의사, 항해사, 기술자 등)과 차량, 건설기계, 선박, 통신회선 등을 실제 동원하여 그 임무와 역량을 점검한다. 국가 주요 기간시설 긴급복구훈련은 공항, 항만, 철도, 교량, 전력, 가스, 통신, 상수도 등의 기능이 마비되었을 시 신속히 복구하는 훈련이다. 전·평시 발생 가능한 복합재난대비 훈련은 대형건물 붕괴, 지하철 독가스 테러, 공공시설 및 해상테러, 대형화재 등 다양한 위협

---

50) "을지연습,"『행정안전부』, https://www.mois.go.kr/frt/sub/a06/b12/euljitraining/screen.do(검색일: 2025.1.27.)

으로부터 국민의 안전을 책임질 수 있도록 훈련한다.[51]

〈사진 17〉 병무청 충무훈련 병력동원태세 점검 장면[52]

제4절 국방협력

국방협력은 대외적으로 평시에는 전쟁을 억제하고, 전쟁 발발 시 6·25전쟁 때와 마찬가지로 유엔과 국제사회의 협력을 최대한 확보하기 위해 평시부터 긴밀한 협력을 기울이는 것을 의미한다. 북한의 위협에 대응하기 위한 한미상호방위조약을 맺고 있는 만큼 가장 핵심적인 국방협력은 한미 안보협력이다. 그리고 가능한 범위에서 유엔과 다국적군 혹은 인도적 지원 또는 군사훈련 지원 차원의 해외 파병활동을 전개하고 있으며, 세계 각국과의 국방외교 협력 활동을 적극적으로 전개하는 것이다.

---

51) "충무훈련," 『행정안전부』, https://www.mois.go.kr/frt/sub/a06/b12/chungmutraining/screen.do(검색일: 2025.1.27.)
52) https://www.yna.co.kr/view/PYH20171101184800013(검색일: 2025.1.27.)

1. 한미 안보협력

한미간 국방협력은 한국과 미국 외무장관들이 서명하여 체결한 한미상호방위조약에 기초하였는바 상징적으로 그 명칭을 한미 안보협력으로 칭하면서 국방 당국자뿐만 아니라 외교 당국자들도 함께 참여한다. 한미 안보협력에서 가장 중요한 회의체는 한미안보협의회의(SCM: Security Consultative Meeting)와 한미군사위원회회의(MCM: Military Committee Meeting)이다. 그 외에도 다양한 교류협력의 제도적 장치가 작동 중이며 인적, 물적 교류를 진행하고 있다.

가. 연례 한미안보협의회의(SCM) 및 군사위원회회의(MCM)

SCM은 한국과 미국이 각종 안보 현안 문제를 해결하기 위해 협의하는 기구이다. 1968년 1·21사태와 푸에블로호 납북사건을 계기로 그해 5월 워싱턴에서 제1차 한·미 국방장관회담을 개최하면서 시작되었으며 1971년 4차 회의부터 '한미안보협의회의'로 하고 외교부도 참여하는 양국 국방장관을 대표로 하는 SCM이 정착되었다. 1978년 한미연합군사령부의 창설 후부터는 양국의 합참의장을 대표로 하는 군사위원회가 따로 설치, 운영되고 있다. SCM에서는 양국의 제반 안보 문제, 한반도 및 동북아의 군사적 위협 평가 및 공동대책 수립, 두 나라 사이의 긴밀한 군사협력을 위한 의사 조정 및 전달, 한미 연합방위력의 효율성 증진 및 협력을 강화하는 방안이 논의되고 필요한 사항은 지침으로 한미군사위원회에 하달된다.[53]

SCM은 매년 2박 3일간의 일정으로 개최되며 1970년대에는 한미방위조약의 재확인, 주한미군의 주둔 및 철수 문제, 그리고 한국군 현대화 5개년 계획의 계속 추진, 방위산업육성을 위한 기술제휴와 공동 노력 등이 주된 의제였다. 1980년에는 한반도 안보와 연합방위능력을 제고하는 중요한 협의체로 발전했으며 1985년부터 미국의 SDI에 한국의 참여 문제 등도 협의하여 1987년에는 정부 차원의 2회에 걸친 현지조사를 실시하기도 했다.[54] 1990년대에는 평시작전통제권 환수, 북한의 핵개발 위협, 주한미군 기지 이전 등의 현안을 논의하였고, 2000년대 이

---

53) "한미안보협의회의," 『위키백과』, https://ko.wikipedia.org/wiki/한미_안보협의회의 (검색일: 2025.1.30.)

54) "한미안보협의회의," 『네이버지식백과』, https://terms.naver.com/entry.naver?docId=572181&cid=46627&categoryId=46627(검색일: 2025.1.30.)

후에는 전시작전통제권 전환, 북한의 핵미사일 위협 대응, 사드(THAAD: Terminal High Altitude Area Defense) 배치, 한미핵협의그룹(NCG) 운용 등이 본격적으로 논의되었다.

SCM은 양국 국방장관회담을 중심으로 한 본회의와 이를 보좌하기 위한 정책검토위(PRS: Policy Review Seminar)와 안보협력위(SCC: Security Cooperation Committee), 군수협력위(LCC: Logistic Cooperation Committee), 방산·기술협력위(DTICC: Defense Technology & Industry Cooperation Committee), 공동성명위(JCC: Joint Statement Cooperation Committee) 등 5개 실무분과위원회로 구성돼 있다. 이들 분과위원회는 SCM 개최 이전부터 모임을 갖고 의제 선정 및 협상 방향을 상호 점검하는 역할을 하고 있다. SCM은 한미 양국의 국가통수 및 군사지휘기구의 위임을 받아 군사위원회에 전략지침을 하달하며 한미군사위원회는 한미연합군사령부의 상급기관으로서 전략지시 및 작전지침을 하달하고 임무를 부여한다.[55]

1978년 7월 28일 샌디에이고에서 처음으로 개최된 MCM 본회의는 SCM에 앞서 매년 개최되며, 그 결과는 SCM에 보고된다. 한국측에서 합참의장, 합참 전략기획본부장, 미국측에서 합참의장, 태평양사령관 그리고 양국의 통합된 방위노력을 대표하는 한미 연합군사령관 등 양국 군수뇌부들이 참석한다. 본회의를 개최하기 어려운 평시에는 군사위원회 상설회의(상설 MC)를 가동하며, 한국 합참의장과 미국 합참의장을 대신한 주한미군선임장교(주한미군사령관=한미연합군사령관=유엔군사령관)가 필요에 따라 수시로 개최하며 한미연합군사령부와 관련한 군사 현안문제를 협의한다.

---

55) 국방부, 『국방백서 2000』(2000), pp. 88-89.

〈사진 18〉 제29차 한미군사위원회 회의 장면[56)]

MCM의 주요 성과로는 1992년 제14차 회의에서 한국군의 평시작전통제권 환수에 합의해 1994년 12월 1일부로 평시작전통제권이 한국 합동참모본부로 전환되었다. 2001년 제23차 회의에서는 2002한일월드컵 및 부산아시아게임 기간 중 한미 군사대비태세에 합의하여 각종 국제행사를 성공적으로 개최하는 데 기여하였다. 또한 2007년 제29차 회의에서는 전시작전통제권 전환과 관련된 실무를 추진하기로 합의하고, 현재까지 전시작전통제권 전환 준비가 회의의 주요 의제가 되고 있다.[57)]

매년 개최하는 SCM과 MCM 결과는 공동성명에 관한 보도자료를 통해 공개되고 있으며, 격년으로 발간하는 국방백서에 상세하게 기록되고 있다.

나. 한미간 교류협력 활동

SCM과 MCM은 전반적인 양국 간의 안보, 국방, 군사 현안을 장관, 의장급에서 검토하고 협의하는 회의체이다. 실무적인 협력과 검토가 필요한 사안에 대해서는 별도의 한미협력 제도를 가동하여 긴밀하게 협의해 나가고 있다. 현재 가장

---

56) 2007년 11월 6일 서울에서 열린 제29차 한미군사위원회에서 한국측 수석대표 김관진 합참의장과 미국측 수석대표 마이클 멀린 미 합참의장이 대화하는 장면, https://n.news.naver.com/mnews/article/003/0000633020(검색일: 2025.2.8.)

57) "한미군사위원회," 『한국민족문화대백과사전』, https://encykorea.aks.ac.kr/Article/E0066893(검색일: 2025.1.30.)

비중있는 실무협의체는 한미국방통합협의체(KIDD: Korea-U.S. IntegratedDefense Dialogue)와 한미핵협의그룹(NCG: Nuclear Consultative Group)이다. KIDD 회의는 확장억제정책위원회(EDPC: Extended Deterrence Policy Committe), 전략동맹 2015 공동실무단회의(SAWG: : Strategic Alliance 2015 Working Group), 한미 안보정책구상회의(SPI: Security Policy Initiative) 등 다양한 한미간 양자협의체를 포괄하는 회의체로서 2011년 10월 서울에서 개최된 SCM에서 공식적으로 개설된 이래 매년 2회 정례적으로 개최되고 있다.

KIDD 회의에 한국측은 국방부 정책실장을 대표로 국방부와 외교부 주요 직위자들이 참석하며, 미국측은 국방부 동아시아부차관보를 수석대표로 하며 국방부와 국무부 주요 직위자들이 참석하여 북한의 완전한 비핵화 및 핵 · 미사일 위협 억제·대응을 위한 정책 공조, 연합방위태세 강화, 조건에 기초한 전작권 전환 추진 등 양국의 안보현안 전반에 관해 논의한다.

2024년 9월 23일부터 24일까지 서울에서 개최된 제25차 KIDD 회의에서는 한미동맹 국방비전, 북한의 완전한 비핵화, 과학기술협력, 전작권 전환실무단을 통한 전작권전환 추진상황 점검, 글로벌 안보환경 점검 및 공동의 안보 목표 달성 협력 등을 논의한 것으로 보도되었다.[58] 이러한 의제의 포괄적 성격을 볼 때 KIDD가 점차 SCM에서 다루는 의제들을 광범위하게 사전 검토 및 사후 조치를 점검하는 형태로 운영되고 있다.

NCG는 확장억제를 강화하고, 핵 및 전략 기획을 논의하며, 비확산 체제에 대한 북한의 위협을 관리하기 위한 지속적인 양자 협의체이다. 2023년 4월 한미정상의 워싱턴선언에 따라 창설되었다. 한미간 한반도와 관련된 핵억제에 대해 보다 심도있고 협력적이며, 조율된 의사결정을 가능하게 함으로써 한미동맹의 확장억제를 강화할 수 있도록 지원한다. 한국에 대한 미국의 확장억제 공약의 구체적 상징이기도 하며, 미국의 확장억제는 핵을 포함한 모든 범주의 역량을 총동원하여 뒷받침된다.

NCG에 한국측에서는 국방부 정책실장이 대표로 참석하며 합동참모본부, 전략사령부, 연합군사령부, 외교부, 국가안보실, 정보당국자가 참석하며 미국측에서는

58) “제25차 한미 통합국방협의체(KIDD) 회의 결과,” 『정부24』, https://www.gov.kr/portal/ntnadmNews/4024954(검색일: 2025.1.31.)

국방부 우주정책차관보를 대표로 합동참모본부, 주한미군사령부, 인도태평양사령부, 전략사령부, 연합사령부 및 필요시 다른 전투사령부, 국무부, NSC, 정보당국자가 참가한다. NCG는 북한 핵위협 억제·대응을 목표로 하며, 확장억제 협력의 동등한 파트너로서 협의하며 한국 국민의 안전과 안보 및 인태 지역의 안정 보장에 중점을 둔다.59)

NCG는 1년에 2회 교대로 회의를 주최하며 이를 지원하기 위한 실무급 회의도 수시로 개최된다. NCG 공동대표는 NCG 진전사항을 한미안보협의회의(SCM)를 통해 한미 국방부 장관과 각각의 지휘계통을 통해 군 통수권자에게 보고한다. 1차 회의는 2023년 7월 서울에서 2차는 2023년 12월 워싱턴에서, 3차는 2024년 6월 서울, 4차는 2025년 1월 워싱턴에서 개최되었다. NCG 주요 과업은 핵 및 전략 기획, 핵·재래식 통합(CNI) 연습, 시뮬레이션 훈련, 위기 및 유사시 핵 협의 및 소통 절차, 전용 보안 통신체계 구축, 위험감소를 위한 전략적 메시지, 보안 및 정보공유 절차 등이며 2024년 9월 5일에서 6일까지 워싱턴에서 제1차 모의연습(TTS: Table Top Simulation)을 실시하였다. 추후 도상연습(TTX: Table Top Exercise)도 실시될 것이다.

KIDD와 NCG 외에도 한미간 실무차원에서 가동하고 있는 회의체로는 억제전략위원회(DSC: Deterrence Strategy Committee), 미사일대응정책협의체(CMWG: Counter-Missile Working Group), 국방우주협력회의(SCWG: Space Cooperation Working Group), 전작권 전환 실무단(COTWG : Conditions-based OPCONTransition Working Group)회의 등 다양한 회의체들이 운영되고 있다. 미국 군사교육기관인 각 군(육군, 해군, 공군) 대학 및 대학원, 각 병과학교, 지휘참모대학, 합동참모대학 등과 전력사령부에도 영관급 장교들을 파견하여 상호 협력을 증진하고 있다.

그리고 미국이 주도하고 있는 다국적군 사령부나 미국의 전투사령부에 개인 참모장교를 파병하여 긴밀하게 협력하고 있다. 2008년 1월부터 아덴만과 소말리아 동부 해상에서 대해적작전을 수행하는 다국적군 부대 연합해군사령부(CMF : Combined Maritime Forces)에 파병하여 연합작전 및 청해부대 임무를 지원

---

59) “한미 NCG 참고/설명자료(Fact sheet),” 『국방부』, https://www.mnd.go.kr/mbshome/mbs/mnd/subview.jsp?id=mnd_010705010000(검색일: 2025.1.31.)

하고 있다. 지부티에 위치한 연합합동기동부대인 아프리카의 뿔(CJTF-HOA: Combined Joint Task Force-Horn Of Africa)에도 2009년 3월부터 파병하여 청해부대 지원 및 동맹군 협조업무를 하고 있다. 미국 플로리다에 있는 탬파기지에 위치한 미 중부사령부에는 2001년 11월부터 미국의 요청에 따라 한국군의 중동지역 파병 등에 관해 협조하고 있다. 같은 맥락에서 한빛부대 등을 지원하기 위해 독일 슈투트가르트에 위치한 미 아프리카사령부에도 2016년 3월부터 파병하고 있으며, 쿠웨이트와 이라크 바그다드의 다국적군 지원사령부(CJTF-OIR: Combined joint TF-Operation Inherent Reslove)에는 각각 2019년 12월과 2022년 8월부터 이라크 및 시리아 내전 등의 상황에 대한 협조 차원에서 파병하고 있다.[60)]

2. 해외파병 활동

국군은 헌법 제5조 제1항(대한민국은 국제평화의 유지에 노력하고 침략적 전쟁을 부인한다) 및 제60조 제2항(국회는 선전포고, 국군의 외국에의 파견 또는 외국군대의 대한민국 영역 안에서의 주류(駐留)에 대한 동의권을 가진다)을 근거로 하여 유엔 안보리 결의안과 국회동의안에 따라 지구촌 곳곳의 분쟁지역에서 평화유지활동을 수행하고 있다. 이는 국가방위 목표 중의 하나인 지역의 안정과 세계평화에 기여하기 위한 것으로 국제평화활동도 그 주요 활동의 하나이기 때문이다. 이는 홍익인간(弘益人間)의 정신을 구현하고 6·25 전쟁 당시 참전했던 국제사회에 보은하는 것이며, 유사시 자력으로 해결하지 못할 경우 지원을 받게 된다면 긍정적 여건을 미리 마련하는 것이기도 하다. 해외 파병은 크게 부대파병과 개인파병으로 구분된다.

가. 부대파병[61)]

대한민국이 부대 단위로 해외에 파병을 시작한 것은 1965~1973년의 베트남전 국군 파병이다. 미국의 베트남전쟁을 지원하기 위해 미국의 요청에 응한 것으

---

60) “다국적군 개인파병 현황,” 『국방부』, https://www.mnd.go.kr/user/boardList.action?boardId=O_230228&siteId=mnd&id=mnd_010903030000(검색일: 2025.1.31.)

61) 이흥주, 『한국군의 해외파병활동』(서울: 국방부 군사편찬연구소, 2016)을 참고

로 주월한국군사령부가 창설되어 고유의 작전지휘권을 가지고 한미연합작전을 성공적으로 전개한 특징이 있다. 그 후 부대파병 활동의 공백이 이어지다가 1990년대 이후 다국적군 부대파병과 유엔 평화유지활동 부대파병 혹은 국방협력 차원 부대파병 등 3가지 부류로 이뤄져 왔다.

〈표 19〉 국군의 해외 부대파병 역사[63]

지역	파견부대	유엔안보리 결의[62]	국회 동의안
걸프전	국군의료지원단	제660~678호	사우디아라비아왕국에 대한 한국군 의료지원단 파견 동의안('91.1.21.)
	공군수송단		한국공군수송단 걸프지역 파견동의안('91.2.7.)
소말리아	상록수부대	제794호 ('92.12.3.)	한국공병부대의 소말리아 유엔평화 유지단 참여 동의안('93.5.18.)
서부 사하라	국군의료지원단	제690호 ('91.4.29.)	한국 의료부대의 서부사하라 유엔평화유지단 파견 동의안('94.7.14.)/ 이후 11차 연장 동의
앙골라	공병대대	제966호 ('94.2.8.	국군공병부대의 앙골라 유엔평화유지단 참여동의안('95.7.15.)/이후 1차 연장동의
동티모르	상록수부대	제1264호 ('99.9.15.)	국군부대의 동티모르 다국적군 파견 동의안('99.9.28.)/이후 3차 연장 동의
아프가니스탄	해군수송지원단 공군수송지원단 동의부대	제1368호 ('01.9.12.) 제1373호 ('01.9.28.) 제1378호 ('01.11.14.) 제1383호 ('01.12.6.)	국군부대의 대테러전쟁 파견 동의안('01.12.6.)/이후 5차 연장 동의
	다산부대		국군건설공병부대의 대테러전쟁 파견 동의안('03.1.22.)/이후 4차 연장 동의
	오쉬노부대	제1890호 ('09.10.8.)	국군부대의 아프가니스탄 파견 동의안('10.2.25.)/이후 2차 연장 동의

62) 유엔안전보장이사회 결의에 대한 구체적 내용은 https://main.un.org/securitycouncil/en/content/resolutions-0(검색일: 2025.2.7.)을 참조 바람.
63) "부대단위 평화유지활동," 『국방부』, https://www.mnd.go.kr/mbshome/mbs/mnd/subview.jsp?id=mnd_010902010000(검색일: 2025.2.1.)

이라크	서희 · 제마부대	제1483호 ('03.5.22.) 제1511호 ('03.10.16.) 제1546호 ('04.6.8.)	국군부대의 이라크전쟁 파견 동의안 ('03.4.2.)/이후 1차 연장 동의 국군부대의 이라크전쟁 추가파견 동의안 ('04.2.13.)/이후 4차 연장 동의
	자이툰부대		
레바논	동명부대 (임무중)	제1701호 ('06.8.11.)	국군부대의 유엔 레바논 평화유지군(UNIFIL) 파견 동의안 ('06.12.22.)/이후 14차 연장 동의
소말리아 해역	청해부대 (임무중)	제1838호 ('08.10.7.) 제1846호 ('08.12.2.) 제1851호 ('08.12.16.) 제1897호 ('09.11.25.)	국군부대의 소말리아 해역 파견 동의안 ('09.3.2.)/이후 13차 연장 동의
아이티	단비부대	제1908호 ('10.1.19.)	국군부대의 유엔아이티안정화임무단 (MINUSTAH) 파견 동의안('10.2.9.)/ 이후 2차 연장 동의
UAE	아크부대 (임무중)	·	국군부대의 아랍에미리트(UAE)군 교육훈련 지원등에 관한 파견 동의안('10.12.8.)/이후 10차 연장 동의
남수단	한빛부대 (임무중)	제1996호 ('11.7.8.)	국군부대의 유엔 남수단 임무단 (UNMISS) 파견 동의안('12.9.27.)/ 이후 9차 연장 동의
필리핀	아라우부대	·	국군부대의 필리핀 재해 복구 지원을 위한 파견 동의안('13 12.5.)

다국적군 부대파병 시작은 1990년 쿠웨이트를 점령한 이라크를 축출하기 위한 걸프전쟁을 미국이 주도하였고 이를 지원하기 위해 한국은 의료지원단과 공군수송단을 파병하였다.[64] 이후에도 2001년 미국이 9·11테러의 배후로 지목한 빈라덴 정권을 축출하기 위한 아프가니스탄전쟁을 개시하였고, 이에 한국은 해군 및

64) 조성주, 『국군걸프전파병사: 국군의료지원단과 공군수송단』(서울: 국방부 군사편찬연구소, 2013)을 참조

공군 수송지원단, 의료지원단인 동의부대, 민사반을 포함한 공병지원단인 다산부대를 지원하였으며[65], 2010년에는 아프가니스탄의 재건을 지원하는 오쉬노부대를 파병하였다. 2003년에는 미국이 주도한 이라크전쟁에 공병지원단으로 서희부대와 의료지원단으로 제마부대를 파병하였으며, 2004년에는 사단급인 자이툰부대를 파병하기도 했다. 2009년에는 소말리아 해역에 해군 청해부대를 파병하기 시작하여 현재까지도 다국적 해적 퇴치 활동에 참여하고 있다.

〈사진 19〉 다산부대 민사반 아프간파병 활동[66]

한편, 유엔 평화유지활동(PKO: Peacekeeping Operation)을 위한 대한민국의 해외 파병이 시작된 것은 1993년 아프리카의 소말리아에 공병부대가 파병하면서 시작되었다.[67] 이후 서부사하라에 의료지원단[68], 앙골라에 공병대대[69], 동티모르에 상록수부대[70], 레바논에 동명부대, 아이티에 단비부대, 남수단에 한빛

65) 박동순·이기훈, 『국군의 아프가니스탄 평화활동』(서울: 국방부 군사편찬연구소, 2016)을 참조

66) 2006년 11월경 한국군 민사팀장으로 미군, 아프간 현지인 등과 함께 판세르강 정찰 중인 필자(우측 첫 번째), 당시 민사장교 이○○ 대위가 촬영.

67) 곽병철, 『상록수부대 파병사』(서울: 국방부 군사편찬연구소, 2012)을 참조

68) 이종재, 『서부 사하라 국군의료지워난 유엔평화유지활동』(서울: 국방부 군사편찬연구소, 2018)을 참조

69) 김정기, 『한국군 공병부대 앙골라 PKO 파병사』(서울: 국방부 군사편찬연구소, 2021)을 참조

부대를 파병하였다. 그중 상록수부대는 파병 당시에는 다국적군으로 파병하였으나 파병 중 유엔 평화유지군으로 변경되었다. 레바논의 동명부대와 남수단에서 평화유지군으로 활동하는 한빛부대는 현재에도 임무수행 중에 있다.

국방협력 차원의 해외 부대파병으로는 아랍에미리트(UAE: United Arab Emirates)에 파병된 아크부대와 필리핀에 파병되었던 아라우부대를 들 수 있다. 유엔안전보장이사회 결의나 다국적군 구성도 없는 상태에서 해당 국가의 요청과 대한민국의 호응(국회파병동의안 통과)에 의해 이뤄진 파병이다. 아라우부대는 2013년 11월 8일 슈퍼태풍 하이옌으로 국토가 초토화된 필리핀 타클로반 지역 재건 지원을 필리핀에서 긴급 요청하여 이에 따라 신속하게 호응하여 인도적 지원차원에서 파병하였으며, 아크부대는 2010년 UAE가 원자력 발전사업을 한국과 체결하면서 당시 태권도를 포함한 대한민국 특전사령부 군사교육훈련에도 관심을 가지게 되었고, 훈련지원단 파견을 요청하여 이에 파병하기 시작하였으며 현재에도 왕성하게 활동 중이다.

2024년 12월 1일 기준 부대파병 총인원은 950명으로 유엔평화유지활동 중인 한빛부대와 동명부대가 545명, 다국적군으로 파병 중인 청해부대가 266명, 국방협력으로 파병 중인 아크부대가 139명이다.

나. 개인파병[71)]

2024년 12월 1일 기준 개인파병은 총 42명으로 유엔평화유지활동에 26명, 다국적군에 16명이 파병중에 있다. 전술한 한미 안보협력 차원에서 파병활동 중인 다국적군 파병 외에 유엔평화유지활동으로는 1994년 11월부터 인도·파키스탄 정전감시단에 6명이 1년 단위로 교대하며 30년 이상 정전감시 활동 중이다. 동명부대가 파병하면서 유엔레바논평화유지군(UNIFIL: United Nations Interim Force In Lebanon)에는 참모장교 4명이 2007년 1월부터 평화유지 활동을 하고 있으며, 서부사하라 선거감시단에는 2009년 7월부터 3명이 선거감시 활동을 하고 있다. 한빛부대가 파병된 2011년 7월부터는 유엔남수단임무단(UNMISS:

70) 최용호, 『한국군 동티모르 파병과 띠모르레스떼 탄생』(서울: 국방부 군사편찬연구소, 2018)을 참조

71) "해외파병 현황," 『합동참모본부』, https://www.jcs.mil.kr/mbshome/mbs/jcs2/subview. jsp?id=jcs2_030102010000(검색일: 2025.2.2.)을 참조

United Nations Mission In South Sudan)에도 옵서버 및 참모장교 10이 활동 중이다. 최근에는 2023년 12월부터 이스라엘 골란고원 임무단(UNDOF: United Nations Disengagement Observer Force)에 1명과 2024년 1월부터 이스라엘·레바논 정전감시단(UNTSO: United Nations Truce Supervision Organization)에 2명(2024년~)이 활동 중이다.

〈그림 36〉 해외 파병 현황(2024.12.1. 기준)[72]

유엔의 평화유지활동 임무가 종료되어 개인 파병되었던 한국군도 철수한 과거 활동 지역 임무단으로는 1990년대에 소말리아임무단-II, 그루지아정전감시단이 있었다. 2000년대에는 동티모르임무단, 사이프러스임무단, 아프간임무단, 라이베리아임무단, 부룬디임무단, 수단임무단, 네팔임무단, 레바논잠정군임무단, 수단다푸르임무단, 코트디부아르임무단, 아이티안정화임무단 등에도 파병하여 평화유지 활동을 전개하였다. 2019년부터 2024년까지는 예멘협정지원임무단(UNMHA: United Nations Mission to support the Hudaydah Agreement)에도 3명의

72) "해외파병 현황," 『합동참모본부』, https://www.jcs.mil.kr/mbshome/mbs/jcs2/subview. jsp?id=jcs2_030102010000(검색일: 2025.2.2.)

옵저버 장교들이 파병되었다.

3. 국방외교 협력

국방외교 협력의 목적은 평상시부터 국가방위를 위한 외교활동을 전개하는 것이다. 이를 위해 직급별 양자 및 다자 교류협력 활동을 전개하며 무관을 각국 주재 대사관에 파견하여 해당국 국방 인사들과 교류하고 국가방위에 필요한 정보를 수집한다.

가. 주요 양자 및 다자 국방협력[73)]

대한민국은 주변에 중국, 일본, 러시아 등 강대국들이 존재하며, 아세안과 같은 영향력이 큰 지역협력기구들도 존재한다. 그리고 최근에는 한미일 안보협력이 강화되고 있으며, 미국, 일본, 인도 및 호주가 참가하는 4개국 안보 회담인 쿼드(Quadrilateral Security Dialogue) 등에도 협력을 타진하고 있다.

양자 국방협력으로 일본과는 1994년부터 국방장관회담을 개최하고 있으며 2009년 제14차 회담에서 '한일 국방교류에 관한 의향서'를 체결하였다. 실무차원에서는 국방정책실무회의, 국방·외교(2+2) 안보정책협의회의 등을 통해 국방당국 간 상호 이해와 협력의 폭을 넓혀가고 있으며 육·해·공군과 일본 자위대 간 실무회의, 부대 간 교류, 사관생도 교환 방문, 군 유학생 교류 등 인적 교류도 활발하게 이루어지고 있다. 특히, 2016년 9월에는 한일 군사정보포괄보호협정(GSOMIA: General Security of Military Information Agreement)이 체결되어 그달 23일 발효되었다. 2019년 일본의 수출통제(화이트리스트에서 한국 삭제)로 중단되기도 했으나 2023년 한일정상회담으로 복구되었다. 2024년 11월 8일에도 양국 국방차관이 만나 북한의 핵미사일 위협과 북러간 군사렵력 강화에 대응하기 위한 국방 현안에 대해 논의 하였다.

---

73) 국방부, 『2012 국방백서』(2012), pp. 76-83; 국방부, 『국방백서 2022』(2023), pp. 174-196 등을 참조

〈사진 20〉 한일 국방 차관회의 장면[74)]

중국과는 2008년 5월 양국이 전략적 협력동반자 관계로 격상되면서 차관급 국방전략대화가 개최되었다. 2012년 2차 대화에서 '국방 교류협력 양해각서'를 체결하였으며 군수협력회의, 군별 회의, 해군함정 상호 방문, 체육부대 선수단 상호 방문, 군사 연구기관 및 교육기관 교류 등을 활발히 전개하고 있다. 2016년의 사드 배치와 2020년 이후 코로나 사태 등으로 인해 교류협력이 주춤했으나 2022년 6월 양 국방방관이 아시아안보회의(샹그릴라대화)에서 만나 공동 이익을 위해 실질적이고 호혜적인 협력을 강화할 필요성에 공감하고 상호 방문 추진과 차관급 국방전략대화를 포함한 국방부 및 각 군 간 교류를 활성화하기로 했다. 미중간 경쟁적 국제환경 속에서도 한중 국방협력은 상호 필요성을 인식하고 지속적인 협력을 이어가고 있다.

러시아와는 1990년 수교 이후 2012년 3월 핵안보정상회의 및 9월 블라디보스톡 정상회담 등을 통해 북핵문제 해결 협력을 논의하였다. 2019년에 합참 본부장급 회의, 합동군사위원회, 각 군 회의체 등 다양한 협의 채널을 통해 군사당국간 소통을 강화하였으며, 특히 러시아 지상군 사령관이 2019년에 방한하여 육군총장급 교류가 16년 만에 재개되었다. 2019년 7월 러시아 군용기의 독도 영공 침범에 대해 단호한 대응과 함께 재발방지 대책을 강력히 요구하였으며, 현재

74) https://www.yna.co.kr/view/MYH20241108023200641(검색일: 2025.2.2.)

KADIZ 진입에 따른 우발충돌 방지를 위해 직통망 설치 관련 협의를 지속하고 있다. 그러나 2022년 러시아가 우크라이나를 침공하면서 한러 국방협력은 사실상 중단된 상태이다. 한국은 우크라이나를 비살상무기 중심으로 간접 지원하고 있으며 북한이 러시아에 실 병력 약 11,000여 명을 파병하고 있어 당분간 한러 국방협력이 재개되기에는 어려울 것으로 보인다.

주변 강대국 외에도 아시아, 유럽, 호주, 카나다 및 중남미 여러 나라들과도 전방위적으로 방산 협력 등을 포함하여 국방·군사분야 교류협력을 확대 발전시키고 있다.

다자간 국방협력으로는 한미일 안보대화를 매년 실시하고 있으며 아세안 확대 국방장관회의, 아시아안보회의(샹그릴라대화) 등 역내 주요 다자안보회의체에 적극적으로 참여하여 한반도 평화정착을 위한 국제사회의 지지를 견인하고 있다. 대한민국이 주도하는 다자 국방협력 회의체로 매년 서울안보대화를 개최하고 있으며 2021년 4월에는 유엔 평화유지 장관회의를 외교부와 공동 개최하였다.

국방부가 참여하는 역내 주요 다자안보협의체(트랙1)로는 아세안 확대국방장관회의(ADMM-Plus: ASEAN Defense Minister's Meeting-Plus), 아세안 지역안보포럼(ARF: ASEAN Regional Forum), 동경방위포럼(TDF: Tokyo Defense)에 참가하고 있다. 국방부와 외교부, 민간 학자 등이 함께 참여하는 다자안보협의체(트랙1.5)로는 서울안보대화(SDD: Seoul Defense Dialogue), 아시아 안보회의(ASS: Asia Security Summit, 싱가포르 샹그릴라대화), 핼리팩스(카나다) 국제안보포럼(HISF: Halifax International Security Forum), 동북아 협력대화(NEACD: Northeast Asia Cooperation Dialogue), 세르파 미팅(샹그릴라대화 준비회의) 등에 참여하고 있다. 이외에도 2021년부터 역외 다자안보협의체인 뮌헨(독일)안보회의에 참석하여 다자협력의 외연을 확대해 나가고 있다.

나. 주요국 무관 파견 활동[75)]

국방부에서 파견하는 무관은 각국 주재 한국대사관의 공관장(대사)의 국방, 군

75) 왕종표, 『국방외교와 무관』(서울: 좋은 땅, 2019); 최선영, "국방외교의 재조명: 무관의 중요성과 운용 시스템 개선 방향에 관한 연구," 숙명여자대학교 대학원 석사학위논문(2021); 23-32; 지효근, "국방무관의 외교적 역할과 발전방안 연구: 레바논 주재 국방무관단 사례분석,"『국방정책연구』 제39권 3호(2023), pp. 195-218 등을 참조

사분야 업무를 보좌하는 임무를 수행하면서 국방외교의 주역으로 활동한다. 장군, 대령 혹은 중령급장교로 파견되며, 장군급이 파견되는 주요국에는 소령, 중령 계급으로 보좌관이 파견되기도 한다. 국가방위에 필요한 주재국의 국방 동향, 군사정보를 수집하여 무관 담당 부서에 보고하고 해당국가와 국방, 군사외교 교류 협력 활동을 추진한다.

재외공관 무관주재령에 따르면 무관은 국방부장관이 임명하며, 지휘감독은 주재공관장이 하나 군사에 관한 업무는 국방부장관이 외교부장관과 협의하여 정하는 사안은 국방부장관이 지휘감독한다. 복수의 무관을 두는 경우는 국방부장관이 임명하는 수석무관이 국방무관이 되며, 국방무관이 다른 무관을 지휘감독한다. 무관은 업무 상황을 다음 달 10일까지 해당 공관장에게 보고한 후 국방부장관에게 보고하며 긴급한 사항에 관하여는 수시로 공관장에게 보고한 후 국방부장관에게 보고한다.[76]

무관 통상 3년 단위로 교대하며 매년 8월 1일에 교대하는 것이 통례이다. 우수한 근무 성적을 발휘한 무관의 경우에는 1년 연장도 가능하며, 불성실한 근무시에는 조기에 소환되기도 한다. 모집 및 선발은 파견 1년 전 4~5월 사이에 공고되어 11월경 부부 동반 최종 면접 후에 선발하여 다음 해 파견 전까지 파견를 위한 교육과 준비를 한다.

대사급 외교관계가 수립된 주요 국가에 무관이 파견되어 있으며, 2021년 최선영의 연구[77]에 따르면 총 50개국으로 파악되었다. 미주·남미 7개국(미국, 캐나다, 멕시코, 브라질, 칠레, 콜롬비아, 페루), 유럽 16개국(영국, 독일, 프랑스, 이탈리아, 스페인, 벨기에, 스위스, 스웨덴, 폴란드, 헝가리, 아제르바이잔, 우크라이나, 우즈베키스탄, 카자흐스탄, 투르크메니스탄, 튀르키예), 아시아·오세아니아 13개국(태국, 말레이시아, 싱가포르, 필리핀, 베트남, 캄보디아, 미얀마, 라오스, 인도, 인도네시아, 파키스탄, 몽골, 호주), 중동·아프리카 11개국(사우디, UAE, 이라크, 이스라엘, 레바논, 이집트, 오만, 요르단, 남아공, 에티오피아, 우간다), 그리고 한반도 주변 3개국(중국, 일본, 러시아)이다. 2025년 예산에 루마니아 무

76) "재외공관 무관주재령," 『국가법령정보센터』, https://law.go.kr/(검색일: 2025. 2.2.)
77) 최선영, "국방외교의 재조명: 무관의 중요성과 운용 시스템 개선 방향에 관한 연구," 숙명여자대학교 대학원 석사학위논문(2021); 23-32.

관부 신설도 반영되는 등 방산협력 소요 증가 등으로 더욱 그 수는 향후 더 늘어날 것이다.

〈사진 21〉 레바논 국방무관(가운데) 활동사진[78]

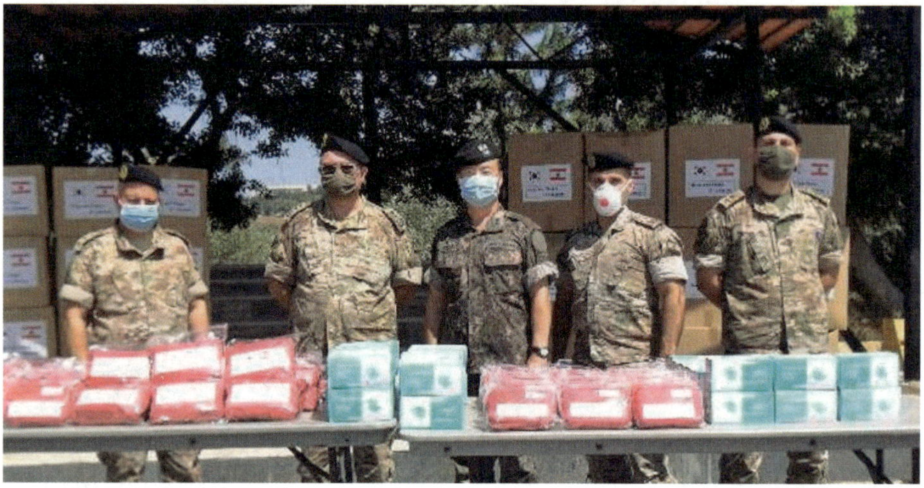

무관 1명만 파견되는 단수 무관 국가가 대부분이나 국방, 육군, 해군, 공군 무관 등 복수의 무관이 운용되는 국가도 10여 국이 존재한다. 강대국인 미국은 9명, 중국, 러시아, 일본에는 각각 4명, 유럽의 영국과 독일 및 튀르키예에 각각 2명, 중동의 UAE에 2명, 아시아의 인도와 인도네시아에 각각 2명씩 파견하고 있다.[79] 따라서 이를 계산하면 무관의 총수는 총 70여 명으로 추산된다. 연장 또는 조기 소환되는 경우가 있으나 3년 단위 교대를 고려하면 매년 20~30명 정도 선발하는 것으로 볼 수 있다.

무관은 국가방위를 위해 국방목표를 달성하는 데 기여할 수 있도록 외부의 위협을 감소시키고 주재국과 협력을 강화함으로써 유리한 여건을 조성하는 것이 주 임무이다. 국제정치가인 왈츠(Kenneth Waltz)는 국제사회가 세력균형을 위해 국가별로 군사력 강화, 경제발전 등으로 국력을 배양하는 내적균형(internal balancing)을 추구하면서 동시에 우호 국가와 협력을 증진하거나 우호 국가를

78) “국방부, 레바논 총사령부에 의료품 추가 지원,” 『연합뉴스』 (2020.8.21.), https://www.yna.co.kr/view/PYH20200821161000013(검색일: 2025.2.2.)

79) 지효근, “국방무관의 외교적 역할과 발전방안 연구: 레바논 주재 국방무관단 사례분석,” 『국방정책연구』 제39권 3호(2023), p. 203의 표 1.

늘려나감으로써 적국의 우호국을 약화하는 외적균형(external balancing)도 동시에 추구한다고 주장하였다.[80]

따라서 무관의 모든 활동은 이러한 외적균형을 위한 노력의 일환으로 귀결되며, 이런 차원에서 재외공관 무관주재령 시행규칙에는 주재무관의 임무로 다음 아홉 가지를 명시해 놓고 있다.[81]

1. 국방외교 및 국방교류협력에 관한 활동 및 이와 관련된 지원
2. 국가안전보장에 영향을 미치는 자료의 수집 · 보고
3. 방위산업물자의 수출입에 관한 지원
4. 주재국 및 주재국에 근무하는 다른 나라의 주재무관을 대상으로 하는 각종 홍보
5. 해외파병 관련 제반 업무 협조 및 지원
6. 주재국에 파견된 장병 지원과 군무원 및 국방부 산하기관 종사자에 대한 보호
7. 주재국에 파견된 연락장교 및 위탁교육생에 대한 관리
8. 재외공관장에 대한 군사업무에 관한 보좌
9. 그 밖에 국방부장관 또는 재외공관장으로부터 지시받은 사항

앞의 두 가지 사항이 가장 중요한 전통적 외적 균형을 위한 무관의 임무이며, 세 번째의 방산물자의 수출입에 관한 지원은 경제외교의 한 축으로 성장한 대한민국 방위산업의 성과와 무관하지 않다. 기존의 UAE, 튀르키예 등 중동 여러 나라에 대한 방산 협력에서 최근의 폴란드, 인도네시아 등 유럽, 아시아 등 다양한 국가로 확산되고 있는 것은 주재무관들의 적극적인 노력도 일조하고 있는 것으로 평가되고 있다.[82] 그 외에도 해외파병, 주재국 파견 장병과 국방 인사들의 지원, 재외공관장에 대한 군사업무 보좌 등을 볼 때 국방외교의 첨병으로 무관 활동의 중요성을 실감할 수 있다.

---

80) Kenneth Waltz, *Theory of International Politics*(Reading, Mass.: Addison-Wesley 1979), pp. 118-168.

81) "재외공관 무관주재령 시행규칙," 『국가법령정보센터』, https://law.go.kr/(검색일: 2025. 2.2.)

82) 국방과 기술 편집부, "방산수출 증진 위한 2019년 후반기 소집무관 방산수출간담회 개최," 『국방과 기술』제489호(2019), pp. 14-15.

제5절 군비통제

군비통제는 국방협력과는 달리 대한민국 국가방위의 직접적 위협인 북한과의 협력을 통해 전쟁의 발발 가능성을 최대한 낮추는 활동이다. 군비통제는 안보딜레마와 핵 군비경쟁의 함정을 극복하기 미소 냉전체제에서 대화와 협상을 통해 1991년 7월 31일 전략무기감축협정(START: Strategic Arms Reduction Treaty)[83]을 타결한 것처럼 남북한 쌍방이 신뢰를 구축하는 데에서부터 시작한다. 신뢰구축조치(CBM: Confidence Building Measures)을 바탕으로 운용적 군비통제((operational arms control)와 구조적 군비통제(structural arms control)를 통해 평화통일을 지향해 나가는 군사통합으로 이어질 수 있다.

남북한은 탈냉전기 이후인 1991년 남북기본합의서가 체결되면서 군사당국자간 분과위원회 회담이 시작되었고 2000년대에는 장성급회담 등으로 이어졌다. 이를 통해 신뢰구축조치와 운용적 군비통제 단계까지 진전시켰으나 2010년대 이후부터 북한의 천안함·연평도 도발과 핵미사일 개발로 난관에 봉착하였다. 2018년 판문점선언에 따른 9월 19일 남북한 군사분야 합의서(9·19 남북군사분야합의서)가 체결되어 비무장지대 내 경계초소(GP: Guard Post)를 남북한이 각각 10개씩 폭파시켜 해체하는 등 시범적으로 구조적 군비통제를 시도하기도 했다. 그러나 북한의 비핵화에 진전이 없는 상태에서 2023년 11월 23일 북한이 남북군사합의 파기를 선언하였고 대한민국도 2024년 6월 4일 효력을 정지시키고 해체된 GP를 복원하고 있다.

그러나 남북한 군비통제는 국가방위를 위한 남북한의 군사적 균형과 긴장해소를 통해 상호 불가침을 확보하고, 궁극적으로 헌법이 부여하고 있는 국군의 사명인 평화통일을 지향해 나가는 중요한 방법이므로 끊임없이 준비하고 전략적으로 추진해 나가야 한다.

---

83) 이때 체결된 START I을 통해 양측이 전략무기 발사체를 1,600기로, 핵탄두를 최대 6,000개로 제한함으로써 양적 균형을 달성하는 데 성공하였으며 이후 START- II, SORT, New START 협상으로 이어졌다. 알렉산드로바 에카테리나, "탈냉전 전략 핵무기 감축을 둘러싼 미·러 협력의 동인에 관한 연구: START I, START II, SORT, NEW START의 사례를 중심으로," 서울대학교 대학원 석사학위논문(2024), pp. 11-58을 참조 바람.

1. 신뢰구축

군사적 신뢰구축은 '선언적 조치, 군사력 보유, 훈련, 기동, 행위 등을 공개하여 투명하게 만들고 예측을 가능하게 함으로써 상호 전쟁하려고 하는 의도를 약화시키거나 제거하도록 하는 것'이다. 국가들 간에 상호 군사안보위협에 대한 오해(misunderstanding)와 오인(misconception), 두려움(fear)을 해소하기 위한 것으로, 예를 들면 핫라인 등 상호 통신채널의 확립 및 활성화, 주요 부대훈련 및 기동에 대한 사전 통보, 훈련의 제한, 군사정보의 교환 등이다.[84]

1990년대까지 북한은 군비축소에 기초한 구조적 군비통제로 바로 직행하는 것을 선호했으나, 대한민국은 군사적 신뢰구축에서 출발하여 단계를 밟아가면서 하나하나 실천하는 것을 중요시하였다. 당시 대한민국이 제안한 신뢰구축조치로는 상호 비방중시, 군인사 상호교류, 군사정보 공개, 국방장관 간의 직통전화 설치, 군사훈련의 통보와 참관 등을 제안하였다. 군사적 신뢰구축을 위해서는 우선하여 정치적 신뢰구축이 선행되어야 가능하며 군사적 신뢰구축이 바탕이 되어야 군비통제 혹은 군비축소가 가능하다는 입장이었다.

그러나 북한은 신뢰조성이라는 용어를 사용하였으며 이를 위해 외국군대와 연합군사훈련 금지, 사단급 이상 군사훈련, 군사분계선일대 군사훈련 금지, 군사훈련 사전 통보, 고위 군사당국자 간 직통전화 설치, 비무장지대의 평화지대화 등을 제시하였다. 실상 군사훈련의 중단은 운용적 군비통제의 일환으로 분류되기 때문에 신뢰구축조치를 운용적 군비통제에 포함하기도 한다.[85]

2000년대에는 제1차 남북남북정상회담에 이은 남북국방장관회담, 남북장성급회담, 남북군사실무회담 등을 통해 주로 남북교류협력을 지원하기 위한 군사적 조치를 하는 데에 초점을 맞췄다. 동·서해 남북관리구역의 설치와 상호 연락 수단 가동, 개성공단 및 금강산 육로 관광을 위한 비무장지대 통과의 군사적 보장 등이 주요 의제였다. 이러한 교류협력에 대한 군사적 보장은 남북한 군사적 긴장

84) 김갑식 외, 『한반도 비핵/평화 프로세스와 남북한 군비통제 추진전략』(세종: 경제·인문사회연구회, 2018), p. 11.

85) 군비통제의 분류를 참여국 수에 따라 일방적, 쌍무적, 다자간 군비통제로, 통제대상에 따라 재래식, 핵 군비통제로, 규제기법에 따라 운용적, 구조적 군비통제로 분류하면서 신뢰구축조치를 운용적 군비통제에 포함하여 설명하고 있다. 현용해, "한반도 평화체제 구축과 군비통제 정책," 차영구·황병무 편, 『국방정책의 이론과 실제』(서울: 오름, 2002), p. 337.

을 완화하고 신뢰를 쌓는 것이고, 구조적으로도 비무장지대의 일부 구간을 교통 통로로 변경하고 배치되었던 부대를 후방으로 조정하는 등의 운용적, 구조적 군비통제 결과를 동반하였다. 즉, 신뢰구축조치가 별도로 있다기보다는 긴장완화, 교류협력, 정치적 화해 등의 일련의 평화를 증진하는 조치들이 상승효과를 가져온다고 볼 수 있다.

신뢰구축조치의 가장 실질적인 남북간 합의는 2004년 6월 4일 남북장성급회담에서 합의한 '서해해상에서 우발적 충돌 방지와 군사분계선 지역에서의 선전활동 중지 및 선전수단 제거에 관한 합의(6·4 합의)'라고 평가된다. 서해해상 즉, 서해 5도가 위치한 주변 해역은 정전협정 당시 특정한 분계선이나 경계선이 합의되지 않았던 곳으로 실질적 해군력에 의해 유엔군이 통제하던 상태였으며 북방한계선(NLL: Northern Limit Line)은 유엔 해군의 북상 한계를 유엔군사령관이 정해놓은 선이다.[86] 휴전 이후 북한은 별도의 경계선들을 그 남쪽에 설정하면서 남북간의 무력충돌이 빈번히 발생하고 있는 일어나고 있어 긴장완화와 신뢰구축을 위해서는 우발적인 군사적 충돌을 방지하는 것이 필수적이다.

〈사진 22〉 제2차 남북장성급회담 중 이동 장면[87]

86) 북방한계선(NLL)의 기원에 대한 자세한 내용은 이상철, 『NLL 북방한계선』(서울: 선인, 2012), pp. 65-116을 참고 바람.

87) 2004년 6월 3일 설악산 켄싱턴호텔에서 열린 제2차 남북장성급회담에서 1일차 오전회의를 마치고 오찬장으로 이동하는 남측 수석대표 박정화 제독(우측)과 북측 단장 안익산 소장(좌측)의 담화하는 장면, 안익산은 6·4합의서를 체결한 이후 사라졌다가 2018년 6월 14일 제8차 남북장성급회담에서 중장 계급의 단장으로 복귀하여 파기되었던 6·4합의서 조항을 복구하는 등 9·19군사분야합의서 체결에 주요 역할을 담당하였다. 김정범·박선영, "9번 열린 남북 장성급 회담 논의와 성과," 『매일경제』(2018.8.2.), https://n.ne ws.naver.com/mnews /article/009/0004194953(검색일: 2025.2.5.)

그러나 북한은 2008년 5월 북측이 남측의 호출에 응답하지 않은 이후 중단되어 6·4합의서의 서해해상에서 우발충돌 방지 기능이 중단되었고, 천안함 폭침 이후 2010년 5월 27일 북한은 총참모부 중대통보문을 통해 '조선 서해상에서 우발적 충돌방지를 위하여 체결하였던 쌍방 합의를 완전히 무효화할 것"을 선언하였다. 그러나 군사분계선 지역의 비방중지와 선전수단 제거 합의는 파기를 선언하지 않았다.

군사분계선 지역에서 확성기에 의한 상호비방은 서로 상대방의 전선지역 군부대와 민통선 인근의 마을까지 긴장의 일상화를 강요해온 도구였다. 특히, 북한은 김정은 독재체제에 대한 남측의 비방이 강화되면 정권에 치명적 타격을 줄 것으로 예상하므로 민감하게 반응하고 있다. 2024년에는 북한에 대한 체제 비방이 담긴 전단 살포를 민간뿐만 아니라 일부 심리전 부대에서도 실시한 것으로 보도되었다.[88] 심리전은 군사적 정보작전의 일종이라는 점을 인식할 필요가 있다. 정부가 바뀐다고 하더라도 전쟁이 아니라면 군사작전이 국내정치의 수단이 되어서는 안 된다.

2. 운용적 군비통제

군사적 신뢰구축조치를 바탕으로 하는 운용적 군비통제는 군사력의 배치와 운용을 통제하여 투명성을 제고하고 상호확인 및 감시를 통해 기습공격과 전쟁 발발의 위험성을 감소시키고 전쟁을 방지하기 위한 군비통제의 형태이다. 상호간의 전쟁규칙 마련, 위기시 대화 수단으로 통신 및 행정협정의 마련 등의 방법이 포함되며 정보교환, 상호 통신 및 방문, 부대훈련과 기동의 사전통보, 특정 부대규모 이상의 훈련 제한 등을 들 수 있다.[89]

9·19군사합의 직전 당시 정의용 안보실장은 남북한 군당국이 운용적 군비통제를 시도하고 있다고 밝힌 바 있다. 보도자료에 따르면 '남북관계에 있어 1단계인 군사적 신뢰구축 방안은 군사회담 등 군 인사 교류, 훈련 통보와 참관, 직통전화

88) 양지호, "국군 심리전단, 김용현 취임 후 대북전단 집중 살포," 『조선일보』(2025.1.2.), https://www.chosun.com/politics/diplomacy-defense/2025/01/01/4FZSANHH2RDFVBEGADHEQK3AK4/(검색일: 2025.2.4.)

89) 현용해, "한반도 평화체제 구축과 군비통제 정책," 차영구·황병무 편, 『국방정책의 이론과 실제』(서울: 오름, 2002), p. 337.

개설이 포함되며 2단계인 운용적 군비통제 단계에서는 군사적 위협 강도를 낮추기 위해 비무장지대(DMZ) 경비초소(GP) 철수, 군사분계선 인근에 배치된 각종 중화기 후방 철수를 하며, 마지막 단계인 구조적 군비통제 단계에서는 상호 병력 감축, 군사시설 해체, 탄도미사일 등 무기 폐기 등 을 한 후 상호 검증'[90]을 하는 것으로 설명하였다.

따라서 9·19 군사합의에 주요 합의사항인 제1항의 지상, 해상, 공중에서의 상대방에 대한 적대행위 전면 중지, 제2항의 비무장지대 평화지대화를 위한 군사적 대책 강구, 제3항의 북방한계선 일대 군사적 충돌방지은 핵심적인 운용적 군비통제 사항으로 볼 수 있다. 특히, 군사분계선 일대에서 상대방을 겨냥한 각종 군사연습의 중지, 비행금지구역의 설정, 우발적 충돌을 방지하기 위한 경고사격 절차 보강, 비무장지대 안의 감시초소(GP) 시범적 철수, 6·4 합의 복원 및 어로활동 보장위한 군사적 대책 강구 등을 구체적으로 지역, 상황에 따른 방법까지 명시함으로써 실효성을 강화한 특징이 있다. 합의 이후에도 추진상황을 점검하면서 확인하였으며 〈표 20〉은 2022년 1월 4일 기준 이행현황이다.

〈표 20〉 9·19 군사합의 이행 현황[91]

구 분	내 용
① 상호 적대행위 전면 중지	• 지상 : 남북 모두 완충구역 내(MDL 기준 각각 5km) 포병사격과 연대급 이상 야외기동훈련 전면 중지(북한군은 과거 MDL 5Km 이내에서 포병사격 및 야외기동훈련을 했으나 9·19 군사합의 이후에는 일체 하지 않음, 우리 군은 포병사격진지·표적지를 MDL 5Km 외곽으로 전환) • 해상 : 완충구역 내 남북 모두 함포·해안포의 포구·포신 덮개 설치, 포문 폐쇄 • 공중 : 설정된 비행금지구역 내 남북간 사전 통보되지 않은 비행 일체 없음
② 판문점 공동경비구역 (JSA)	• 남 · 북 · 유엔사 3자 협의체 구성 · 운영 • 2018년 10월 27일부로 JSA 내 지뢰제거, 초소·화기 철수와 인원 조정, 공동 현장검증 등 JSA 비무장화 조치 완료

90) 이석종, "정의용 안보실장 남북 군 당국 운용적 군비통제 시도 중," 『아시아투데이』 (2018.9.13.), https://www.asiatoday.co.kr/kn/view.php?key=20180913010008129 (검색일: 2025.2.4.)

91) "9·19 남북군사합의," 『대한민국 정책브리핑』, https://www.korea.kr/special/policyCurationView.do?newsId=148865808(검색일: 2025.2.4.)의 내용을 표로 정리

비무장화	• 남 · 북 · 유엔사 3자는 정전협정 체결(1953.7.27.) 이후 최초로 현장공동 검증(2018.10.26~27.)을 통해 상호 지하시설을 포함한 모든 초소와 시설물 완전 개방하고 직접 현장 검증 • JSA 내 감시장비 조정·재배치와 영상정보 공유시스템 구축해 상호 투명성 제고 • 2019년 5월 1일부터 우선 JSA 남측지역 견학 재개(2021.7.8. 기준 31,000여 명의 내·외국인 방문) • 향후 남·북·유엔사 3자는 '공동근무 및 운영규칙' 최종 합의, 민간 관광객들의 JSA 내 남북간 자유왕래 추진(예정)
③ 비무장지대 내 상호 GP 시범철수	• 2018년 12월 12일부로 상호 1km 이내 거리에서 마주보고 있는 GP 22개에 대한 화기·장비 및 인원 철수, 폭파 및 시설물 철거, 상호 현장 공동검증 등 시범적 철수 완료 • DMZ 내 상호 GP 시범철수 조치와 연계해 고성, 철원, 파주 구간 및 DMZ 외측 강화, 김포, 고양, 화천, 양구에 대해 'DMZ 평화의 길'을 개방(2021. 12.26. 기준 15,000여 명의 관광객들이 DMZ 일대에서 직접 평화체험)
④ 화살머리 고지일대 남북공동 유해발굴 추진	• 2018년 12월 7일 부로 철원군 화살머리고지일대의 지뢰·폭발물 제거, MDL 관통도로 개설 등을 통해 남북공동유해발굴을 위한 여건조성 작업 완료 • 남북도로 개설을 위해 우리측은 1.7Km, 북측은 1.3Km의 비무장지대를 관통하는 도로개설 작업 실시 • 2018년 4월 1일부터 2021년 6월 24일까지 DMZ 화살머리고지 우리측 지역의 유해발굴을 진행, 3,092 점의 유해(잠정 유해 424구)와 10만1,816 점의 유품을 발굴 • 화살머리고지 국군전사자 유해 중 9명의 신원을 확인('19년 3명, '20년 6명), 유해봉안·안장식 거행(DMZ 내 미수습 국군 전사자 유해 1만여 구로 추정) • 2021년 9월 1일부터 DMZ 백마고지 우리측 지역에 대한 유해발굴을 개시, 2021년 11월까지 총 37점(잠정유해 22구)의 유해와 8,262점의 유품을 발굴, 2022년에도 DMZ 백마고지 유해발굴 지속 예정
⑤ 한강하구 공동이용	• 한강하구 남북공동수로조사(2018.11.5.~12.9.) 완료 (암초 21개 발견 등 총 660km 수로측량구간 제반 정보 확인) • 남북공동수로조사를 바탕으로 제작한 한강하구 해도를 북측과 공유하고 민간선박 자유항행 여건 마련 (우리측 지역에서 한강하구 시범항행 (2019.04.01.), '평화의 배 띄우기' 행사(2019.7.27.) 등 시범항행 6회 실시)

이러한 다소 과감한 조치들이 국민적 공감대를 광범위하게 확보하지 못하고 정치적 결정으로 밀실에서 소수에 의해 합의되었다는 비판과 함께 정부가 교체되면서 전면 중지된 것은 안타까운 점이다. 합의 체결과정에서 나타난 의견수렴, 홍보 부족이라는 단점을 극복하기 위해서는 정부의 교체와 관계없이 군비통제 정책을 지속적으로 전개해 나갈 수 있는 조직의 재건이 필요하다. 예를 들면 남북군사공동위원회 구성 · 운영을 합의하고도 가동하지 못한 것도 사전 준비 부족에 기인한 것으로 평가된다. 2018년 10월 26일 장성급군사회담에서 1992년 5월 남북간 합의된 '남북군사공동위원회 구성·운영에 관한 합의서'를 준용해 남북군사공동위원회 구성 · 운영안을 마련하기로 하였으나 문서교환방식으로만 협의하다 2022년 정부가 바뀌면서 대북정책 기조가 바뀌면서 중단되고 말았다.

3. 구조적 군비통제

대한민국은 한미상호방위조약에 의해 구조적 군비통제는 실질적인 병력과 무기체계에 제한을 가하는 방법으로 크게 군사력 건설, 획득, 동원의 제한, 특정 지역에서 특정 무기의 사용 제한, 무기의 생산이나 이전에 대한 규제 등이 포함된다.[92] 북한은 구조적 군비통제와 유사한 의미로 사용되는 군비축소라는 용어를 사용하며 주한미군 철수와 핵무기를 포함한 군비축소를 일관되게 주장해 오고 있다.

국방비를 줄인다는 뜻으로 줄여서 '군축'이라고 줄여 쓰기도 하며 신무기 개발 사업이나 무기 개량 사업 등의 개발 사업부터 무기 도입 및 입대 인원 축소, 기존의 무기 퇴역 등 군의 규모를 줄이는 것이 포함된다. 일방적 군축은 스스로 국방태세의 불안정을 초래하므로 군비경쟁이라는 제로섬 게임을 벗어나려면 상호 군비축소를 통해 위협을 서로 위협을 감소시켜야 한다. 군비는 국방비를 의미하며, 군축은 국방비의 투입을 줄임으로써 궁극적으로 병력과 무기의 감소로 이어져 상호 전력과 위협을 동시에 약화시키는 긍정적 양면 게임이다. 군축의 단점은 어느 일방은 약속을 잘 지키고 있는데 다른 일방이 합의를 어겼을 경우 치명적 위협에 노출될 수 있으므로 일방적 전력 우위를 차지하려고 배반의 유혹에 손을 잡는 죄수의 딜레마 상황에 놓이게 된다.

---

92) 현용해, "한반도 평화체제 구축과 군비통제 정책," 차영구·황병무 편, 『국방정책의 이론과 실제』(서울: 오름, 2002), p. 338.

따라서 구조적 군비통제는 군비축소와 마찬가지로 병력과 무기의 상호 감축과 같은 이상적 상태를 지향하지만 실제로 합의에 이르기에는 난관이 많다. 그리고 상호 철저한 검증을 거치면서 확인해 나가는 것을 추구하지만 검증과정에서 신뢰할 수 없는 작은 단서가 발견된다면 상호 배반했다고 주장하며 합의 이전보다 더 강한 대결 국면으로 전개될 수 있다. 다만, 여건이 성사될 때 남북한의 병력 규모와 무기 수(질적 능력을 배제)면에서는 북한이 월등하다는 점에서 구조적 군비통제 혹은 군비축소를 동수 개념으로 북한에 제의하고 북한의 수용을 요구함으로써 상대적 유리점을 확보할 수 있다는 점에 착안할 필요가 있다.

남북한의 경우 북한은 구조적 군비통제 즉, 군비축소의 핵심 대상에 주한미군을 포함하고 감축과 궁극적 완전철수를 주장해 왔다. 특히, 탈냉전 이전까지 주한미군은 남측에 존재하고 있는 무력의 일부분이며 북측을 위협하는 군사력의 핵심인 만큼 완전철수해야 한다고 주장했다. 그런데 현재의 북한은 주한미군 철수를 강하게 주장하지는 않고 있으나, 일종의 협상의 수단인 동시에 오히려 남측을 통제할 수 있는 기재로 인식하고 있는 것으로 보인다.

다만, 2016년 4차 핵실험을 하고 5차 핵실험을 준비하는 시기인 7월에 발표에서 북한은 미국과 동등한 핵군축을 요구하면서 핵자산을 운용하는 주한미군 기지도 검증을 받아야 한다고 주장하였다. 궁극적으로는 대북 핵위협과 한국에 핵우산을 제공하는 기지이자 '남조선에서 핵사용권을 쥐고있는 미군의 철수를 선포'해야 한다고 발표하였다.[93] 북한의 주장은 미국을 포함한 국제사회가 북한의 핵시설 사찰과 검증을 요구한다면 응당 주한미군기지에 존재할 것이라고 북한이 주장하는 핵시설들에 대한 검증을 쌍방간 같은 기준으로 실시해야 한다는 것으로 핵군축에 대한 상호검증을 위해 주한미군기지를 포함해야 한다고 주장하는 것이다.

이 같은 맥락에서 북한이 다시 미북협상에 임한다면 핵동결(핵무기 추가생산을 중단)을 조건으로 확장억제 폐기와 주한미군 철수 등을 미국에 요구하면서 나아가 〈표 21〉에서 보듯이 미북간의 핵군축 및 상호 핵무기 불사용을 공약하자고 제

93) 당시 정부대변인 성명으로 2016년 7월 6일 발표에서 북한은 한반도 비핵화를 위한 5개항으로, ①남한 내 핵무기 공개, ②남한 내 모든 핵기지 철폐와 검증, ③미국 핵타격 수단의 한반도 전개 중단, ④대북 핵 불사용 확약, ⑤미군철수 선포를 요구했었다. 정성윤·백승준·이중구, 『2025년 북핵 쟁점: 군축·군비통제 담론 대응중심으로』(서울: 통일연구원, 2024), p. 111.

안하고 주한미군철수 혹은 상호 사찰을 요구할 가능성이 있다.

〈표 21〉 북한의 군축 주장 사례와 예상[94]

구분	병력감축	무기감축	핵위협 감축	군축 검증
1950 년대	• 외국군 동시 철수 (1953) • 병력 10만 이하 감축(1954) • 일방적 병력 감축 (1956)	• 병력감축분 장비 축소 (1956)		
1980 년대	• 단계적 남북군축 (1987)	• WMD공격 능력 제거 (1988) • 무기개발 중지(1990)		• 중감위 검증 (1987) • 남북상호 시찰 (1990)
1990 년대			• 남북 한반도비핵화 공동선언 합의(1992)	• 남북 핵통제 공동위 검증
2000 년대	• 주한미군철수 (2016)		• 비핵화회담(2005) • 주한 미국핵무기 공개 (2016) • 주한 미국핵무기/ 기지 철폐(2016) • 미전략자산 전개 중단보장 (2016) • 대북 핵불사용 공약 (2016)	• 주한미군 핵무기/기지 철폐를 세계 앞에 검증 (2016)
향후 (예상)	• 주한미군철수	• 남북 첨단 무기 개발 중단	• 전략자산 전개 중단 • 핵동결 혹은 미북 핵군축 /상호 불사용 공약	• 미북 상호 사찰 (주한미군기지 포함)

2023년 연말부터는 북한이 실질적 핵보유국 지위를 활용하여 두 가지 차원에서 새롭게 대남전략을 구사하고 있다는 점에서 미국과 핵군축 협상 시도는 새로운 국면을 맞을 가능성을 내포하고 있다. 먼저 탈민족적 대남 접근을 하고 있다. 북한은 남한을 더 이상 동족이 아닌 적대 국가로 취급하겠다고 공언했으며, 적대

94) 정성윤·백승준·이중구, 같은 책, p. 113과 126의 표를 참조 필자 정리

관계인 남한과는 정전 상황이지만 엄연한 전시 상태라며 남북관계를 평가했다. 표면적으로는 통일을 배제한 건조한 국가 대 국가의 정전 상태 관계로 재설정 한 것이다. 그리고 북한이 핵무기를 방어적 억제를 넘어 제2의 사명으로 전쟁의 수단으로 사용할 수 있다는 점을 강조하면서 묵시적 최후통첩(tacit ultimatum)을 해 놓고 있다는 점이다. 조건을 달긴 했으나 기회가 되면 핵무력을 활용해 남한을 정복하겠다는 의지를 천명한 것이다. 통일해야 할 동족 국가가 아니기에 '대한민국'에 대한 핵무기를 사용하는 것에 구애를 받지 않겠다는 협박을 한 것으로 평가된다.95)

따라서 현재는 북한이 철저히 동족으로서 대한민국을 배제한 미북협상을 시도할 수 있으며, 한반도에서 구조적 군비통제는 병력과 재래식 무기가 아니라 핵군축으로 집중될 것이라는 데 유의해야 한다. 대한민국의 자체 핵무장과 일본, 대만으로 이어지는 연쇄 핵확산을 우려하는 미국과 북한, 심지어 중국과 러시아의 이해관계가 일치한다는 점에서 한국은 중요한 선택의 순간에 와있다. 남북간의 군비통제는 미국, 중국, 일본, 러시아 등 주변 강국으로부터의 군사적 영향력을 배제한 채 북한과의 군사적 균형만을 생각해서는 안 되며, 이를 배제한 채 쌍방만의 구조적 군비통제, 핵을 포함한 군비축소를 협상해서 타결하기는 거의 불가능하기 때문이다.

미국을 설득하여 지역적으로 핵을 가진 북한, 중국, 러시아의 협력 대비 미국의 핵우산에만 의존하는 한국과 일본, 대만은 현저히 핵불균형 상태라는 점을 들어 과감하게 자체 핵무장의 길을 가던지, 최소한 북한의 비핵화를 다시 한 번 추동할 수 있어야 한다.

95) 정성윤·백승준·이중구, 『2025년 북핵 쟁점: 군축·군비통제 담론 대응중심으로』(서울: 통일연구원, 2024), p. 25.

제4장

국가방위의 미래

제1절 국방혁신

제2절 미래를 준비하는 선구자적 자세

제1절 국방혁신[1]

2006년 국방개혁에 관한 법률이 공표된 후 이후 매 정부는 이 국방개혁법을 근거로 국방개혁을 추진해오고 있다. 국방개혁에 관한 명칭은 국방개혁 2020, 국방개혁2.0, 국방혁신4.0 등 정부별 특성에 따라 다양하게 부여되었다. 최근에는 국방개혁보다 국방혁신이란 용어를 사용하면서 국방혁신4.0의 시대를 열고 있다. 법률적으로는 '국방개혁에 관한 법률'에 근거를 두되 4차산업혁명의 첨단과학기술 발전을 고려한 혁신차원의 성격이 강조해서 표현하고 있는 것으로 볼 수 있다.

따라서 본 절에서는 대한민국 국가방위의 미래를 준비해온 국방개혁과 국방혁신의 개념과 역대 정부별 추진 내용을 살펴보고 앞으로 어떻게 추진할 것인가에 대한 향후 추진방향을 살펴보았다.

1. 국방개혁과 국방혁신 개념

가. 국방개혁

먼저 개혁에 관한 용어로 개혁과 비교하는 관점에서 언급되는 유사한 용어로는 혁신, 변혁, 혁명 등이 있다. 사전적 의미로 혁신은 "묵은 풍습, 관습, 조직, 방법 따위를 완전히 바꾸어서 새롭게 함", 변혁은 "급격하게 바꾸어 아주 달라지게 함", 혁명은 "합법의 범위를 벗어나 국가기초, 사회제도, 경제제도, 조직 따위를 근본적으로 고치는 일"로 정의되며, 개혁은 "정치·사회상의 구체제를 합법적·점진적 절차를 밟아 고쳐 나가는 과정으로 사회제도 및 정치체제의 본질적 요소는 유지하면서 일부분만을 사회의 발전에 적합하도록 변혁시키는 것"으로 그 의미를 제시하고 있다.[2] 용어 간의 관계를 비교하여 나타낸 예로 변화의 정도를 기준으로 혁명 > 개혁 > 혁신, 변화의 크기 및 강도에 따라 혁명 > 변혁 > 개혁 순으로 구분하여 제시하기도 한다.[3]

---

1) 이 부분은 마상현 교수가 집필을 담당하였으며, 필자가 일부 보완하였음.
2) 혁신, 변혁, 혁명은 『표준국어대사전』, 개혁은 『doopedia 두산백과』에서 제시하는 단어의 의미를 기준으로 제시하였다.
3) 임길섭 외, 『국방정책 개론』(서울: 한국국방연구원, 2020), pp. 492-493.

미군은 1993년부터 Revolution in Military Affairs(군사혁신)라는 용어를 일반적으로 사용했으며 미 육군은 Transformation(변환)이라는 용어를 선호했다. 이유는 군사혁신이 군사변혁보다 거창하게 들릴 수 있어 반대집단의 저항을 불러 일으킬 수 있고 군사혁신은 군사변혁보다 기술에 중점을 둔 것이라고 판단했기 때문이었다.[4] 미군은 변혁을 개혁보다는 변화의 속도와 범위가 큰 것으로 분류하고 있다. 또한 특정한 조직이 외양으로 달라진 것 같아도 본질적 측면이 달라지지 않는 것은 1차적 변화(first-order change)로, 그 조직의 핵심적인 구성요소와 기능이 달라진 것은 2차적 변화(second-order change)로 구분하고 개혁은 1차적 변화를 일으키는 것으로, 변혁은 2차적 변화까지 일으키는 것으로 분류하였다.[5]

국방개혁에 관한 법률(3조)에서는 국방개혁에 대해 "정보·과학기술을 토대로 국군조직의 능률성 · 경제성 · 미래 지향성을 강화해 나가는 지속적인 과정으로서 전반적인 국방운영체제를 개선 · 발전시켜 나가는 것이다"라고 제시하고 있다. 이러한 정의는 현재 우리 군이 적용하고 있는 개념으로 국방개혁이 급속히 또는 근본적인 변화를 지향하고 있는 것 보다는 기존의 발전계획들을 더욱 체계적이고 종합적으로 수립하여 추진하는 장기기획 수준을 의미한다고 볼 수 있다.[6]

앞에서 살펴본 개혁의 의미를 전제로 국방개혁은 "국방 분야를 합법적 방식에 따라 발전적으로 변화시키되 통상적인 개선이나 발전보다는 변화의 수준(범위, 속도, 강도 등)을 크게 추진하는 것"으로 정의 할 수 있다.[7]

창군 이래 우리 군은 국방의 합동성과 효율성, 군사력의 현대화와 혁신을 위해 오랜 기간 국방개혁을 추진하였다. 첫 번째 시도로 국방부는 1967년 6월 제3차 중동전쟁에서 이스라엘의 군사적 성공에 자극받아 10명의 영관장교를 파견하여 한 달여에 걸친 현지 방문을 통해 교훈을 도출하고 이를 우리 군에 접목을 시도하였다. 이어 1969년부터 3년에 걸쳐 군 특명검열단을 통해 군 전반에 관한 6권

---

4) 정홍용, 『강군의 꿈』 (서울: 플래닛미디어, 2021), p. 25.
5) Leonard L. Lira, "To Change an Army: Understanding Defense Transformation," *A paper for presentation at the 2004 ISSS/ISAC Annual Conference*(8-30 Oct 2004), p. 13; 박휘락. 『정보화시대 국방개혁의 이론과 실제』 (서울: 법문사. 2008). pp. 125-126. 재인용
6) 박휘락, "최근 한국군 국방개혁의 계획과 현실간의 괴리 분석: 위협인식과 가용재원을 중심으로," 『국방연구』 제59권 제3호(2016), p. 29.
7) 임길섭 외, 앞의 책, p. 493.

의 혁신방안을 작성하고 이를 추진하고자 하였다.[8] 그 이후에도 거의 모든 정부가 국방개혁을 추진했으나 대부분 계획수립에 그쳤다. 우리 군이 국방개혁을 국방정책 차원에서 추진하기 시작한 것은 1988년 노태우 대통령 지시로 장기국방태세발전방향 연구계획(일명 818계획)을 추진하면서부터이며, 그때부터 현재까지 국방부는 국방개혁을 미래지향적 국방정책 차원에서 강력하게 추진하고 있다.[9]

우리 군의 국방개혁 역사상 하나의 분수령은 노무현 정부 시절 '국방개혁에 관한 법률' 제정이라고 할 수 있다. 2006년 노무현 정부는 국방개혁의 일관되고 지속적인 개혁추진 여건 보장을 위해 국방개혁 2020의 주요 내용을 법으로 규정한 국방개혁에 관한 법률을 제정하였다.[10] 이 법에 근거하여 국방부 장관은 국방개혁 기본계획을 수립하여 대통령의 승인을 받도록 되어 있으며, 국방개혁 기본계획을 추진함에 있어 5년 단위의 국방개혁 추진계획을 수립하여 시행하되 매 5년의 중간 및 기간만료 시점에 한미동맹 발전, 남북 군사 관계의 변화 추이 등 국내외 안보 정세 및 국방개혁 추진실적을 분석 및 평가하여 그 결과를 국방개혁 기본계획에 반영하도록 규정하고 있다. 이에 따라 노무현 정부 이후 모든 정부는 국방개혁에 관한 법률에 근거하여 국방개혁 기본계획을 수립하여 추진하였다.

나. 군사혁신

많은 국가들은 새로운 군사기술을 이용한 무기체계의 개발을 넘어 전투효과와 전쟁의 패러다임까지도 바꾸는 보다 광범위한 개념의 혁명적 변화를 지속 추구하고 있다. 그 중에서도 미국은 혁명적 변화를 신속하고 광범위하게 추진하고 있는 대표적인 국가이다. 이러한 변화를 설명하는 용어로는 군사기술혁명(Military Technical Revolution: MTR), 군사혁신(Revolution in Military Affairs: RMA), 안보분야혁명(Revolution in Security Affairs: RSA), 군사혁명(Military Revolution: MR) 등이 있다.[11]

군사혁신은 군사기술혁명(MTR)에서 진화, 발전된 개념이다. 군사기술혁명은

---

8) 정홍용, 앞의 책, p. 33.

9) 국방부 군사편찬연구소, 『국방 100년의 역사 1919~2018』 (2020), p. 279.

10) 국방개혁에 관한 법률은 2005년 12월 2일 대통령 재가를 얻어 국회에 제출되었고, 공청회 실시 등 법적 절차를 거쳐 2006년 12월 1일 국회에서 의결되었다.

11) 이기성, "교리 주도형 한국군 군사혁신에 관한 연구," 한남대학교 대학원 박사학위논문 (2022), p. 18.

구 소련의 참모총장이었던 오가르코프(N.V. Ogarkov) 원수가 1984년 주장한 정찰-타격복합체에서 그 연원을 두고 있다. 구 소련의 정찰-타격복합체 개념은 미국으로 넘어가 군사기술혁명(MTR)으로 명명되었다. 시간이 경과하면서 군사기술 중심의 혁신이 작전운용개념과 조직편성에도 영향을 미칠 수밖에 없음을 고려하여 혁신의 영역을 군사기술, 작전운용개념, 조직편성을 포함하는 군사혁신(RMA)으로 확장했다. 이에 따라 1995년부터 미군은 군사기술혁명(MTR)을 기술 중심적 개념으로, 군사혁신(RMA)을 작전운용개념과 조직편성까지를 포함하는 개념으로 차별화하여 사용하고 있다.[12] 그리고 미국에서는 당시 안보분야혁명(RSA)이라는 개념이 제기되었는데 군사문제는 정치, 경제, 기술, 산업, 심리, 문화 등과도 밀접히 연관되어 있기 때문에 보다 광의의 안보차원에서 바라보아야 한다는 것이다. 또한 토플러(Alvin & Heide Toffler)는 거시적 경제구조 측면에서 군사혁명(MR) 개념을 제시하였는데 완전한 의미의 군사혁명은 새로운 문명이 낡은 문명에 도전하여 전략, 무기, 기술, 조직, 훈련, 제도 등 모든 것을 변화시킬 것을 강요할 때 발생하는 것으로 제시하였다.[13] 이와 같은 다양한 용어 중에서 군사혁명(MR)은 군사기술혁명(MTR), 군사혁신(RMA), 안보분야혁명(RSA)을 모두 포괄하는 개념으로 사용할 수 있을 것으로 보인다. 그러나 미군이 미 국방부에서 정의한 군사혁신(RMA)의 개념을 보편적으로 사용하는 것을 고려할 때 군사혁신(RMA)이라는 용어가 군사적 대변화를 총칭하는 의미로 보다 적합하다는 것을 알 수 있다.[14]

군사혁신분야 전문가인 크레피네비치(Andrew F. Krepinevich)는 "군사혁신은 새로운 기술을 많은 수의 군사체계에 적용하고 여기에 따르는 혁신적인 작전수행개념과 조직 적응을 결합시켜 전쟁의 성격과 수행방식을 근본적으로 변화시키는 것"으로 정의함으로써 군사혁신(RMA)과 군사기술혁명(MTR)의 개념 혼선을 제거하였다.[15] 드연구소 헌들리(Richard O. Hundly)는 "군사혁신은 군사작

---

12) 정연봉, "군사혁신의 전략적 성공 요인," 경남대학교 대학원 박사학위논문(2020), p. 11.

13) Norman C. Davis, "An Information-based Revolution in Military Affairs," *Strategic Review* (Vol.24. No.1, Winter 1996), pp. 43-44.

14) 이기성, 앞의 논문, p. 23.

15) 국방예산기획국장인 크레피네비치(Andrew F. Krepinevich)는 군사혁신은 네 가지 요소인 기술변화, 시스템발전, 운용혁신 및 조직적응을 포괄한다고 언급하였다. Andrew F. Krepinevich, "Cavalry to Computer: The Pattern of Military Revolutions,"

전의 수행과 본질 속에 패러다임의 전환을 포함하며 전쟁주도국의 핵심 역량(core competency) 한가지 또는 그 이상을 부적합하게 하거나 못쓰게 만드는 것, 또는 새로운 차원의 전쟁에서 한가지 또는 그 이상의 핵심역량을 창출하는 것, 또는 이 두 가지 전부가 군사혁신이다"라고 제시하였다.[16]

1980년대 구소련의 정찰-타격복합체 발전을 기치로 내걸고 시작한 미군의 군사기술혁명은 2010년대 초 AI, 자율체계 등 4차 산업혁명 기술 기반의 새로운 첨단기술을 활용하는 군사혁신인 3차 상쇄전략으로 이어졌다. 현재 한국군이 지향하는 국방혁신 4.0은 미군의 3차 상쇄전략과 유사한 측면이 있다.

한국군이 공식적으로 군사혁신 명칭을 사용하기 시작한 시기는 걸프전 종료 후 새로운 무기체계, 전쟁수행개념, 조직편성 등을 발전시키지 못하면 경쟁에서 도태될 수 있다는 위기감에서 1999년 4월 국방부에 군사혁신기획단을 설치한 이후부터로 볼 수 있다. 그 후 한국군의 군사혁신은 2006년 노무현 정부의 국방개혁 2020에 반영되어 현재까지 추진되고 있다고 볼 수 있다.

2. 역대 정부별 국방개혁과 국방혁신 추진

가. 국방개혁 2020(노무현 정부)

노무현 정부는 정부 출범 초부터 안보환경의 변화를 반영하여 미래전에 능동적으로 대응하기 위해 국방개혁을 추진하였다. 국방부는 2005년 1월부터 과거 국방개혁의 미비점과 일부 분야에 상존하고 있는 구조적·제도적 불합리성과 비효율성을 분석함은 물론 주요 국가들의 개혁사례 등을 참고하여 국방개혁 2020을 수립하였다.

국방개혁 2020의 목표는 '국민과 함께하는 선진정예 강군 건설'이었으며 이를 달성하기 위한 국방개혁의 4대 중점은 ①현대전에 부합하는 군 구조와 전력체계를 구축하고, ②국방의 문민기반을 확대하는 한편 군은 전투임무 수행에 전념하도록 하며, ③첨단 정보과학군에 부합한 저비용·고효율의 국방관리체제로 혁신하고, ④시대상황에 부응하는 병영문화로 개선함으로써 국방 전반의 체질을 개선하

The *National Interest*(No.37, Fall 1994), pp. 30-31.

16) Richard O. Hundly, *Past Revolution Future Transformations: What can the history of revolutions in military affairs tell us about transforming the U.S. military?* (Santa Monica, CA: RAND, 1999), p. 9.

여 효율적 국방체제로 전환해 나가는 것이었다. 개혁 완료 시기는 2020년이며 전면전 및 잠재적 위협 위주로 대비하였다.

노무현 정부 기간 국방개혁 2020 추진 결과는 다음과 같다. 군구조 분야에서는 전구작전 지휘체계 구축을 위해 합참 조직개편을 추진하였다. 육군은 2006년 9월 유도탄사령부를 창설했으며, 2007년 11월 제2군사령부를 제2작전사령부로 개편하였고 동년 10월 예하 2개 군단을 해체하였다. 병력은 동 기간에 3만 5,000여 명을 감축하였다. 또한 KDX-Ⅱ와 214급 잠수함, 차세대 전투기 F-15K, 한국형 합동지휘통제체계 등을 전력화하였다. 국방운영 분야에서는 각 군의 복지단, 시설조직, 경리단, 인쇄창 등 유사 기능부대의 통·폐합 및 슬림화 그리고 병영문화 분야에서는 통합막사 및 생활관 개선 등을 추진하였다.[17)]

나. 국방개혁 기본계획 2009~2020(이명박 정부)

이명박 정부는 집권기간 동안 세 차례 국방개혁을 수정하였다. 그 중 첫 번째가 국방개혁 기본계획 2009~2020이다. 이명박 정부는 21세기 전략환경과 미래전 양상에 부합하는 정예화된 선진강군 육성에 목표를 두고 국방개혁을 추진하였다. 이명박 정부는 새로운 국방개혁 기본계획을 수립하기 위해 2009년 1차 보완 방향을 정리하였으며, 이 계획은 2009년 6월 26일 대통령 재가를 받아 확정되었다. 여기에는 이명박 정부에서 추구하는 실용성, 2009년에 발생한 북한 장거리 미사일 발사 및 2차 핵실험 등 군사 위협 대응 필요성, 국방개혁 2020 보완 필요성 등이 중요한 작성 배경이 되었다.[18)]

국방개혁 기본계획 2009~2020의 목표는 '미래 지향적 선진 국방역량 강화'였으며, 이를 달성하기 위한 중점은 ① 새로운 연합방위체제하 전구작전 수행체제 구축, ② 전투부대 편성의 완전성을 구비하여 전투 즉응성 향상, ③ 네트워크중심전 수행 및 비대칭 위협에 대처 가능한 전력구조 구축, ④ 합동성을 강화하여 전투 능력 및 효율성 향상, ⑤ 국방경영의 경제성·효율성 제고, ⑥ 전문화된 인재양성 및 교육훈련체계 구축, ⑦ 병영환경 및 복지 선진화, ⑧ 국방과학기술 기반역량 선진화 등이었다. 개혁 완료 시기는 2020년이며 전면전 및 잠재적 위협 위

17) 임길섭 외, 앞의 책, pp. 515-516.
18) 임길섭 외, 앞의 책, p. 516.

주로 대비하였다.

국방개혁 기본계획 2009~2020은 기존 국방개혁 2020과 비교시 몇 가지 차이점을 보였다. 상비병력은 최초 2020년 50만 명 수준을 목표로 하였으나 이 계획에서는 2020년 51.7만 명으로 조정되었으며, 예비군은 150만 명 수준에서 185만 명 수준으로 조정되었다. 그리고 국방개혁을 위한 소요 재원은 약 621조 원에서 599조 원으로 조정되었다.[19]

국방개혁 기본계획 2009~2020에 의거 추진된 2010년 이후 2012년까지의 국방개혁 주요 추진 결과는 다음과 같다. 우선 평시부터 적의 국지도발 및 전면전 의지를 억제하기 위해 '적극적 억제'로 군사전략을 전환했으며, 북한의 국지도발 대비전력을 우선 보강하였다. 그리고 2010년 사이버사령부, 공군 북부전투사령부, 해군 기동전단, 2011년 서북도서방위사령부, 2012년에 해군 특수전전단을 창설하였다. 또한 상비병력 4만 5,000명 감축 및 간부 비율 4.7% 확대, 국군수도병원 등 14개 조직에 대한 군 책임운영기관 지정 등을 추진하였다.

다. 국방개혁 307계획(이명박 정부)

국방개혁 307계획은 북한의 무력도발을 계기로 우리 군의 상부지휘구조 개편 필요성이 제기되어 이명박 정부 출범후 3년이 지난 2011년 3월 7일에 발표된 계획이다. 북한은 2010년 3월 26일 천안함 폭침, 동년 11월 23일 연평도 포격을 자행했으며 이는 이명박 정부가 국방개혁을 근본적으로 재검토하게 된 계기가 되었다. 북한의 천안함 폭침과 연평도 포격도발에 한국군이 대응하는 과정에서 상부지휘구조에 대한 상당한 논란이 제기되었다. 여기에 그동안 누적적으로 제기되어 온 합동군제의 개선 필요성과 전작권 전환 대비 필요성 등의 의견이 추가되었고, 이러한 내용들이 307계획 수립의 중요한 배경으로 작용하였다.

---

19) 임길섭 외, 앞의 책, p. 517.

〈그림 37〉 국방개혁 307계획 상부지휘구조 개편안[20]

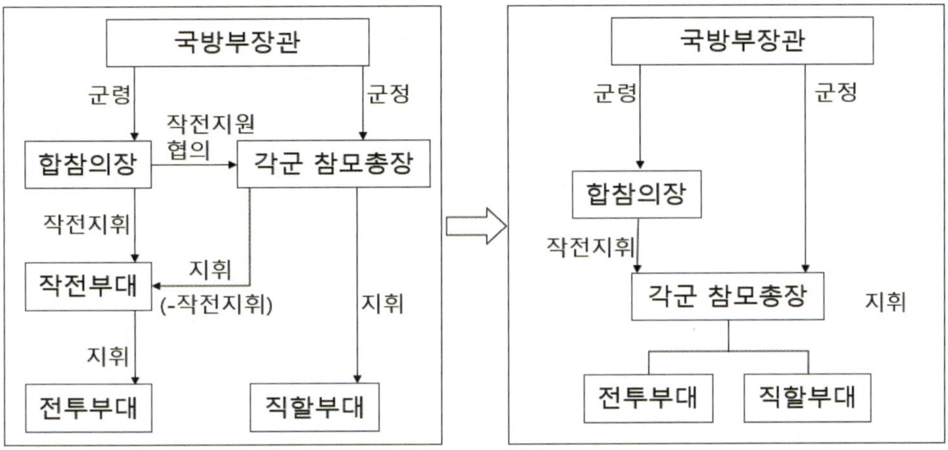

위의 〈그림 37〉은 국방개혁 307계획에 반영된 상부지휘구조 개편안이다. 그러나 국방개혁 307계획은 관련 법률의 입법화 실패로 결국 사장되었다.

307계획은 상부지휘구조 개편에 중점을 맞춘 계획으로 단기, 중기, 장기로 구분하여 총 16개의 과제를 포함하고 있었다. 여기에는 상부지휘구조 개편과 함께 이와 관련하여 합동성 증대를 위한 의사결정구조 개선, 3군 균형발전, 적극적 억제능력 확보를 위한 서북도서방위사령부 창설, 장군정원 조정 등 여러 과제들이 포함되어 있었다. 그 중 307계획의 핵심은 상부지휘구조 개편안이었다. 즉 합참 중심의 합동성 발휘를 강화하기 위해 합참의장에게 전구작전지휘 기능과 이와 직접적으로 관련된 제한된 군정 기능을 부여하고 합참의장의 작전지휘계선에 각 군 참모총장을 포함시키는 것이었다. 또한 군정·군령을 일원화하여 각 군 본부가 전투임무 중심체제로 전환되도록 각 군 본부에 작전사령부의 임무·기능을 통합하고, 각 군 참모총장에게 이에 대한 작전지휘권을 부여하며 인사·군수·교육·동원 분야 등 대부분의 군정 기능은 각 군 참모총장이 계속 행사하도록 하였다.[21]

라. 국방개혁 기본계획 2012~2030(이명박 정부)

국방개혁 기본계획 2012~2030은 국방개혁 307계획을 국방개혁 기본계획에

20) 임길섭 외, 앞의 책, p. 158.
21) 임길섭 외, 앞의 책, pp. 517-518.

포함하고 이전 국방개혁 기본계획 2009~2020을 수정·보완하는 차원에서 작성되었다.[22] 이명박 대통령은 2010년 5월 국무위원 재정전략회의에서 국방개혁 기본계획 2009~2020 보완과 관련하여 무리한 계획보다는 실천 가능한 계획이 될 수 있도록 '2020+10' 계획으로 수정하도록 지시하였다. 그러나 같은 해 3월 26일 천안함 피격사건과 11월 23일 연평도 포격도발 사건과 더불어 전작권 전환 시기를 2012년 4월 17일에서 2015년 12월 1일로 연기하도록 합의하는 등 일련의 안보상황과 국방환경 변화로 국방개혁 기본계획 수립에 많은 어려움이 발생하였다. 국방부는 2012년 상부지휘구조 개편에 따른 국방개혁에 관한 법률 일부 개정안이 통과하지 못하고 국회 국방위에 계류됨에 따라 상부지휘구조 개편과제는 법령 개정, 개편안 검증 등 단계별로 별도 추진하기로 방침을 정했다. 천안함 피격사건 및 연평도 포격도발 등 현존하는 북한의 다양한 군사위협, 전작권 전환, 가용 병역자원의 감소 등 국내·외 안보 및 국방환경 변화 요소를 추가로 반영한 국방개혁 기본계획 2012~2030은 2012년 11월 29일 대통령 재가를 받아 확정되었다.[23]

국방개혁 기본계획 2012~2030의 목표는 '다기능·고효율의 선진국방'이었으며, 이를 달성하기 위한 중점은 한반도 작전환경에 부합하는 맞춤형 군구조로 전환하고 고효율의 선진 국방운영체제를 구축하는 것이었다. 맞춤형 군구조로 전환하기 위한 세부 중점은 ①평시 적극적 억제로 군사전략 발전, ②전시작전통제권 전환 대비 상부지휘구조 개편, ③병력감축 시기 조정 및 간부 정예화, ④위협 재평가에 따른 전력증강 우선순위 조정, ⑤북한 특수전부대 및 비대칭 군사위협 대비능력 대폭 확충 등이었으며, 선진국방운영체제 구축을 위한 세부 중점은 ①국방경영 전반에 걸쳐 효율화 추진, ②국방 교육·인력·군수지원체계 발전, ③군 복지향상 및 장병 복무여건 개선 등이었다. 개혁 완료 시기는 2030년이며 국지도발 및 전면전 위주로 대비하였다.

국방개혁 기본계획 2012~2030의 개혁 대상기간 종료 시점은 기존 2020년에서 2030년으로 연장되었다. 또한 상비병력 규모는 경우 이전 계획에서는 2022년 51.7만 명이었으나 이 계획에서는 2022년 52.2만 명으로 조정되었다. 그리고

22) 임길섭 외, 앞의 책, p. 518.
23) 국방부 군사편찬연구소, 앞의 책, pp. 306-307.

국방개혁 소요 재원 산출방식은 기존 전 기간 방식에서 중기기간 대상방식으로 변경되어 2012~2016년 기간을 대상으로 하였다.[24)]

국방부는 국방개혁 기본계획 2012~2030의 상부지휘구조 개편뿐만 아니라 개혁과제 추진을 위해 관련법률 개정을 추진하였다. 그리하여 2011년 5월부터 2012년 4월까지 국방개혁관련 법률의 일괄 개정을 추진하였으나 국회에 제출된 국방개혁관련 5개 법안 개정안[25)]은 18대 국회 임기 만료로 자동 폐기되었다. 이후 국방부는 국방개혁 관련 법률의 일괄 개정을 추진하기보다는 법률 개정 우선순위에 따라 개별적으로 추진하기로 하였다. 그러나 결국 이 법률개정안은 공감대 형성 미흡으로 처리되지 못하였다.[26)]

마. 국방개혁 기본계획 2014~2030(박근혜 정부)

2013년 이후 북한 핵·WMD 등 비대칭 위협이 고조되고 효율적인 국방운영체제 구축에 대한 요구가 증대됨에 따라 박근혜 정부는 정부출범 초기에 국방개혁 기본계획 2014~2030(2014년 3월)을 수립했으며, 후반기에는 국방개혁 기본계획 2014~2030 수정1호(2017년 2월)를 수립하였다.

국방개혁 기본계획 2014~2030의 목표는 '혁신·창조형의 정예화된 선진강군 육성'이었으며, 이를 달성하기 위한 국방개혁 중점은 다음과 같다. 먼저 군구조 개혁 중점은 ①북한의 비대칭, 국지도발 및 전면적 위협에 동시 대비가 가능한 능력 구비, ②병역자원 감소에 따라 정예화된 병력구조로 개선, ③첨단전력을 확충하여 단위부대 작전능력 향상, ④제대별 책임지역 확장에 따른 부대 수와 배비 조정, ⑤네트워크 중심 작전환경에 적합하도록 중간지휘제대 적정화 및 간소화 등이었으며, 국방운영 개혁 중점은 ①실전적 교육훈련과 효과적 인력운영을 통한 전투력 강화, ②동원체계 개선을 통해 예비전력을 상비군 수준으로 정예화, ③군수운영 혁신과 국방과학기술 발전을 통한 효율성 증대, ④장병 복지향상 및 병영문화 개선으로 선진국방 실현 등이었다. 이를 통해 국방부는 단·중기적으로 북한 위협에 대비한 능력을 우선 확보하고 장기적으로 통일시대를 준비하면서 잠재

24) 임길섭 외, 앞의 책, p. 518.

25) 5개 법안은 국군조직법, 군인사법, 국방대설치법, 사관학교설치법, 국방개혁에 관한 법률이다.

26) 국방부 군사편찬연구소, 앞의 책, p. 308

적 위협에 대비한 방위역량을 강화하도록 하였다. 또한 국방부는 현재 및 미래 안보환경의 변화를 주도하고 능동적으로 새로운 위협에 대처할 수 있는 혁신·창조형 정예화된 선진강군을 육성하고자 하였다. 개혁 완료 시기는 2030년이며 국지도발 및 전면전 위협에 동시 대비하고 더불어 잠재적 위협에도 대비하였다.

2006년부터 2016년까지 상비병력 56,000명을 감축하였으며 간부 비율은 6.2%로 확대하였다. 부대구조는 네트워크 기반하에서 공세적 통합작전을 수행할 수 있도록 육군의 상비·동원사단을 개편하였고, 2014년에 육군 유도탄사령부를 미사일사령부로 개편하였다. 2015년에 해군 잠수함사령부, 해병대 제9여단, 공군 전술항공통제단을 창설하였다. 2013년 공군 방공포병사령부를 방공유도탄사령부로 개편하였으며, 2016년에는 공중기동정찰사령부와 공중전투사령부를 전환 창설하였다. 전력구조는 북한 및 잠재적 위협에 대응하기 위해 Kill Chain 및 KAMD를 구축하고 K-2 전차, 한국형 기동헬기, 잠수함, 호위함(FFX)과 중거리 지대공유도탄 등을 보강하였다.

국방운영분야는 여군 활용병과를 전 병과로 확대하였으며 여대 학군단을 2개에서 3개로 확대하였다. 예비전력 정예화를 위해 간부예비군 비상근 복무제도 시험운영과 향방예비군의 노후 개인화기를 M-16소총으로 모두 교체하였다. 합동상호운용성기술센터 등 18개 조직을 군 책임운영기관으로 지정하고 비전투분야 군용차량을 상용 차량으로 교체하여 국방경영의 효율성을 제고하였다. 접근성이 떨어지는 GP·해안소초와 같은 격오지 부대의 원격진료체계를 도입하고 의무후송헬기를 도입하여 장병들의 진료 여건을 개선하였다.[27]

박근혜 정부의 국방개혁 기본계획 2014~2030은 이전 정부에서 추진하였던 국방개혁의 개념과 틀을 대체로 유지하면서 그동안의 추진성과를 고려하고 한층 심각해진 북한의 핵·미사일 위협 등을 감안하여 수립되었다. 개혁 대상기간을 2030년까지로 하였으며 상비병력은 2014년 63.0만 명을 2022년까지 52.2만 명으로 감축하고, 개혁에 요구되는 소요재원은 2014~2018 중기기간에 214.5조 원이 필요한 것으로 판단하였다.

---

27) 국방부 군사편찬연구소, 앞의 책, p. 310

바. 국방개혁 2.0(문재인 정부)

국방부는 2017년 5월 10일 문재인 정부 출범 후 국방개혁추진단을 가동하여 국방개혁 2.0 기본계획 수립에 착수하였다. 이후 2018년 7월 19일 국방개혁 2.0 기본계획을 대통령께 보고하였으며, 군구조 등 일부 분야를 보완하여 2019년 1월 8일 대통령 재가를 받아 확정하였다.

국방개혁 2.0의 목표는 '평화와 번영의 대한민국을 힘으로 뒷받침하는 강한 군대 조기 구현'이었다. 이를 달성하기 위한 국방개혁의 중점은 ①전방위 안보위협에 대응이 가능한 첨단과학기술 기반의 군구조로 발전, ②고효율의 선진화된 국방운영체제 구축, ③국민 눈높이의 인권 · 복지를 구현하여 사기 충만한 병영문화 정착, ④효율성 · 투명성 · 전문성을 강화하여 국제수준의 방위사업 경쟁력 확보 등이었다.[28] 개혁 완료시기는 2030년이며 잠재적 · 초국가적 · 비군사적 위협 위주로 대비하였다.

〈사진 23〉 국방개혁 2.0 보고대회(2018.7.27.)[29]

군구조분야에서 전시작전통제권 전환은 현 한미연합사체제를 유지하는 것으로

28) 국방부, "유능한 안보 튼튼한 국방 국방개혁 2.0,"(2019), p. 21.
29) https://news.tf.co.kr/read/photomovie/1729507.htm(검색일: 2025.2.6.)

합의함에 따라 합참과 미래연합사간 기능배분 및 편성을 검토하였다. 상비병력은 2022년까지 50만 명으로 감축하였으며, 간부 비율을 2017년 31.6%에서 2022년 40.1%로 조정하고 민간인력 확대 등 국방인력구조를 개편하였다. 육군은 상비병력을 2017년 48.3만 명에서 2022년까지 36.5만 명으로 11.8만 명을 감축하였다. 또한 육군은 2018년 동원전력사령부 창설, 2019년 1·3야전군을 통합하여 지상작전사령부를 창설하였으며 군단을 8개에서 6개, 사단을 39개에서 34개로 감축하였다. 해군은 2022년에 항공사령부를 창설하였으며, 공군은 2019년에 위성감시통제대, 2020년에 정찰비행단을 창설하였다. 병력 감축에 따른 부대개편과 전력증강은 2020년대 후반까지 계속 진행될 예정이다. 국방개혁 2.0에 명시된 병력 및 부대구조 변화는 〈그림 38〉과 같다.

〈그림 38〉 국방개혁 2.0 병력 · 부대구조 변화[30]

국방운영분야는 국방부 국·과장급 직위 문민화, 책임운영기관 확대, 병 복무기간 90일 단축, 여군비중 지속 확대, 청년옴부즈만 등 개방형 국방운영을 추진하였다. 병영문화 분야는 군 사망사고 진상규명위원회 설치, 영창제도 폐지, 병 봉급 인상, 평일 일과 후 외출 및 휴대폰 사용, 병사 민간병원 진료비 지원확대 등 병 복무여건을 개선하였다. 방위사업 분야는 2019년 방위사업협의회 신설, 신속시범획득제도 신설 등 규제개혁을 추진하였다.[31]

---

30) 국방부, “유능한 안보 튼튼한 국방 국방개혁 2.0,” p. 28.
31) 국방부, 『2022 국방백서』(2023), pp. 106-107.

사. 국방혁신 4.0(윤석열 정부)

국방개혁이 시작된 2006년 이래 현재까지 국내 · 외 국방환경은 급속하게 변화하였다. 국제정세는 미국의 글로벌 리더십 약화, 중 · 러의 현상변경 시도 등으로 인해 불확실성이 증대되고 있고 미 · 중관계는 동반자적 관계에서 적대적 관계로 변화하였다. 미국을 비롯한 군사선진국들은 첨단과학기술을 전략화하여 기술을 배타적으로 통제하는 가운데 자국에 맞는 군사혁신을 앞 다투어 추진하고 있다. 특히 북한은 핵 · 미사일 능력과 의지를 대내·외에 과시하고 표면화하여 사실상 핵보유국으로서 지위획득을 위해 노력하면서 미사일, 화생무기, 사이버, 무인기 등 비대칭 전력을 증강해 나가고 있다.[32] 그리고 미래전은 AI, 빅데이터 등 다양한 첨단과학기술의 발달로 자동화 · 지능화 · 초연결화 될 것이며 사이버 · 우주영역에서 감시 · 정찰, 공격 · 방어가 실시간 · 병렬적으로 이루어지고 다양한 무인전력들이 투입되어 유 · 무인복합체계 운용이 작전수행의 중심이 될 것으로 예상된다.[33] 또한 2차 인구절벽에 의한 병역자원 감소에 따라 현재의 상비병력 규모를 유지하기가 어려워지고 국방에 대한 사회의 다양한 요구가 증대될 것으로 전망된다.[34]

---

32) 국방부, "제2 창군 수준의 국방 재설계, AI 과학기술 강군 육성, 윤석열 정부의 국방혁신 4.0 기본계획 발표," 보도자료(2023.3.3.), pp. 2-3.
33) 김진형·김성학, "미래 한국군 전장의 변동요인과 합동작전개념 발전에 대한 소고." 『국방논단』 제1898호(2022), p. 11.
34) 국방부, "제2창군 수준의 국방 재설계, AI 과학기술 강군 육성, 윤석열 정부의 국방혁신 4.0 기본계획 발표," p. 3.

〈그림 39〉 국방혁신4.0의 필요성, 의미, 차이점[35)]

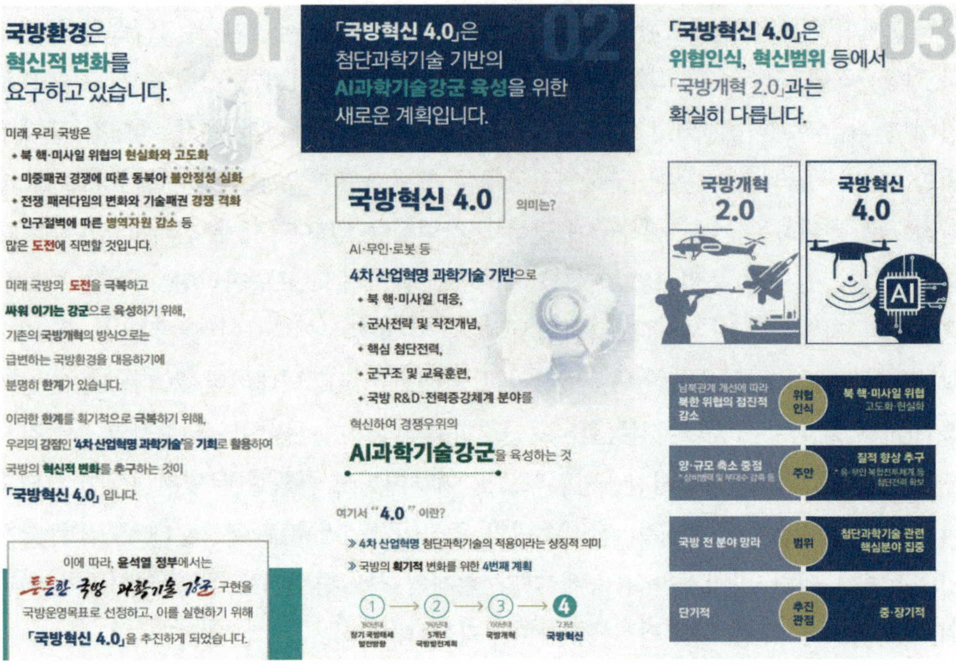

이러한 국내 · 외 국방환경의 변화는 우리 군에게 강군육성의 기회 뿐만 아니라 도전요인도 동시에 제공하고 있다. 국방혁신 4.0은 미래 도전적 국방환경 속에서 변하지 않으면 안 된다는 위기의식으로부터 출발하였다고 볼 수 있다.

35) "국방혁신4.0 리플릿," 『국방부』, https://www.mnd.go.kr/mbshome/mbs/mnd/subview.jsp?id=mnd_011907000000(검색일: 2025.2.5.)

〈그림 40〉 국방혁신4.0의 5대 중점분야[36]

36) “국방혁신4.0 리플릿,” 『국방부』, https://www.mnd.go.kr/mbshome/mbs/mnd/subview.jsp?id=mnd_011907000000(검색일: 2025.2.5.)

국방혁신 4.0은 윤석열 정부의 '국방혁신 4.0을 통한 AI 과학기술 강군 육성'이라는 국정과제로 제시되었으며, 2023년 3월 3일 대통령 재가를 받아 확정되었다. 국방혁신 4.0의 목표는 'AI 과학기술 강군 육성'이며 대상 기간은 2040년도이다. 이를 위해 국방혁신 4.0은 3단계(1단계: 혁신기반 구축, 2단계: 혁신성과 가시화, 3단계: 혁신성과 가속화)로 추진되고 있다.

국방혁신 4.0의 추진 기조는 다음과 같다.[37] 먼저 본질적 변화가 필요한 핵심 분야에 우선적으로 집중한다는 것이다. 특히 북한 핵·미사일 위협 대응능력 확보를 최우선 과제로 추진하며, 첨단과학기술을 기반으로 한 전투체계와 이를 뒷받침하는 기반 구축에 집중하는 것이다. 둘째, 야전제대에서 실제 체감할 수 있는 발전적 변화를 추구한다는 것이다. GP/GOP, 해안경계체계 등과 같이 군 전반에 변화를 확산시킬 수 있는 분야에 집중한다는 것이다. 또한 전투실험을 통해 전투력 발휘가 보장되도록 하여 현장 중심의 군사력 증강을 추구한다는 것이다. 셋째, 법률, 제도, 조직 등을 혁신하여 국방혁신 4.0의 근본적인 추진 기반을 조성한다는 것이다. 넷째, 지휘구조, 부대구조, 병력구조 등 군구조에 대한 재설계는 충분한 시간을 확보하여 합의, 검증을 통해 안정적으로 추진한다는 것이다.

국방혁신 4.0은 2023년 3월 기본계획 완성 후 추진 중에 있다. 2022년 12월부터 범정부 차원에서 국방혁신 4.0 추진을 위해 대통령 직속 국방혁신위원회를 설치하여 운영하였다. 국방혁신위원회는 국방혁신 구현을 위한 기본방향, 국방혁신 추진을 정부 부처 간 정책조율과 민·관·군 협업에 관한 사항 등 국방혁신을 위한 주요 정책 등에 대한 사항을 심의·조정하는 기능을 수행하였다.

국방부는 2024년 7월 '24년 전반기 국방혁신 4.0 추진평가회의를 개최하였다. 추진 성과로는 전략사령부 창설, 양산 사업타당성조사 폐지 등 전력증강 프로세스 재정립을 위한 법(제도) 개선, 군정찰위성 2호기 발사, 중고도정찰용무인항공기 양산 등 한국형 3축체계 획기적 강화, 국방무인체계 계열화·모듈화(K-MOSA) 가속화 등 유무인복합전투체계 구축 등을 제시하였다.

---

37) "국방혁신4.0 브로슈어," p. 42, 『국방부』, https://www.mnd.go.kr(검색일: 2023. 7.10.)

3. 국방혁신(개혁)의 미래

역대 정부별 국방개혁, 국방혁신 추진 성과를 종합하여 비교분석하고 대한민국 국가방위의 미래를 위해 주는 좌절의 교훈을 정리해 보면 다음 〈표 22〉와 같다.

〈표 22〉 역대 정부별 국방개혁, 국방혁신 추진 비교분석[38]

구 분	중 점	성 과	교 훈
노무현 정부 (국방개혁 2020)	• 군구조와 전력체계 구축 • 문민 확대/전투수행 전념 • 첨단정보과학군, 저비용·고효율 국방관리체제 • 시대에 부응 병영문화	국방개혁법 제정, 유도탄사 창설, 2작사 전환, KDX-II추진, F-15K도입 등	• 전작권 전환 시기 합의 (임기중 전환 실패)
이명박 정부 (국방개혁 2012~2030)	• 맞춤형 군구조로 전환 * 상부지휘구조 개편 등 • 고효율의 선진 국방운영체제 구축 * 군수지원체계 발전 등	적극적 억제전략 정립, 전력증강 우선순위 및 병력감축 속도 조정 등	• 전작권 전환 연기 • 상부지휘구조 개편 및 간부 정년 연장 좌절
박근혜 정부 (국방개혁 2014~2030)	• 군구조 개혁 * 중간제대 간소화 등 • 국방운영 개혁 * 예비전력 정예화 등	네트워크중심 군구조, 북핵미사일 대비 3축 체계 정립, 사이버사 창설 등	• 전작권 전환 재연기 • 한일 지소미아 체결, 사드배치 진통
문재인 정부 (국방개혁 2.0)	• 첨단과학기술기반 구조발전 • 선진화된 국방운영체계 • 인권복지구현 병영문화 • 방위사업경쟁력 확보	지작사 창설, 병력감축 (50만명, 장병인권강화, F-35도입 등	• 전작권 조기 전환 실패 • 병복무기간 과다 단축
윤석열 정부 (국방혁신 4.0)	• 북핵미사일 대응 강화 • 군사전략·작전개념 발전 • AI기반첨단전력 확보 • R&D/전력증강 재설계 • 군구조, 교육훈련 혁신	드론작전사/전략사 창설, 유무인복합체계 추진 등	• 전작권 전환 정체 • 정치도구화 비판 • 간부 충원 위기 * 상대적 박탈감

위의 표에서 살펴본 비교분석과 교훈을 바탕으로 향후 변화하는 전쟁양상 및 안보·국방환경에 대비하고 대한민국 스스로 책임지는 국가방위를 위한 국방개혁 혹은 국방혁신을 추진하기 위한 핵심적인 7가지 방향을 제시하면 다음과 같다.

---

38) 필자 정리

첫째, 국방개혁은 전시작전통제권(전작권) 전환을 통해 스스로 책임지는 국가방위체제를 구축하기 위한 몸부림에서 출발한 것인 만큼 정체되어있는 전작권 전환을 위해서 실현 불가능한 조건에 얽매이지 말아야 한다. 전환 시기를 합의하고 필요한 능력을 그 시기까지 확보하여 재래식전력에 대한 한국군의 전·평시 작전통제권을 우리 스스로 온전히 행사하는 시대를 우리 세대에서 열어야 한다. 그래야만 우리 후세대는 국방과 군사가 특정 국내 정치 집단의 수단이 아니라 국가이익에 기반한 국가 및 국방목표에 집중하는 진정한 대외 국제정치의 수단이 될 수 있기 때문이다.

둘째, 첨단국방과학기술의 발전에 따른 국방혁신 추진은 적절한 것이나 우수한 군간부를 안정적으로 충원하기 위한 제도적 개혁을 게을리 해서는 안된다. 인력충원이 예산과 홍보 등으로만 가능하지 않은 상황을 인식하여 중요한 국방혁신(개혁) 과제화하여 추진해야 한다. 스페셜리스트 개념의 직업병 제도를 반영한 점진적 모병제의 추진, 단기복무 장교, 부사관의 복무기간을 병복무 기간과 일치시키는 군인사법 개정 등을 긴급히 추진해야 한다. 인구 급감에 따른 우수한 간부와 병력 부족을 무인복합체계 만으로 극복할 수는 없기 때문이다.

셋째, 국방개혁과 같은 최상위 국방정책에서도 다양한 정책공동체, 이익단체의 참여 방법을 강구 할 필요가 있다. 기존 국방개혁은 단순히 국정과제로 반영된 정책을 구체화하는 과정을 거쳤다. 이러한 문제는 국방정책의 폐쇄적이고 Top-Down식의 의사결정 구조로 인해 정작 추진과정에서 좌절되는 경우가 왕왕 있었다. 따라서 국방개혁 혹은 국방혁신에 관한 정책도 과감하게 개방하여 다양한 정책공동체와 관련 민간전문가 및 이익단체가 참여할 수 있는 개방된 정책문화를 조성하여 여론이 뒷받침되어 추동되는 여건 조성이 필요하다.

넷째, 국방개혁은 군사적 효율성에 주안을 두고 수립되어야 한다. 군사적 효율성은 전쟁에서 이기는 방법을 찾는 것이다. 과거 국방개혁이 대통령 선거, 대선공약 등에 반영되다 보니 군사적 효율성 보다는 정치적 선택이나 합리성, 정치적 선호 측면이 주로 고려된 경우도 있었다. 향후 국방혁신은 군사적 효율성에 주안을 두고 AI기반 유 · 무인복합전투체계를 중심으로 이를 구현하기 위한 싸우는 방법, 군구조, 교육훈련, 인력관리 등 국방 전 분야를 재설계해야 할 것이다.

다섯째, 국방개혁에 관한 법률의 개정이다. 국방개혁에 관한 법률은 2006년 노무현 정부에서 국방개혁 추진의 법적·제도적 토대를 마련하기 위해 제정되었다. 그러나 법률의 세부 조항에 국방개혁 2020 내용이 그대로 반영된 관계로 이는 법률적 성격보다는 지침 형태의 법률이 되었다. 그리고 시간이 흐르면서 법률 조항 중 이미 달성되었거나 현실과 맞지 않는 내용이 다수 포함되어 있다. 또한 국방개혁에 관한 법률 5조 3항에 매 5년의 중간 및 기간 만료 시점에 각종 변화된 사항을 국방개혁 기본계획에 반영해야 하는 조항이 있다 보니 매 정부교체 때마다 새로운 계획을 수립하고 있는 실정이다. 따라서 국방개혁에 관한 법률을 대체할 수 있는 새로운 법안을 제정하거나 또는 현 법률을 유지한다면 세부 조항을 법률적 성격과 현실에 맞게 개정하는 노력이 필요하다.

여섯째, 선진국 군사혁신 사례에서 미국의 사례와 같은 군사혁신 추진조직을 국방부 차원에서 우선적으로 구축하였다. 즉, 국방부 및 합참, 각 군, 방사청 등 다양한 부서와 기관에서 수행하는 국방혁신 4.0 업무를 조정·통제할 수 있는 가칭 국방혁신실과 같은 상설 조직이 국방부 내에 구성되어야 한다. 국방혁신 4.0의 성공은 민간 첨단기술을 국방분야에 얼마나 신속하게 적용하느냐에 달려있으므로 지속적으로 관련임무를 수행할 수 있는 조직이 필요하기 때문이다.

일곱째, 인적 자원에 대한 과감한 투자와 제도개선이다. 국방혁신 4.0이 AI 과학기술 강군을 지향하다 보면 자칫 과학기술에 경도될 우려가 있다. 특히, 군간부의 상대적 박탈감은 정점에 다다르고 있는 실정이다. 재정적 여건이 불비하다면 단기복무 군간부의 복무기간을 병과 동일하게 적용하는 등 군인사법에 대한 제도 개선을 시급히 정리할 필요가 있다. 동시에 국방력 건설의 핵심은 사람 + 첨단과학기술이므로 2026년에 발효되는 첨단과학기술사관학교법 등을 제대로 이행하여 AI시대 첨단무기 개발과 능숙한 운용 능력을 갖춘 우수한 인적 자원을 육성해야 한다. 즉, 이스라엘 탈피오트 사례와 같이 기존과는 다른 혁신적인 인재육성 및 관리체계가 필요하다. 더불어 초·중견 간부에 대한 봉급과 수당 인상 등으로 우수인력 확보에 사활을 걸어야 한다.[39)]

---

39) 마상현·최병욱, "국방혁신 4.0의 정책변동에 관한 연구: Kingdon의 다중흐름모형을 중심으로," 『한국군사』 제14호(2023), p.120.

제2절 미래를 준비하는 선구자적 자세

지금까지 살펴본 바와 같이 국가방위는 손자가 2,600여 년 전 '병자(兵者) 국지대사(國之大事) 사생지지(死生之地) 존망지도(存亡之道) 불가불찰야(不可不察也)'[40] 라고 한 바와 같이 가장 중요한 우리의 생존 문제이다. 국민의 생명과 재산, 영토와 주권을 지키는 중요성은 어느 것과도 비교될 수 없다.

대한민국이 고도의 경제성장을 통해 복지제도와 개인의 노력으로 삶의 질이 향상되었고, 쉽게 돈을 벌 수 있는 환경이 되면서 어렵고 힘든 일은 하지 않으려는 사회현상이 증대되었다. 동시에 결혼과 출산을 피하려는 현상으로 인구가 빠른 속도로 감소하면서 건설 현장이나 농·어촌에서는 외국인 근로자 외에 우리 국민인 청년들을 찾아보기 어렵게 되었다. 나아가 최근에는 병사 봉급의 급격한 인상 요인과 함께 군간부가 되려는 청년들의 마음이 흔들리고 있는 것도 사실이다.

한편 첨단과학기술은 AI, 빅데이터, 로봇, 무인, 사이버 등을 통해 전쟁과 국방의 현장으로 깊숙이 들어왔다. 세계의 곳곳에서 전쟁의 장면들이 불꽃놀이같이 실시간으로 핸드폰에서 실제 방송으로 혹은 재생되고 있다. 세계 각국의 경쟁은 날로 치열해지고 있으며, 좋은 경찰의 표본이었던 미국마저도 자국의 이익을 위해서는 물불을 가리지 않는 현상이 심화되고 있다. 우리와 휴전선을 마주하고 있는 북한은 이미 핵무기를 전력화하였고 동족이 아닌 적인 별개의 국가로 대한민국을 대하기 시작하였다.

그리고 2년, 5년, 10년, 20, 50년 앞으로의 세계는 또 어떻게 달라질지 정확히 예측하기는 어렵다. 우리가 알고 있는 것은 현재와 또 다른 모습으로 변화할 것이라는 점이다. 일찍이 난세에 이름을 떨쳤던 많은 선현들이 공통적으로 '세상에 고정 불변한 것은 없다'라는 불변의 진리를 설파하면서 '어렵더라도 희망을 가지고 준비를 게을리하지 말라'는 당부로 이어졌다는 점에 주목해야 한다.

현재의 삶을 재미있고 행복하게 영위하면서 변화되는 미래를 준비하는 선구자적 자세가 국가와 개인의 삶을 안전하고 윤택하게 만들어 나가게 한다. 과거의

40) 노병천, 『도해 손자병법』(서울: 한원, 1990), p. 26.

교훈을 벗 삼아 늘 새롭게 오늘을 맞이하고 내일을 준비하는 선구자의 자세, 그것이 국가방위의 일익을 담당하기 위해 오늘도 대학의 안보·국방·군사 계열의 학생, 학군 후보생, 사관학교와 민간부사관을 꿈꾸는 고교생들에게 필요한 것이다. 무엇을 준비할 것인가는 이미 제1장의 제1절 국가방위의 개념, 환경, 목표에서부터 제4장의 제1절 국방혁신까지 촘촘하게 제시하였다.

각자의 위치에서 더 심화된 과목들을 통해 전쟁을 억제하고, 억제가 실패할 경우 전쟁을 승리로 이끌 수 있는 지식, 지혜, 전략전술과 과학을 탐구하고 필요한 것은 몸으로 숙달하는 것이 필요할 것이다. 이런 과정을 거쳐 준비해 나갈 때 상황의 변화에 지배당하기보다 내가 변화를 선도하는 진정한 선구자가 될 수 있기 때문이다.

탐구와 공부의 바탕은 언제나 건강한 몸과 마음을 유지하고 단련하는 데에 있다. 아침에 해뜨기 전 규칙적으로 일어나서 식사를 거르지 않고 적절한 영양을 섭취하고 주간에는 가능한 몸과 두뇌를 많이 작동시키고 밤에는 핸드폰의 유혹을 내려놓고 늦지 않게 정해놓은 시간에 잠자리에 들어야 한다. 그리고 일주일에 최소 3번 이상은 운동과 명상을 통해 심신을 정리하는 삶의 일정한 규칙이 더해진다면 금상첨화(錦上添花)일 것이다.

탄탄한 삶의 지지대를 세우고 그 에너지를 국가방위의 일익이라는 지향점을 향해 발산한다면 일시적 현상에 좌우되지 않고 원하는 본질을 향해 나갈 수 있을 것이다. 당장 보이는 액면가보다는 숨겨진 삶의 미래 가치가 드러나 보일 것이며 스스로 하는 일에 자부심을 느끼면서 동시에 선진국이 될수록 타인으로부터도 더 존경받게 되는 자신을 발견하게 될 것이다.

다만, 자유로운 영혼으로 대학생활을 하는 동안, 혹은 사관학교 등 양성과정을 거치는 동안 어떤 유혹에도 흔들리지 않는 자신만의 관을 정립할 것을 당부한다. 왜냐하면 국가방위의 일익을 담당한다는 것은 우리 국민의 생명과 재산을 지키기 위한 일정한 헌신과 특히, 전쟁 상황 속에서는 적군을 살상하는 상충하는 과업을 수행하게 되므로 확고한 사생관, 인생관, 국가관이 필요하기 때문이다. 실패를 두려워 않는 다양한 경험, 풍부한 독서와 대화, 깊은 성찰과 행동하는 양심 속에서 불굴의 선구자, 리더인 군 간부로 우뚝 서게 될 것이다.

장차 대한민국 국가방위의 유공자가 될 여러분의 건투를 기원합니다!

부록

부록1. 이승만 대통령이 맥아더 장군에게 보낸 작전 지휘권 이양 서한

부록2. 정전협정(국제련합군 총사령관을 일방으로 하고 조선인민군 최고사령관 및 중국인민지원군 사령원을 다른 일방으로 하는 한국 군사정전에 관한 협정)

부록3. 한미상호방위조약(대한민국과 미합중국간의 상호방위조약)

부록4. 남북기본합의서(남북 사이의 화해와 불가침 및 교류 · 협력에 관한 합의서)

부록5. 6·4 합의서(서해해상에서 우발적 충돌 방지와 군사분계선 지역에서의 선전활동 중지 및 선전수단 제거에 관한 합의서)

부록6. 9·19 남북군사분야합의서(9월 평양공동선언의 부속합의서인 역사적인 판문점선언 이행을 위한 군사분야 합의서)

부록7. 국군조직법

부록1 이승만 대통령이 맥아더 장군에게 보낸 작전지휘권 이양 서한

「맥아더」將軍 貴下

大韓民國을 위한 國際聯合의 共同軍事努力에 있어 韓國內 또는 韓國近海에서 作戰中인 國際聯合의 모든 部隊는 貴下의 統率下에 있으며 또한 貴下는 그 最高司令官으로 任命되어 있음에 鑑하여, 本人은 現 作戰狀態가 繼續되는 동안 一切의 指揮權을 移讓하게 된 것을 기쁘게 여기는 바이오며, 如斯한 指揮權은 貴下自身 또는 貴下가 韓國內 또는 韓國近海에서 行使하도록 委任한 其他 司令官이 行使하여야 할 것입니다.

韓國軍은 貴下의 麾下에서 服務하는 것을 榮光으로 생각할 것이며 또한 韓國國民과 政府도 高名하고 훌륭한 軍人으로서 우리들의 사랑하는 國土의 獨立과 保全에 대한 卑劣한 共產侵略에 對抗하기 위하여 힘을 합친 國際聯合의 모든 軍事權을 받고 있는 貴下의 全體的 指揮를 받게 된 것을 榮光으로 생각하며 또한 激勵되는 바입니다.

貴下에게 深厚하고도 따뜻한 個人的인 敬意를 表하나이다.

1950年 7月 14日

李 承 晩

July 14, 1950
Pusan, Korea

Dear General MacArthur:

In view of the common military effort of the United Nations on behalf of the Republic of Korea, in which all military forces, land, sea and air, of all the United Nations fighting in or near Korea have been placed under your operatonal command, and in which you have been designated Supreme Commander United Nations Forces, I am happy to assign to you command authority over all land, sea and air forces of the Republic of Korea during the period of the continuation of the present state of hostilities, such command to be exercised either by you personally or by such military commander or commanders to whom you may delegate the exercise of this authority within Korea or in adjacent seas.

The Korean Army will be proud to serve under your command, and the Korean people and Government will be equally proud and encouraged to have the overall direction of our combined combat effort in the hands of so famous and distinguished a soldier who also in his person possesses the delegated military authority of all the United Nations who have jointed together to resist this infamous communist assault on the independence and integrity of our beloved land.

With continued highest and warmest feelings of personal regard,

Sincerely yours,

Syngman Rhee

부록2 정전협정

(국제련합군 총사령관을 일방으로 하고 조선인민군 최고사령관 및 중국인민지원군 사령원을 다른 일방으로 하는 한국 군사정전에 관한 협정)

서 언

국제련합군 총사령관을 일방으로하고 조선인민군 최고사령관 및 중국인민지원군 사령원을 다른 일방으로하는 하기의 서명자들은 쌍방에 막대한 고통과 류혈을 초래한 한국 충돌을 정지시키기 위하여서와 최후적인 평화적 해결이 달성될 때까지 한국에서의 적대행위와 일체 무장행동의 완전한 정지를 보장하는 정전을 확립할 목적으로 하기 조항에 기재된 정전 조건과 규정을 접수하며 또 그 제약과 통제를 받는데 각자 공동 호상 동의한다.

이 조건과 규정들의 의도는 순전히 군사적 성질에 속하는 것이며 이는 오직 한국에서의 교전 쌍방에만 적용한다.

제1조 군사분계선과 비무장지대

1. 한 개의 군사분계선을 확정하고 쌍방이 이 선으로부터 각기 이(2)키로메터씩 후퇴함으로써 적대군대 간에 한 개의 비무장지대를 설정한다. 한 개의 비무장지대를 설정하여 이를 완충지대로 함으로써 적대행위의 재발을 초래할 수 있는 사건의 발생을 방지한다.
2. 군사분계선의 위치는 첨부한 지도에 표시한바와 같다.
3. 비무장지대는 첨부한 지도에 표시한 북경계선 및 남경계선으로써 이를 확정한다.
4. 군사분계선을 하기와 같이 설립한 군사정전위원회의 지시에 따라 이를 명백

히 표식한다. 적대쌍방 사령관들은 비무장지대와 각자의 지역간의 경계선에 따라 적당한 표식물을 세운다. 군사정전위원회는 군사분계선과 비무장지대의 량 경계선에 따라 설치한 일체 표식물의 건립을 감독한다.

5. 한강 하구의 수역으로서 그 한쪽 강안이 일방의 통제하에 있고 그 다른 한쪽 강안이 다른 일방의 통제하에 있는 곳은 쌍방의 민용선박의 항행에 이를 개방한다. 첨부한 지도(첨부한 지도 제2도를 보라.)에 표시한 부분의 한강 하구의 항행 규칙은 군사정전위원회가 이를 규정한다. 각방 민용선박이 항행함에 있어서 자기측의 군사통제하에 있는 륙지에 배를 대는 것은 제한받지 않는다.
6. 쌍방은 모두 비무장지대 내에서 또는 비무장지대로부터 또는 비무장지대에 향하여 어떠한 적대행위도 감행하지 못한다.
7. 군사정전위원회의 특정한 허가없이는 어떠한 군인이나 사민이나 군사분계선을 통과함을 허가하지 않는다.
8. 비무장지대 내의 어떠한 군인이나 사민이나 그가 들어갈려고 요구하는 지역의 사령관의 특정한 허가없이는 어느 일방의 군사통제하에 있는 지역에도 들어감을 허가하지 않는다.
9. 민사행정 및 구제사업의 집행에 관계되는 인원과 군사정전위원회의 특정한 허가를 얻고 들어가는 인원을 제외하고는 어떠한 군인이나 사민이나 비무장지대에 들어감을 허가하지 않는다.
10. 비무장지대 내의 군사분계선 이남의 부분에 있어서의 민사행정 및 구제사업은 국제련합군 총사령관이 책임진다. 비무장지대 내의 군사분계선 이북의 부분에 있어서의 민사행정 및 구제사업은 조선인민군 최고사령관과 중국인민지원군 사령원이 공동으로 책임진다. 민사행정 및 구제사업을 집행하기 위하여 비무장지대에 들어갈 것을 허가받는 군인 또는 사민의 인원수는 각방 사령관이 각각 이를 결정한다. 단 어느 일방이 허가한 인원의 총수는 언제나 천(1,000)명을 초과하지 못한다. 민사행정 경찰의 인원 수 및 그가 휴대하는 무기는 군사정전위원회가 이를 규정한다. 기타 인원은 군사정전위원회의 특정한 허가없이는 무기를 휴대하지 못한다.
11. 본 조의 어떠한 규정이던지 모두 군사정전위원회 그의 보조인원 그의 공동감시소조 및 소조의 보조인원 그리고 하기와 같이 설립한 중립국감독위원

회 그의 보조인원 그의 중립국시찰소조 및 소조의 보조인원과 군사정전위원회로부터 비무장지대로 들어갈 것을 특히 허가받은 기타의 모든 인원, 물자 및 장비의 비무장지대 출입과 비무장지대 내에서의 이동의 완전한 자유를 방해하는 것으로 해석하여서는 안된다. 비무장지대 내의 두 지점이 비무장지대 내에 전부 들어 있는 도로로써 련결되지 않는 경우에 이 두 지점간의 반드시 경과하여야 할 통로를 왕래하기 위하여 어느 일방의 군사통제하에 있는 지역을 통과하는 이동의 편리를 허여한다.

제2조 정화 및 정전의 구체적 조치

가. 총 칙

12. 적대쌍방 사령관들은 륙해 공군의 모든 부대와 인원을 포함한 그들의 통제하에 있는 모든 무장력량이 한국에 있어서의 일체 적대행위를 완전히 정지할 것을 명령하고 또 이를 보장한다. 본 항의 적대 행위의 완전정지는 본 정전협정이 조인된지 십이(12)시간후부터 효력을 발생한다. (본 정전협정의 기타 각항의 규정이 효력을 발생하는 날자와 시간에 대하여서는 본 정전협정 제63항을 보라.)
13. 군사정전의 확고성을 보장함으로써 쌍방의 한급 높은 정치회의를 진행하여 평화적 해결을 달성하는 것을 리롭게하기 위하여 적대쌍방 사령관들은
    ㄱ) 본 정전협정 중에 따로 규정한 것은 제외하고 본 정전협정이 효력을발생한후 칠십이(72)시간내에 그들의 일체 군사력량, 보급 및 장비를 비무장지대로부터 철거한다. 군사력량을 비무장지대로부터 철거한 후 비무장지대내에 존재한다고 알려져 있는 모든 폭파물, 지뢰원, 철조망 및 기타 군사정전위원회 또는 그의 공동감시소조인원의 통행안전에 위험이 미치는 위험물들은 이러한 위험물이 없다고 알려져 있는 모든 통로와 함께 이러한 위험물을 설치한 군대의 사령관이 반드시 군사정전위원회에 이를 보고한다. 그 다음에 더 많은 통로를 청소하여 안전하게 만들어 결국에 가서는 칠십이(72)시간의 기간이 끝난후 사십오(45)일내에

모든 이러한 위험물은 반드시 군사정전위원회의 지시에 따라 또 그 감독하에 비무장지대로부터 이를 제거한다. 칠십이(72)시간의 기간이 끝난후 군사정전위원회이 감독하에서 사십오(45)일의 기간내에 제거작업을 완수할 권한을 가진 비무장지대와 군사정전위원회가 특히 요청하였으며 또 적대쌍방 사령관들이 동의한 경찰의 성질을 가진 부대 및 본 정전협정 제10항과 제11항에서 허가한 인원이외에는 쌍방의 어떠한 인원이든지 비무장지대에 들어가는 것을 허가하지 않는다.

ㄴ) 본 정전협정이 효력을 발생한 후 십(10)일 이내에 상대방의 한국에 있어서의 후방과 연해섬들 및 해면으로부터 그들의 모든 군사력량, 보급물자 및 장비를 철거한다. 만일 철거를 연기할 쌍방이 동의한 리유없이 또 철거를 연기할 유효한 리유없이 기한이 넘어도 이러한 군사력량을 철거하지 않을 때에는 상대방은 치안을 유지하기 위하여 그가 필요하다고 인정하는 어떠한 행동이라도 취할 권리를 가진다. 상기한 "연해섬"이라는 용어는 본 정전협정이 효력을 발생할때에 비록 일방이 점령하고 있더라도 1950년 6월 24일에 상대방이 통제하고 있던 섬들을 말하는 것이다. 단 황해도와 경기도의 도계선 북쪽과 서쪽에 있는 모든 섬 중에서 백령도(북위 37도58분, 동경 124도40분), 대청도(북위 37도50분, 동경124도42분), 소청도(북위37도46분, 동경124도46분), 연평도(북위37도38분, 동경125도40분) 및 우도(북위37도36분, 동경125도58분)의 도서군들을 국제련합군 총사령관의 군사통제하에 남겨 두는 것을 제외한 기타 모든 섬들은 조선인민군 최고사령관과 중국인민지원군 사령원의 군사통제하에 둔다. 한국서 해안에 있어서 상기 경계선 이남에 있는 모든 섬들은 국제 련합군 총사령관의 군사통제하에 남겨 둔다.

ㄷ) 한국 경외로부터 증원하는 군사인원을 들어오는 것을 정지한다. 단 아래에 규정한 범위내의 부대와 인원의 륜환 림시 임무를 담당한 인원의 한국에의 도착 및 한국경외에서 단기 휴가를 하였거나 혹은 림시임무를 담당하였던 인원의 한국에의 귀환은 이를 허가한다. "륜환"의 정의는 부대 혹은 인원이 한국에서 복무를 개시하는 다른 부대 혹은 인원과 교체하는 것을 말하는 것이다. 륜환인원은 오직 본 정전협정 제43항에 렬

거한 출입항을 경유하여서만 한국에 드러오며 또 한국으로부터 내어갈 수 있다. 륜환은 일(1) 대 일(1)인의 교환 기초위에서 진행한다. 단, 어느 일방이던지 어느 일(1)력월 내에 륜환 정책하에서 한국 경외로 부터 삼만 오천(35,000)명 이상의 군사인원을 들어오지는 못한다. 만일 일방의 군사인원을 들어오는 것이 해당측이 본 정전협정 효력 발생일로부터 한국으로 들어온 군사인원의 총수로 하여금 같은 날짜자로부터 한국을 떠난 해당측의 군사인원의 루계 총수를 초과하게 할 때는 해당측의 어떠한 군사인원도 한국에 드러올 수 없다. 군사인원의 한국에의 도착 및 한국으로부터의 리거에 관하여 매일 군사정전위원회와 중립국감독위원회에 보고한다. 이 보고는 입경과 출경의 지점 및 매개 지점에서 입경하는 인원과 출경하는 인원의 수자를 포함한다. 중립국감독위원회는 그의 중립국시찰소조를 통하여 본 정전협정 제43항에 렬거한 출입항에서 상기의 허가된 부대 및 인원의 륜환을 감독하며 시찰한다.

ㄹ) 한국 경외로부터 증원하는 작전비행기, 장갑차량, 무기 및 탄약을 드려오는 것을 정지한다. 단 정전기간에 파괴, 파손, 손모 또는 소모된 작전비행기, 장갑차량, 무기 및 탄약은 같은 성능과 같은 류형의 물건을 일(1) 대 일(1)로 교환하는 기초우에서 교체할 수 있다. 이러한 작전비행기, 장갑차량, 무기 및 탄약은 오직 본 정전협정 제43항에 렬거한 출입항을 경유하여서만 한국으로 드려올 수 있다. 교체의 목적으로 작전비행기, 장갑차량, 무기 및 탄약을 한국으로 반입할 필요를 확증하기 위하여 이러한 물건의 매차 반입에 관하여 군사정전위원회와 중립국감독위원회에 보고한다. 이 보고 중에서 교체되는 물건의 처리정형을 설명한다. 교체되어 한국으로부터 내어가는 물건은 오직 본 정전협정 제43항에 렬거한 출입항을 경유하여서만 내어갈 수 있다. 중립국감독위원회는 그의 중립국시찰소조를 통하여 본 정전협정 제43항에 렬거한 출입하에서 상기의 허가된 작전비행기, 장갑차량, 무기 및 탄약의 교체를 감독하여 시찰한다.

ㅁ) 본 정전협정 중의 어떠한 규정이던지 위반하는 각자의 지휘하에 있는 인원을 적당히 처벌할 것을 보장한다.

ㅂ) 매장지점이 기록에 있고 분묘가 확실히 존재하고 있다는 것이 판명된 경우에는 본 정전협정이 효력을 발생한 후 일정한 기한 내에 그의 군사통제 하에 있는 한국지역에 상대방의 분묘등록 인원이 들어오는 것을 허가하여 이러한 분묘 소재지에 가서 해당측의 이미 죽은 전쟁포로를 포함한 죽은 군사인원의 시체를 발굴하고 또 반출하여 가도록한다. 상기 사업을 진행하는 구체적 방법과 기한은 군사정전위원회가 이를 결정한다. 적대쌍방 사령관들은 상대방의 죽은 군사인원의 매장 지점에 관계되는 얻을 수 있는 일체 재료를 상대방에 제공한다.

ㅅ) 군사정전위원회와 그의 공동감시소조 및 중립국감독위원회와 그의 중립국시찰소조가 하기와 같이 지정한 그들의 직책과 임무를 집행할 때에 충분한 보호 및 일체의 가능한 방조와 협력을 한다. 중립국감독위원회 및 그의 중립국시찰소조가 쌍방이 합의한 주요 교통선을 경유하여 중립국감독위원회 본부와 본 정전협정 제43항에 렬거한 출입항간을 왕래할 때와 또 중립국감독위원회 본부와 본 정전협정 위반사건이 발생하였다고 보고된 지점간을 왕래할 때에 충분한 통행상의 편리를 준다. 불필요한 지연을 방지하기 위하여 주요 교통선이 막히던지 통행할 수 없는 경우에는 다른 통로와 수송기재를 사용할 것을 허가한다.

ㅇ) 군사정전위원회 및 중립국감독위원회와 그 각자에 속하는 소조에 요구되는 통신 및 운수상 편리를 포함한 보급상의 원조를 제공한다.

ㅈ) 군사정전위원회 본부 부근 비무장지대내의 자기측 지역에 각각 한 개의 적당한 비행장을 건설, 관리 및 유지한다. 그 용도는 군사정전위원회가 결정한다.

ㅊ) 중립국감독위원회와 하기와 같이 설립한 중립국송환의원회의 전체 위원 및 기타 인원이 모두 자기의 직책을 적당히 집행함에 필요한 자유와 편리를 가지도록 보장한다. 이에는 인가된 외교인원이 국제 관례에 따라 통상적으로 향유하는 바와 동등한 특권, 대우 및 면제권을 포함한다.

14. 본 정전협정을 쌍방의 군사통제하에 있는 적대 중의 일체 지상 군사력량에 적용되며 이러한 지상 군사력량은 비무장지대와 상대방의 군사통제하에 있는 한국 지역을 존중한다.

15. 본 정전협정은 적대 중의 일체 해상 군사력량에 적용되며 이러한 해상군사력량은 비무장지대와 상대방의 군사통제하에 있는 한국 륙지에 린접한 해면을 존중하며 항구에 대하여 어떠한 종류의 봉쇄도 하지 못한다.

16. 본 정전협정은 적대 중의 일체 공중 군사력량에 적용되며 이러한 공중 군사력량은 비무장지대와 상대방의 군사통제하에 있는 한국 지역 및 이 량 지역에 린접한 해면의 상공을 존중한다.

17. 본 정전협정의 조항과 규정을 준수하며 집행하는 책임은 본 정전협정에 조인한 자와 그의 후임 사령관에게 속한다. 적대 쌍방 사령관들은 각각 그들의 지휘 하에 있는 군대 내에서 일체의 필요한 조치와 방법을 취함으로써 그 모든 소속 부대 및 인원이 본 정전협정의 전체 규정을 철저히 준수하는 것을 보장한다. 적대 쌍방 사령관들은 호상 적극 협력하여 군사정전위원회 및 중립국감독위원회와 적극 협력함으로써 본 정전협정 전체 규정의 문구와 정신을 준수하도록 한다.

18. 군사정전위원회와 중립국감독위원회 및 그 각자에 속하는 소조의 사업비용은 적대 쌍방이 균등하게 부담한다.

나. 군사정전위원회

1. 구 성

19. 군사정전위원회를 설립한다.

20. 군사정전위원회는 십(10)명의 고급 장교로 구성하되 그 중의 오(5)명은국제련합군 총사령관이 이를 임명하며 그 중의 오(5)명은 조선인민군 최고사령관과 중국인민지원군 사령원이 공동으로 이를 임명한다. 위원 십(10)명 중에서 각방의 삼(3)명은 장급에 속하여야 하며 각방의 나머지 이(2)명은 소장, 준장, 대령 혹은 그와 동급인 자로 할 수 있다.

21. 군사정전위원회의 위원은 그 필요에 따라 참모 보조인원을 사용할 수 있다.

22. 군사정전위원회는 필요한 행정인원을 배치하여 비서처를 설치하되 그 임무는 동 위원회의 기록, 서기, 통역 및 동 위원회가 지정하는 기타의 직책의 집행을 협조하는 것이다. 쌍방은 각기 비서처에 비서장 일(1)명 보조 비서

장 일(1)명 및 비서처에 필요한 서기 및 전문 기술인원을 임명한다. 기록은 영문, 한국문 및 중국문으로 작성하되 세가지 글은 동등한 효력을 가진다.

23. ㄱ) 군사정전위원회는 처음에는 십(10)개의 공동감시소조를 두어 그 협조를 받는다. 소조의 수는 군사정전위원회의 쌍방 수석위원의 합의를 거쳐 감소할 수 있다.

ㄴ) 매개의 공동감시소조는 사(4)명 내지 륙(6)명의 령급 장교로 구성하되 그 중의 반수는 국제련합군 총사령관이 이를 임명하여 그 중의 반수는 조선인민군 최고사령관과 중국인민지원군 사령원이 공동으로 이를 임명한다. 공동감시소조의 사업상 필요한 운전수, 서기 통역 등의 서기, 통역 등의 부속인원은 쌍방이 이를 제공한다.

2. 직책과 권한

24. 군사정전위원회의 전반적 임무는 본 정전협정의 실시를 감독하며 본 정전협정의 어떠한 위반사건이던지 협의하여 처리하는 것이다.

25. 군사정전위원회는

ㄱ) 본부를 판문점(북위 37도57분29초, 동경 126도40분00초)부근에 설치한다. 군사정전위원회는 동 위원회의 쌍방 수석위원의 합의를 거쳐 그 본부를 비무장 지대 내의 다른 한 지점에 이설할 수 있다.

ㄴ) 공동기구로서 사업을 진행하며 의장을 두지 않는다.

ㄷ) 그가 수시로 필요하다고 인정하는 절차 규정을 채택한다.

ㄹ) 본 정전협정 중 비무장지대와 한강 하구에 관한 각 규정의 집행을 감독한다.

ㅁ) 공동감시소조의 사업을 지도한다.

ㅂ) 본 정전협정의 어떠한 위반사건이든지 협의하여 처리한다.

ㅅ) 중립국감독위원회로부터 받은 본 정전협정 위반사건에 관한 일체 조사보고 및 일체 기타 보고와 회의기록은 즉시로 적대쌍방 사령관들에게 이를 전달한다.

ㅇ) 하기한바와 같이 설립한 전쟁포로송환위원회와 실향사민 귀향협조위원회의 사업을 전반적으로 감독하며 지도한다.

ㅈ) 적대쌍방 사령관 간에 통신을 전달하는 중개 역할을 담당한다. 단 상기의 규정은 쌍방 사령관들이 사용하고자하는 어떠한 다른 방법을 사용하여 호상 통신을 전달하는 것을 배제하는 것으로 해석할 수 없다.

ㅊ) 그의 공작인원과 그의 공동감시소조의 증명 문건 및 휘장 또 그 임무 집행시에 사용하는 일체의 차량, 비행기 및 선박의 식별 표식을 발급한다.

26. 공동감시소조의 임무는 군사정전위원회가 본 정전협정 중의 비무장지대 및 한강 하구에 관한 각 규정의 집행을 감독함을 협조하는 것이다.

27. 군사정전위원회 또는 그 중의 어느 일방의 수석위원은 공동감시소조를 파견하여 비무장지대나 한강 하구에서 발생하였다고 보고된 본 정전협정 위반사건을 조사할 권한을 가진다. 단 동 위원회 중의 어느 일방의 수석위원이던지 언제나 군사정전위원회가 아직 파견하지 않은 공동감시소조의 반수 이상을 파견할 수 없다.

28. 군사정전위원회 또는 동 위원회의 어느 일방의 수석위원은 중립국감독위원회에 요청하여 본 정전협정 위반사건이 발생하였다고 보고된 비무장지대 이외의 지점에 가서 특별한 감시와 시찰을 행할 권한을 가진다.

29. 군사정전위원회가 본 정전협정 위반사건이 발생하였다고 확정한 때에는 즉시로 그 위반사건을 적대쌍방 사령관들에게 보고한다.

30. 군사정전위원회가 본 정전협정의 어떠한 위반사건이 만족하게 시정되었다고 확정한 때에는 이를 적대 쌍방 사령관들에게 보고한다.

3. 총 칙

31. 군사정전위원회는 매일 회의를 연다. 쌍방의 수석위원은 합의하여 칠(7)일을 넘지 않은 휴회를 할 수 있다. 단 어느 일방의 수석 위원이던지 이십사(24)시간 전의 통고로써 이 휴회를 끝낼 수 있다.

32. 군사정전위원회의 일체 회의기록의 부분은 매번 회의 후 될 수 있는 대로 속히 적대 쌍방 사령관들에게 송부한다.

33. 공동감시소조는 군사정전위원회에 동 위원회가 요구하는 정기 보고를 제출하며 또 이 소조들이 필요하다고 인정하거나 또는 동 위원회가 요구하는 특별보고를 제출한다.

34. 군사정전위원회는 본 정전협정에 규정한 보고 및 회의 기록의 문건철 두벌을 보관한다. 동 위원회는 그 사업 진행에 필요한 기타의 보고 기록 등의 문건철 두 벌을 보관할 권한을 가진다. 동 위원회의 최후 해산시에는 상기 문건철을 쌍방에 각 한벌씩 나누어준다.

35. 군사정전위원회는 적대 쌍방 사령관들에게 본 정전협정의 수정 또는 증보에 대한 건의를 제출 할 수 있다. 이러한 개정 건의는 일반적으로 더 유효한 정전을 보장할 것을 목적으로 하는 것이어야 한다.

다. 중립국 감독위원회

1. 구 성

36. 중립국감독위원회를 설립한다.

37. 중립국감독위원회는 사(4)명의 고급장교로 구성하되 그중의 이(2)명은 국제련합군 총사령관이 지명한 중립국 즉 서전 및 서서가 이를 임명하며 그 중의 이(2)명은 조선인민군 최고사령관과 중국인민지원군 사령원이 공동으로 지명한 중립국 즉 파란 및 체코슬로바키아가 이를 임명한다. 본 정전협정에서 쓴 "중립국"이라는 용어의 정의는 그 전투부대가 한국에서의 적대행위에 참가하지 않은 국가를 말하는 것이다. 동 위원회에 임명되는 위원은 임명하는 국가의 무장부대로부터 파견될 수 있다. 매개 위원은 후보위원 일(1)명을 지정하여 그 정 위원이 어떤 리유로 출석할 수 없게 되는 회의에 출석하게 된다. 이러한 후보위원은 그 정 위원과 동일한 국적에 속한다. 일방이 지명한 중립국위원의 출석자수와 다른 일방이 지명한 중립국위원의 출석자 수가 같을 때에는 중립국감독위원회는 곧 행동을 취할 수 있다.

38. 중립국감독위원회의 위원은 그 필요에 따라 각기 해당 중립국가가 제공한 참모 보조인원을 사용할 수 있다. 이러한 참모 보조인원은 본 위원회의 후보인원으로 임명될 수 있다.

39. 중립국감독위원회에 필요한 행정인원을 제공하도록 중립국에 요청하여 비서처를 설치하되 그 임무는 동 위원회에 필요한 기록, 서기, 통역 및 동 위원회가 지정하는 기타의 직책의 집행을 협조하는 것이다.

40. ㄱ) 중립국감독위원회는 처음에는 이십(20)개의 중립국 시찰소조를 두어

그 협조를 받는다. 소조의 수는 군사정전위원회의 쌍방 수석위원의 합의를 거쳐 감소할 수 있다. 중립국시찰소조는 오직 중립국감독위원회에 대하여서만 책임을 지며 그에 보고하며 또 그 지도를 받는다.

ㄴ) 매개 중립국시찰소조는 최소 사(4)명의 장교로 구성하되 이 장교는 령급으로하는 것이 적당하며 그 중의 반수는 국제련합군 총사령관이 지명한 중립국에서 내고 그 중의 반수는 조선인민군 최고사령관과 중국인민지원군 사령원이 공동으로 지명한 중립국에서 낸다. 중립국시찰소조에 임명되는 조원은 임명하는 국가의 무장부대에서 이를 낼 수 있다. 각 소조의 직책집행을 편리하게 하기 위하여 정황의 요구에 따라 최소 이(2)명의 조원으로 구성하는 분조를 설치할 수 있다. 그 두 조원 중의 일(1)명은 국제련합군 총사령관이 지명한 중립국에서 내며 일(1)명은 조선인민군 최고사령관과 중국인민지원군 사령원이 공동으로 지명한 중립국에서 낸다. 운전수, 서기, 통역, 통신원과 같은 부속인원 및 각 소조의 임무 집행에 필요한 비품은 각방 사령관이 비무장지대내 및 자기측 군사통제 지역내에서 수요에 따라 이를 공급한다. 중립국감독위원회는 동위원회 자체와 중립국시찰소조들에 그가 요망하는 상기의 인원 및 비품을 제공할 수 있다. 단 이러한 인원은 중립국감독위원회를 구성한 그 중립국의 인원 이어야한다.

2. 직책과 권한

41. 중립국감독위원회의 임무는 본 정전협정 제13항 ㄷ목, 제13항 ㄹ목 및 제28항에 규정한 감독, 감시, 시찰 및 조사의 직책을 집행하며 이러한 감독, 감시, 시찰 및 조사의 결과를 군사정전위원회에 보고하는 것이다.

42. 중립국감독위원회는

ㄱ) 본부를 군사정전위원회 본부의 부근에 설치한다.

ㄴ) 그가 수시로 필요하다고 인정하는 절차 규정을 채택한다.

ㄷ) 그 위원 및 그 중립국시찰소조를 통하여 본 정전협정 제43항에 렬거한 출입항에서 본 정전협정 제13항 ㄷ목, 제13항 ㄹ목에 규정한 감독과 시찰을 진행하며 또 본 정전협정 위반사건이 발생하였다고 보고된 지점

에서 본 정전협정 제28항에 규정한 특별 감시와 시찰을 진행한다. 작전 비행기, 장갑차량, 무기 및 탄약에 대한 중립국시찰소조의 시찰은 소조로 하여금 증원하는 작전비행기, 장갑차량, 무기 및 탄약을 한국으로 드려옴이 없도록 확실히 보장할 수 있게 한다. 단 이 규정은 어떠한 작전 비행기, 장갑차량, 무기 또는 탄약의 어떠한 비밀 설계 또는 특점을 시찰 또는 검사할 권한을 주는 것으로 해석할 수 없다.

ㄹ) 중립국시찰소조의 사업을 지도하며 감독한다.

ㅁ) 국제련합군 총사령관의 군사통제 지역 내에 있는 본 정전협정 제43항에 렬거한 출입항에 오(5)개의 중립국시찰소조를 주재시키며 조선인민군 최고사령관과 중국인민지원군 사령원의 군사통제 지역 내에 있는 본 정전협정 제43항에 렬거한 출입항에 오(5)개의 중립국시찰소조를 주재시킨다. 처음에는 따로 십(10)개의 중립국이동시찰소조를 후비로 설치하되 중립국감독위원회 본부 부근에 주재시킨다. 그 수는 군사정전위원회의 쌍방 수석위원의 합의를 거쳐 감소 할 수 있다. 중립국이동시찰소조 중 군사정전위원회의 어느 일방 수석위원의 요청에 응하여 파견하는 소조는 언제나 그 반수를 초과할 수 없다.

ㅂ) 보고된 본 정전협정 위반사건을 전목 규정의 범위내에서 지체없이 조사한다. 이에는 군사정전위원회 또는 동 위원회 중의 어느 일방 수석위원이 요청하는 보고된 본 정전협정 위반사건에 대한 조사를 포함한다.

ㅅ) 그의 공작인원과 그의 중립국시찰소조의 증명문건 및 휘장 또 그 임무 집행 시에 사용하는 일체 차량, 비행기 및 선박의 식별 표식을 발급한다.

43. 중립국시찰소조는 하기한 각 출입항에 주재한다.

국제련합군의 군사통제 지역	조선인민군과 중국인민지원군의 군사통제 지역
인 천 (북위 37도 28분, 동경 126도 38분)	신 의 주 (북위 40도 06분, 동경 124도 24분)
대 구 (북위 35도 52분, 동경 128도 36분)	청 진 (북위 41도 46분, 동경 129도 49분)
부 산 (북위 35도 06분, 동경 129도 02분)	흥 남 (북위 39도 50분, 동경 127도 37분)
강 릉 (북위 37도 45분, 동경 128도 54분)	만 포 (북위 41도 09분, 동경 126도 18분)
군 산 (북위 35도 59분, 동경 126도 43분)	신 안 주 (북위 39도 36분, 동경 125도 36분)

이 중립국시찰소조들은 첨부한 지도에 표시한 지역 내와 교통선에서 통행상 충분한 편리를 받는다.

3. 총 칙

44. 중립국감독위원회는 매일 회의를 연다. 중립국감독위원회위원은 합의하여 칠(7)일을 넘지 않는 휴회를 할 수 있다. 단 어느 위원이던지 이십사(24)시간 전의 통고로써 이 휴회를 끌낼 수 있다.

45. 중립국감독위원회의 일체 회의기록의 부본은 매번 회의 후 될 수 있는 대로 속히 군사정전위원회에 송부한다. 기록은 영문, 한국문 및 중국문으로 작성한다.

46. 중립국시찰소조는 그의 감독, 감시, 시찰 및 조사의 결과에 관하여 중립국감독위원회가 요구하는 정기보고를 동 위원회에 제출하며 또 이 소조들이

필요하다고 인정하거나 동 위원회가 요구하는 특별보고를 제출한다. 보고는 소조 총체가 이를 제출한다. 단 그 소조의 개별적 조원 일(1)명 또는 수명이 이를 제출할 수도 있다. 개별적 조원 일(1)명 또는 수명이 제출한 보고는 다만 참고적 보고로 간주한다.

47. 중립국감독위원회는 중립국시찰소조가 제출한 보고의 부분을 그가 접수한 보고에 사용된 글로써 지체 없이 군사정전위원회에 송부한다. 이러한 보고는 번역 또는 심의 결정 수속 때문에 지체시킬 수 없다. 중립국감독위원회는 실제 가능한 한 속히 이러한 보고를 심의 결정하며 그의 판정서를 우선 군사정전위원회에 송부한다. 중립국감독위원회의 해당 심의 결정을 접수하기 전에는 군사정전위원회는 이런 어떠한 보고에 대하여서도 최후적 행동을 취하지 못한다. 군사정전위원회의 어느 일방 수석위원의 요청이 있을 때에는 중립국감독위원회의 위원과 그 소조의 조원은 곧 군사정전위원회에 참석하여 제출된 어떠한 보고에 대하여서든지 설명한다.

48. 중립국감독위원회는 본 정전협정이 규정하는 보고 및 회의기록의 문건철 두 벌을 보관한다. 동 위원회는 그 사업진행에 필요한 기타의 보고 기록등의 문건철 두 벌을 보관할 권한을 가진다. 동 위원회의 최후 해산 시에는 상기 문건철을 쌍방에 각 한 벌씩 나누어준다.

49. 중립국감독위원회는 군사정전위원회에 본 정전협정의 수정 또는 증보에 대한 건의를 제출할 수 있다. 이러한 개정 건의는 일반적으로 더 유효한 정전을 보장할 것을 목적으로 하는 것이어야 한다.

50. 중립국감독위원회 또는 동 위원회의 매개 위원은 군사정전위원회의 임의의 위원과 통신 련락을 취할 권한을 가진다.

제3조 전쟁포로에 관한 조치

51. 본 정전협정이 효력이 발생하는 당시에 각방이 수용하고 있는 전체 전쟁포로의 석방과 송환은 본 정전협정 조인 전에 쌍방이 합의한 하기 규정에 따라 집행한다.

ㄱ) 본 정전협정이 효력을 발생한 후 륙십(60)일 이내에 각방은 그 수용하에 있는 송환을 견지하는 전체 전쟁포로를 포로 된 당시에 그들이 속한 일방에 집단적으로 나누어 직접 송환 인도하며 어떠한 저애도 가하지 못한다. 송환은 본 조의 각항 관계 규정에 의하여 완수한다. 이러한 인원의 송환 수속을 촉진시키기 위하여 각방은 정전협정 조인전에 직접 송환될 인원의 국적별로 분류한 총수를 교환한다. 상대방에 인도되는 전쟁포로의 각 집단은 국적별로 작성한 명부를 휴대하되 이에는 성명, 계급(계급이 있으면) 및 수용번호 또는 군번호를 포함한다.

ㄴ) 각방은 직접 송환하지 않은 나머지 전쟁포로를 그 군사통제와 수용하로부터 석방하여 모두 중립국송환위원회에 넘겨 본 정전협정 부록 "중립국송환위원회 직권의 범위"의 각조의 규정에 의하여 처리케한다.

ㄷ) 세가지 글을 병용함으로 인하여 발생할 수 있는 오해를 피하기 위하여 본 정전협정의 용어로서 일방이 전쟁포로를 상대방에 인도하는 행동을 그 전쟁포로의 국적과 거주지의 여하를 불문하고 영문중에서는 "REPATRIATION" 한국문중에서는 "송환" 중국문중에서는 "遣返"이라고 규정한다.

52. 각방은 본 정전협정의 효력 발생에 의하여 석방되며 송환되는 어떠한 전쟁포로든지 한국 충돌중의 전쟁행동에 사용하지 않을 것을 보장한다.

53. 송환을 견지하는 전체 병상전쟁포로는 우선적으로 송환한다. 가능한 범위내에서 포함된 의무인원을 병상전쟁포로와 동시에 송환하여 도중에서 의료와 간호를 제공하도록 한다.

54. 본 정전협정 제51항 ㄱ목에 규정한 전체 전쟁포로의 송환은 본 정전협정이 효력을 발생한 후 륙십(60) 일의 기한 내에 완료한다. 이 기한 내에 각방은 책임지고 그가 수용하고 있는 상기 전쟁포로의 송환을 실제 가능한한 속히 완료한다.

55. 판문점을 쌍방의 전쟁포로 인도 인수 지점으로 정한다. 필요할 때에는 전쟁포로송환위원회는 기타의 전쟁포로 인도 인수지점(들)을 비무장지대 내에 증설할 수 있다.

56. ㄱ) 전쟁포로송환위원회를 설립한다. 동 위원회는 령급 장교 륙(6)명으로구

성하되 그 중 삼(3)명은 국제련합군 총사령관이 이를 임명하며 그 중 삼(3)명은 조선인민군 최고사령관과 중국인민지원군 사령원이 공동으로 이를 임명한다. 동 위원회는 군사정전위원회의 전반적 감독과 지도하에서 책임지고 쌍방의 전쟁포로 송환에 관계되는 구체적 계획을 조절하며 쌍방이 본 정전협정 중의 전쟁포로 송환에 관계되는 일체 규정을 실시하는 것을 감독한다. 동 위원회의 임무는 전쟁포로들이 쌍방 전쟁포로 수용소로부터 전쟁포로 인도 인수 지점(들)에 도달하는 시간을 조절하며 필요할 때에는 병상 전쟁포로의 수송 및 복리에 요구되는 특별한 조치를 취하며 본 정전협정 제57항에서 설립된 공동적십자소조의 전쟁포로 송환 협조사업을 조절하며 본 정전협정 제53항과 제54항에 규정한 전쟁포로 실제 송환 조치의 실시를 감독하며 필요할 때에는 추가적 전쟁포로 인도 인수 지점(들)을 선정하며 전쟁포로의 인도 인수 지점(들)의 안전 조치를 취하며 전쟁포로 송환에 필요한 기타 관계 임무를 집행하는 것이다.

ㄴ) 전쟁포로송환위원회는 그 임무에 관계되는 어떠한 사항에 대하여 합의에 도달하지 못할 때에는 이러한 사항을 즉시로 군사정전위원회에 제기하여 결정하도록 한다. 전쟁포로송환위원회는 군사정전위원회 본부 부근에 그 본부를 설치한다.

ㄷ) 전쟁포로송환위원회가 전쟁포로 송환 계획을 완수한 때에는 군사정전위원회가 즉시로 이를 해산시킨다.

57. ㄱ) 본 정전협정이 효력을 발생한 후 즉시로 국제련합군에 군대를 제공하고 있는 각국의 적십자사 대표를 일방으로 하고 조선민주주의인민공화국 적십자사 대표와 중화인민공화국 적십자사 대표를 다른 일방으로 하여 조직되는 공동적십자소조를 설립한다. 공동적십자소조는 전쟁포로의 복리에 요망되는 인도주의적 복무로써 쌍방이 본 정전협정 제51항 ㄱ목에 규정한 송환을 견지하는 전체 전쟁포로의 송환에 관계되는 규정을 집행하는 것을 협조한다. 이 임무를 완수하기 위하여 공동적십자소조는 전쟁포로 인도 인수 지점(들)에서 쌍방의 전쟁포로 인도 인수 사업을 협조하며 쌍방의 전쟁포로 수용소를 방문하여 위문하며 전쟁포로의 위문과 전쟁포로의 복리를 위한 선물을 가지고가서 분배한다. 공동적십자소조는 전쟁포로 수용소에서

전쟁포로 인도 인수 지점(들)으로 가는 도중에 있는 전쟁포로에게 복무를 제공할 수 있다.

ㄴ) 공동적십자소조는 다음과 같은 규정에 의하여 조직한다.

(1) 한 소조는 각방의 본국 적십자사로부터 각기 대표 십(10)명씩을 내어 쌍방 합하여 이십(20)명으로 구성하며 전쟁포로 인도 인수 지점(들)에서 쌍방의 전쟁포로의 인도 인수를 협조한다. 동 소조의 의장은 쌍방 적십자사 대표가 매일 륜번으로 담당한다. 동 소조의 사업과 복무는 전쟁포로송환위원회가 이를 조절한다.

(2) 한 소조는 각방의 본국 적십자사로부터 각기 대표 삼십(30)명씩을 내어 쌍방 합하여 륙십(60)명으로 구성하며 조선인민군 및 중국인민지원군 관리하의 전쟁포로 수용소를 방문하며 또 전쟁포로 수용소에서 전쟁포로 인도 인수 지점(들)으로 가는 도중에 있는 전쟁포로에게 복무를 제공할 수 있다. 조선민주주의인민공화국 적십자사 또는 중화인민공화국 적십자사의 대표가 동 소조의 의장을 담당한다.

(3) 한 소조는 각방의 본국 적십자사로부터 각기 대표 삼십(30)명씩을 내어쌍방 합하여 륙십(60)명으로 구성하며 국제련합군 관리하의 전쟁포로 수용소를 방문하며 또 전쟁포로 수용소에서 전쟁포로 인도 인수 지점(들)으로 가는 도중에 있는 전쟁포로에게 복무를 제공할 수 있다. 국제련합군에 군대를 제공하고 있는 한 나라의 적십자사 대표가 동 소조의 의장을 담당한다.

(4) 각 공동적십자소조의 임무 집행의 편의를 위하여 정황이 필요로 할 때에는 최소 이(2)명의 소조원으로 구성하는 분조를 설립할 수 있다. 분조 내에서 각방은 동등한 수의 대표를 가진다.

(5) 각방 사령관은 그의 군사통제 지역 내에서 사업하는 공동적십자소조에 운전수, 서기 및 통역과 같은 부속인원 및 각 소조가 그 임무 집행상 필요로 하는 장비를 공급한다.

(6) 어떠한 공동적십자소조든지 동 소조의 쌍방 대표가 동의하는 때에는 그 인원수를 증감할 수 있다. 단 이는 전쟁포로 송환위원회의 인가를 거쳐야 한다.

ㄷ) 각방 사령관은 공동적십자소조가 그의 임무를 집행하는데 충분한 협조를 주며 또 그의 군사통제 지역 내에서 책임지고 공동적십자소조 인원들의 안전을 보장한다. 각방 사령관은 그의 군사통제 지역 내에서 사업하는 이러한 소조에 요구되는 보급, 행정 및 통신상의 편의를 준다.

ㄹ) 공동적십자소조는 본 정전협정 제51항 ㄱ목에 규정한 송환을 견지하는 전체 전쟁포로의 송환 계획이 완수되었을 때에는 즉시로 해산한다.

58\. ㄱ) 각방 사령관은 가능한 범위 내에서 속히 그러나 본 정전협정이 효력을 발생한 후 십(10)일 이내에 상대방 사령관에게 다음과 같은 전쟁포로에 관한 재료를 제공한다.

(1) 제일 마지막 번에 교환한 자료의 마감한 날짜 이후에 도망한 전쟁포로에 관한 완전한 자료.

(2) 실제로 실행할 수 있는 범위 내에서 수용기간 중에 사망한 전쟁포로의 성명, 국적, 계급별 및 기타의 식별자료 또한 사망날자, 사망원인 및 매장 지점에 관한 재료.

ㄴ) 만일 위에 규정한 보충 재료의 마감한 날자 이후에 도망하였거나 또는 사망한 어떠한 전쟁포로가 있으면 수용한 일방은 본 조 제58항 ㄱ목의 규정에 의하여 관계 자료를 전쟁포로 송환위원회를 거쳐 상대방에 제공한다. 이러한 자료는 전쟁포로 인도 인수 계획을 완수할때까지 십(10)일에 일차씩 제공한다.

ㄷ) 전쟁포로 인도 인수 계획을 완수한 후에 본래 수용하고 있던 일방에 다시 돌아온 도망하였던 어떠한 전쟁포로도 이를 군사정전위원회에 넘기어 처리한다.

59\. ㄱ) 본 정전협정이 효력을 발생하는 당시에 국제련합군 총사령관의 군사통제 지역에 있는 자로서 1950년 6월 24일에 본 정전협정에 확정된 군사분계선 이북에 거주한 전체 사민에 대하여서는 그들이 귀향하기를 원한다면 국제련합군 총사령관은 그들이 군사분계선 이북 지역에 돌아가는 것을 허용하며 협조한다. 본 정전협정이 효력을 발생하는 당시에 조선인민군 최고사령관과 중국인민지원군 사령원의 군사통제 지역에 있는 자로서 1950년 6월 24일에 본 정전협정에 확정된 군사분계선 이남에 거주한 전체 사민에

대하여서는 그들이 귀향하기를 원한다면 조선인민군 최고사령관과 중국인민지원군 사령원은 그들이 군사분계선 이남지역에 돌아가는 것을 허용하며 협조한다. 각방 사령관은 책임지고 본 목 규정의 내용을 그의 군사통제 지역에 광범히 선포하며 또 적당한 민정 당국을 시켜 귀향하기를 원하는 이러한 전체 사민에게 필요한 지도와 협조를 주도록 한다.

ㄴ) 본 정전협정이 효력을 발생하는 당시에 조선인민군 최고사령관과 중국인민지원군 사령원의 군사통제 지역에 있는 전체 외국적의 사민중 국제련합군 총사령관의 군사통제 지역으로 가기를 원하는 자에게는 그가 국제련합군 총사령관의 군사통제 지역으로 가는 것을 허용하며 협조한다. 본 정전협정이 효력을 발생하는 당시에 국제련합군 총사령관의 군사통제 지역에 있는 전체 외국적의 사민중 조선인민군 최고사령관과 중국인민지원군 사령원의 군사통제 지역으로 가기를 원하는 자에게는 그가 조선인민군 최고사령관과 중국인민지원군 사령원의 군사통제 지역으로 가는 것을 허용하며 협조한다. 각방 사령관은 책임지고 본 목 규정의 내용을 그의 군사통제 지역에 광범히 선포하며 또 적당한 민정 당국을 시켜 상대방 사령관의 군사통제 지역으로 가기를 원하는 이러한 전체 외국적의 사민에게 필요한 지도와 협조를 주도록 한다.

ㄷ) 쌍방이 본 조 제59항 ㄱ목에 규정한 사민의 귀향과 본 조 제59항 ㄴ목에 규정한 사민의 이동을 협조하는 조치는 본 정전협정이 효력을 발생한 후 될수 있는 한 속히 개시한다.

ㄹ) (1) 실향사민귀향협조위원회를 설립한다. 동 위원회는 령급 장교 사(4)명으로 구성하되 그중 이(2)명은 국제련합군 총사령관이 이를 임명하며 그중 이(2)명은 조선인민군 최고사령관과 중국인민지원군 사령원이 공동으로 이를 임명한다. 동 위원회는 군사정전위원회의 전반적 감독과 지도 밑에 책임지고 상기 사민의 귀향을 협조하는데 관계되는 쌍방의 구체적 계획을 조절하며 또 상기 사민의 귀향에 관계되는 본 정전협정 중의 일체 규정을 쌍방이 집행하는 것을 감독한다. 동 위원회의 임무는 운수 조치를 포함한 필요한 조치를 취함으로써 상기 사민의 이동을 촉진 및 조절하며 상기 사민이 군사분계선을 통과하는 월경지점(들)을 선

정하며 월경 지점(들)의 안전조치를 취하며 또 상기 사민 귀향을 완료하기 위하여 필요환 기타 임무를 집행하는 것이다.

(2) 실향사민귀향협조위원회는 그의 임무에 관계되는 어떠한 사항이던지 합의에 도달할 수 없는 때에는 이를 곧 군사정전위원회에 제출하여 결정하게 한다. 실향사민귀향협조위원회는 그의 본부를 군사정전위원회의 본부 부근에 설치한다.

(3) 실향사민귀향협조위원회가 그의 임무를 완수한 때에는 군사정전위원회가 즉시로 이를 해산시킨다.

제4조 쌍방 관계정부들에의 건의

60. 한국 문제의 평화적 해결을 보장하기 위하여 쌍방 군사사령관은 쌍방의관계 각국 정부에 정전협정이 조인되고 효력을 발생한 후 삼(3)개월 내에 각기 대표를 파견하여 쌍방의 한급 높은 정치회의를 소집하고 한국으로부터의 모든 외국군대의 철거 및 한국 문제의 평화적 해결 등 문제들을 협의할 것을 이에 건의한다.

제5조 부 칙

61. 본 정전협정에 대한 수정과 증보는 반드시 적대쌍방 사령관들의 호상 합의를 거쳐야한다.

62. 본 정전협정의 각 조항은 쌍방이 공동으로 접수하는 수정 및 증보 또는 쌍방의 정치적 수준에서의 평화적 해결을 위한 적당한 협정 중의 규정에 의하여 명확히 교체될 때 까지는 계속 효력을 가진다.

63. 제12항을 제외한 본 정전협정의 일체 규정은 1953년 7월 27일 2200시부터 효력을 발생한다.

1953년 7월 27일 1000시에 한국 판문점에서 영문, 한국문 및 중국문으로써 작성한다. 이 세가지 글의 각 협정 문본은 동등한 효력을 가진다.

조선인민군 최고사령관
조선민주주의인민공화국원수
김 일 성

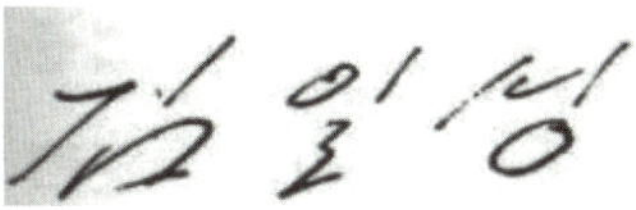

중국인민지원군
사령원
팽 덕 회

국제련합군 총사령관
미국 륙군 대장
마크 더불유. 클라크

참 석 자

조선인민군 및
중국인민지원군 대표단
수석 대표
조선인민군 대장
남 일

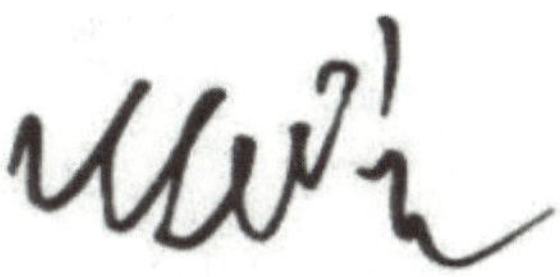

국제련합군 대표단
수석 대표
미국 륙군 중장

윌리암 케이. 해리슨

중립국송환위원회 직권의 범위
(제51항 ㄴ목을 보라)

제1조 총 칙

1. 전체 전쟁포로로 하여금 정전후 피송환권 행사의 기회를 가지도록 보장하기 위하여 쌍방은 서전, 서서, 파란, 체코슬로바키야 및 인도에 각각 일(1)명씩의 위원을 임명하도록 요청하여 중립국송환위원회를 설립하고 동 위원회는 억류측의 관리하에 있는 동안 피송환권을 행사하지 않은 전쟁포로를 한국에서 수용한다.

중립국송환위원회는 그 본부를 비무장 지대내의 판문점 부근에 두며 중립국송환위원회와 동일한 구성을 가진 종속기관을 동 위원회가 전쟁포로를 책임지고 관리하는 각 지점에 주재시킨다. 중립국송환위원회와 그의 종속기관의 사업을 참관하는 것을 쌍방 대표들에게 허락한다. 이에는 해설과 면회를 포함한다.

2. 중립국송환위원회의 직무와 책임의 수행을 협조하는데 필요한 충분한 무장력량과 기타 일체 공작인원은 인도가 전적으로 제공하며 제네바협약 제132조의 규정에 의하여 인도대표는 공정인이 되며 동 대표는 중립국송환위원회의 의장과 집행자로 된다. 기타 4개국의 대표는 각각 오십(50)명을 넘지않는 동수의 참모 보조인원을 가지는 것을 허락한다. 각 중립국의 대표가 사고로 인하여 결석할 때에는 동 대표는 자기와 동일한 국적을 가진 자를 후보 대표로 지정하여 그의 직권을 대행케한다. 본 항에 규정한 일체 인원의 무기는 경무원용 소형 무기에 한한다.
3. 상기 제1항에 규정한 전쟁포로의 송환을 방해 또는 수행하기 위하여 무력을 사용하거나 또는 무력으로써 위협하지 못하며 또한 어떠한 방식으로든지 또는 여하한 목적을 위하여서도 전쟁포로의 인신에 대하여 폭력을 사용하거나 또는 그들의 존엄이나 자존심을 훼손하는 언행은 허락하지 않는다. (단 하기 제 7항을 보라) 이 임무를 중립국송환위원회에 지시하며 위임한다. 동 위원회는 언제나 제네바협약중의 구체적 규정과 동 협약의 전반적 정신에 의하여 전쟁포로를 인도적으로 대우할 것을 보장한다.

제2조 전쟁포로의 관리

4. 정전협정 발효일 이후 피송환권을 행사하지 않은 전체 전쟁포로는 정전협정 발효일 이후 가능한 한 속히 최대한 륙십(60)일 이내에 억류측의 군사통제와 수용하로부터 석방되어 억류측이 지정하는 한국내의 지구에서 중립국송환위원회에 넘어간다.
5. 중립국송환위원회가 전쟁포로 수용시설을 관리하는 책임을 맡을때에 억류측의 무장부대는 그곳에서 철수함으로써 전항에 규정한 지구를 인도의 무장력량으로 하여금 전적으로 접수 관리케한다.
6. 상기 제5항의 규정에 불구하고 억류측은 전쟁포로 관리 지구 주변지역의 안전과 질서를 유지 보장하며 억류측 관리 지역내의 어떠한 무장력량이던지 (비정규직 무장력량도 포함) 전쟁 포로관리 지구에 대하여 여하한 교란과 침범행동도 감행하지 못하도록 방지하며 단속할 책임을 진다.
7. 상기 제3항의 규정에 불구하고 본 협정의 여하한 항목도 중립국송환위원회의 림시 관할하에 있는 전쟁포로를 통제하는 동 위원회의 합법적 직무와 책임을 집행하는 권한을 약화시키는 것으로 해석할 수 없다.

제3조 해 설

8. 중립국송환위원회는 피송환권을 행사하지 않은 전체 전쟁포로를 접수 관리하게된 후 즉시로 조치를 취하여 전쟁포로의 소속국가들로 하여금 자유와 편리를 가지고 중립국송환위원회가 접수 관리하게 된 날부터 구십(90)일 이내에 하기 규정에 따라 이러한 전쟁포로의 관리 지구에 대표를 파견하여 동 소속국에 의탁하는 전체 전쟁포로에게 그들의 권리를 해설하며 그들이 고향에 돌아가는데 관련되는 모든 사항, 특히 그들이 집에 도라가 평화적 생활을 할 수 있는 완전한 자유를 가지고 있다는 것을 알리게 한다.
   ㄱ. 해설에 종사하는 이러한 대표의 수효는 중립국송환위원회의 관리하에 있는 전쟁포로 매 천(1000)명에 대하여 칠(7)명을 넘지 못하되 허락될 최저 총수는 오(5)명 이하가 되어서는 안 된다.
   ㄴ. 해설에 종사하는 대표가 전쟁포로에게 접근하는 시간은 중립국송환위원회가 결정하며 대체로 전쟁포로의 대우에 관한 제네바협약 제53조에 의거한다.

ㄷ. 일체의 해설 사업과 면회는 중립국송환위원회의 각 성원국가의 대표 일(1)명씩과 억류측 대표 일(1)명의 립회하에 진행한다.

ㄹ. 해설 사업에 관한 추가적 규정은 중립국송환위원회가 제정하며 상기 제3항과 본항에 렬거한 원칙을 적용하는 것을 목적으로 한다.

ㅁ. 해설에 종사하는 대표에게 그가 사업을 진행할 때에 필요한 무전 통신 설비를 휴대하며 무전 통신 인원을 대동하는 것을 허용한다. 통신인원의 수효는 해설에 종사하는 인원이 거주하는 매 지구에 일(1)조씩으로 제한하되 전체 전쟁포로를 한 지구에 집결하는 경우에는 이(2)조를 허락한다. 각 조는 륙(6)명을 넘지 않는 통신인원으로 구성한다.

9. 중립국송환위원회의 관리하에 있는 전쟁포로는 동 위원회와 동 위원회의 대표 및 그 종속 기관에 의견을 제출하며 통신을 보내며 또 전쟁포로 자신의 여하한 사항에 관한 요망 이던지 알릴수 있는 자유와 편리를 가지되 이 목적을 위하여 위원회가 취한 조치에 의거하여 이를 실행한다. 제 4 조 전쟁포로의 처리

10. 중립국송환위원회의 관리하에 있는 전쟁포로는 누구나 피송환권을 행사하기로 결정하면 중립국송환위원회의 각 성원국가 대표 일(1)명씩으로써 구성한 기관에 송환을 요구하는 청원을 제출한다. 일단 이러한 청원이 제출되면 중립국송환위원회나 또는 그 종속기관의 하나는 즉시로 이를 고려하여 이러한 청원이 유효함을 즉시 다수결로 결정한다. 이러한 청원이 일단 제출되어 중립국송환위원회나 또는 그 종속기관의 하나가 그 효력을 발생케 하는 즉시로 동 전쟁포로를 송환 준비가 된 전쟁포로를 중립국송환위원회의 관리 하에 둔 채로 즉시 판문점 전쟁포로 교환 지점에 보내되 정전협정에 규정한 절차에 따라 송환한다.

11. 전쟁포로의 관리를 중립국송환위원회에 넘겨 구십(90)일이 만기된 후 상기 제8항에 규정한 대표들의 전쟁포로와의 접근은 즉시 끝나며 피송환권을 행사하지 않은 전쟁포로의 처리문제는 정전협정 초안 제60항에서 소집할 것을 제의한 정치회의에 넘겨 삼십(30)일 이내에 해결하도록 노력하게하며 이 기간중에 중립국송환위원회는 이러한 전쟁포로를 계속 관리한다. 어떠한 전쟁 포로던지 중립국송환위원회가 그들의 관리를 책임지고 관리하게

된 후 백이십(120)일 이내에 피송환권을 아직 행사하지 않았고 또 정치회의에서도 그들에 대한 어떤 기타의 처리 방법에 합의를 보지 못한자는 중립국송환위원회가 그들의 전쟁포로 신분을 해제하여 사민으로 하는 것을 선포하며 그 다음 각자의 청원에 따라 그중 중립국에 갈 것을 선택한자가 있으면 중립국송환위원회와 인도 적십자사가 이를 협조한다. 이 사업은 삼십(30)일 이내에 완수하며 완수한 후 중립국송환위원회는 즉시로 직무를 정지하고 해산을 선포한다. 중립국송환위원회가 해산한 후 어느때나 어느 곳을 막론하고 상기한 전쟁포로의 신분으로부터 해제된 사민으로서 그들의 조국에 돌아가기를 희망하는 자가 있으면 그들이 있는 곳의 당국은 그들의 조국에 돌아가는 것을 책임지고 협조한다.

제5조 적십자사의 방문

12. 중립국송환위원회의 관리하에 있는 전쟁포로에게 필요한 적십자사의 복무는 중립국송환위원회가 발표한 규칙에 의하여 인도가 제공한다.

제6조 신문보도

13. 중립국송환위원회는 중립국송환위원회가 제정한 절차에 의하여 신문 및 기타 보도기관이 본 협정의 렬거한 전체 사업을 참관하는 자유를 가지도록 보장한다.

제7조 전쟁포로를 위한 보급

14. 각 방은 자기 군사통제 지역내에 있는 전쟁포로에게 보급을 제공하되 각 전쟁포로 수용시설 부근에 있는 합의된 인도지점에서 필요한 공급물자를 중립국송환위원회에 인도한다.
15. 제네바협약 제118조에 의하여 판문점 교환지점까지 송환하는 경비는 억류측이 부담하며 교환지점으로부터의 경비는 전쟁포로가 의탁하는 측이 부담한다.
16. 중립국송환위원회가 전쟁포로 수용시설에서 필요로 하는 일반 근무인원은 인도 적십자사가 제공할 책임을 진다.
17. 중립국송환위원회는 전쟁포로에게 가능한 범위 내에서 의료를 제공한다.

억류측은 중립국송환위원회의 요청이 있을 때 가능한 범위 내에서 의료를 제공하되 특히 장기 치료 또는 입원을 필요로 하는 환자에 대하여 그렇게 한다. 입원기간 중 중립국송환위원회는 전쟁포로를 계속 관리한다. 억류측은 이러한 관리를 협조한다. 치료를 완료한 후 전쟁포로는 상기 제4항에 규정한 전쟁포로 수용시설로 돌려보낸다.

18. 중립국송환위원회는 그 임무와 사업을 집행함에 있어 쌍방으로부터 필요한 합법적인 협조를 받을 권한을 가진다. 단 쌍방은 어떠한 명목이나 어떠한 형식으로서 단지 간섭 또는 영향을 줄 수 있다.

제8조 중립국송환위원회를 위한 보급

19. 각방은 자기측 군사 통제 지역 내에 주재하는 중립국송환위원회 위원에게 보급을 제공할 책임을 지며 쌍방은 비무장지대 내에서 이러한 보급을 동등한 기초위에서 제공한다. 세밀한 조치 중립국송환위원회와 억류측이 매번 결정한다.
20. 각 억류층은 중립국 송환위원회를 위하여 제23항에서 규정한 자기측 지역 내의 교통로를 경유하여 거주지로 가는 동안 및 각 전쟁포로 관리지구 이내가 아니라 그 지구 부근에 거주하는 동안에 해설에 종사하는 상대방의 대표를 보호하는 책임을 진다. 전쟁포로 관리 지구의 실제 게선 내에서의 이러한 대표의 안전은 중립국송환위원회가 책임진다.
21. 각 억류층은 해설에 종사하는 상대방 대표가 자기 군사 통제 지역 내에 있을 때 그에게 수송, 숙소, 교통 및 기타 합의된 보급을 제공한다. 이러한 복무는 상환의 기초위에서 제공한다.

제9조 발 표

22. 본 협정 각조항을 정전협정 효력발생 후 억류층 관리하에서 피송환권을 행사하지 않은 전체 전쟁포로에게 주지시킨다.

제10조 이 동

23. 중립국송환위원회에 속하는 인원 및 송환될 전쟁포로는 상대방의 사령부(또는 사령부들)와 중립국송환위원회가 결정한 교통로를 따라 이동한다. 이 교통로를 표시하는 지도를 상대방의 사령부와 중립국송환위원회에 제출한다. 상기 제4항에 지정한 지구내를 제외하고는 이러한 인원의 이동은 통행하는 지역이 속하는 측의 인원이 이를 통제하며 호송한다. 단 이러한 이동은 어떠한 저해나 협박도 받지 않는다.

제11조 절차에 관한 사항

24. 본 협정의 해석은 중립국송환위원회가 한다. 중립국송환위원회 및 (또는) 그 임무를 대리하게 되거나 또는 담당하게 된 종속기관은 다수결의 기초위에서 운영한다.
25. 중립국송환위원회는 매주에 일차씩 적대 쌍방의 사령관에게 동 위원회가 관리하고 있는 전쟁포로의 정황에 관한 보고를 제출하되 매주 말에 송환된 자 및 남아있는 자의 수효를 표시한다.
26. 본 협정은 쌍방 및 본 협정에서 지명한 5개국의 동의하면 정전이 효력을 발생하는 날에 효력을 발생한다.

1953년 6월 8일 14시에 한국 판문점에서 영문, 한국문 및 중국문의 세가지 글로 작성한다. 각 문본은 동등한 효력을 가진다.

조선인민군 및 중국인민지원군 대표단	국제련합군 대표단
수석 대표	수석 대표
조선인민군 대장	미국 륙군 중장
남 일	윌리암 케이. 해리슨

※ 정전협정 체결 이후 추가 합의 사항 (29개 항)

(1) 비무장지대 내에서 군사경찰을 민사경찰로서 사용하는데 대한 합의

(2) 민사경찰이 휴대할 수 있는 무기의 종류에 관한 합의(3) 군사정전 위원회의 잠정적 절차 규정

(4) 공동일직장교 사무실의 운영 절차

(5) 군사정전위원회 및 그 종속 기관과 각 해당 기관 인원의 증명서, 휘장 및 식별 표식에 관한 합의

(6) 비무장지대 내에서의 보도기관 대표 참석에 관한 규정

(7) 군사인원의 한국에의 도착과 한국으로부터의 이거와 물건의 교체를 감독하며 보고하는 데 관한 절차

(8) 한강하구에서의 민용선박 항행에 대한 규칙 및 관계사항

(9) 군사정전위원회 본부 구역, 본부 구역의 안전 및 본부 구역의 수축에 관한 합의

(10) 군사정전위원회, 중립국감독위원회, 중립국송환 위원회 및 그의 각 종속기관과 기타인원에게 대한 보급과 비용에 관한 합의

(11) 군사분계선이 표시된데 대한 합의

(12) 비서장회의 소집에 관한 합의

(13) 작전 비행기의 정의

(14) 실향사민의 귀향과 외국적의 사민이 상대방 통제 지역으로 가는 것을 협조함에 관한 행정상 세목의 양해

(15) 쌍방 수석 위원간에 왕래되는 통신문 사본 수에 관한 합의(16) 사민의 비무장지대 출입에 관한 합의 및 수정

(17) 쌍방 군사 인원 시체 인도 인수에 관한 행정상 세목의 양해

(18) 군사 분계선 "갑"구와 "을"구의 지정과 표식물들의 번호 배당 방법 및 표식물의 규격

(19) 공동감시소조의 관리, 조직, 사업 및 보급에 관한 수정 총칙(20) 공동감시소조의 축소 및 수정 개칙을 위한 협의 연대표(21) 중립국시찰소조 축소에 관한 합의

(22) 군사분계선이 임진강, 북한강 및 금성강등의 중앙을 통과하는 강 양 연안에 있는 군사분계선 표식물의 보수 및 유지에 관한 양해

(23) 비서장 회의에 있어서의 중국어 언어 인원의 사용에 관한 합의

(24) 중국의 언어 인원의 공동감시소조 회의 참가 여부에 관한 합의

(25) 본부구역 내에서의 확성기 사용

(26) 군사정전위원회의 잠정적 절차 규정에 대한 증보

(27) 군사정전위원회 본부구역, 본부구역의 안전 및 본부구역의 수축에 관한 합의 보충

(28) 정전문제에 관한 국제연합군과 조선인민군간의 장군급 대화를 위한 절차

(29) 비무장지대 일부구역 개방에 대한 국제연합군과 조선인민군간 합의서 (2000.11.17.)

(30) 비무장지대 일부구역 개방에 대한 국제연합군과 조선인민군간 합의서 (2002.9.12.)

부록3 한미상호방위조약

(대한민국과 미합중국간의 상호방위조약)

본 조약의 당사국은,

모든 국민과 모든 정부가 평화적으로 생활하고자 하는 희망을 재확인하며, 또한 태평양 지역에 있어서의 평화 기구를 공고히 할 것을 희망하고,

당사국 중 어느 1국이 태평양 지역에 있어서 고립되어 있다는 환각을 어떠한 잠재적 침략자가 갖지 않도록 외부로부터의 무력 공격에 대하여 그들 자신을 방위하고자 하는 공동의 건의를 공공연히 또한 공식으로 선언할 것을 희망하고,

또한 태평양 지역에 있어서 더욱 포괄적이고 효과적인 지역적 안전보장 조직이 발달될 때까지 평화와 안전을 유지하고자 집단적 방위를 위한 노력을 공고히 할 것을 희망하여 다음과 같이 동의한다.

제1조 당사국은 관련될지도 모르는 어떠한 국제적 전쟁이라도 국제평화와 안전과 정의를 위태롭게 하지 않는 방법으로 평화적 수단에 의하여 해결하고 또한 국제관계에 있어서 국제연합의 목적이나 당사국이 국제연합에 대하여 부담한 업무에 배치되는 방법으로 무력에 의한 위협이나 무력의 행사를 삼갈 것을 약속한다.

제2조 당사국 중 어느 1국의 정치적 독립 또는 안전이 외부로부터의 무력 공격에 의하여 위협을 받고 있다고 어느 당사국이든지 인정할 때에는 언제든지 당사국은 서로 협의한다. 당사국은 단독으로나 공동으로 자조(自助)와 상호원조에 의하여 무력 공격을 저지하기 위한 적절한 수단을 지속 강화시킬 것이며 본 조약을 이행하고 그 목적을 추진할 적절한 조치를 협의와 합의하에 취할 것이다.

제3조 각 당사국은 타 당사국의 행정 지배하에 있는 영토와 각 당사국이 타 당

사국의 행정 지배하에 합법적으로 들어갔다고 인정하는 금후의 영토에 있어서 타 당사국에 대한 태평양 지역에 있어서의 무력 공격을 자국의 평화와 안전을 위태롭게 하는 것이라 인정하고 공통한 위험에 대처하기 위하여 각자의 헌법상의 수속에 따라 행동할 것을 선언한다.

제4조 상호적 합의에 의하여 미합중국의 육군, 해군과 공군을 대한민국의 영토 내와 그 부근에 배치하는 권리를 대한민국은 이를 허여(許與)하고 미합중국은 이를 수락한다.

제5조 본 조약은 대한민국과 미합중국에 의하여 각자의 헌법상의 수속에 따라 비준되어야 하며 그 비준서가 양국에 의하여 워싱턴에서 교환되었을 때 효력을 발생한다.

제6조 본 조약은 무기한으로 유효하다. 어느 당사국이든지 타 당사국에 통고한 후 1년 후에 본 조약을 종지(終止)시킬 수 있다.

이상의 증거로서 하기 전권위원은 본 조약에 서명한다.
본 조약은 1953년 10월 1일 워싱턴에서 한국문과 영문 두벌로 작성되었다.

대한민국을 위하여 변 영 태 **미합중국을 위하여 존 포스터 덜레스**

 # 미합중국의 양해사항

어떤 체약국도 이 조역의 제3조하에서는 타방국에 대한 외부로부터의 무력공격의 경우를 제외하고는 그를 원조할 의무를 지는 것은 아니다.

또 이 조약의 어떤 규정도 대한민국의 행정적 권리 아래 합법적으로 존치하기로 된 것과 미합중국에 의해 결정된 영역에 대한 무력공격의 경우를 제외하고는 미합중국이 대한민국에 대하여 원조를 공여할 의무를 지우는 것으로 해석되어서는 안 된다.

부록4 남북기본합의서

(남북 사이의 화해와 불가침 및 교류 · 협력에 관한 합의서)

남과 북은 분단된 조국의 평화적 통일을 염원하는 온 겨레의 뜻에 따라, 7·4남북공동성명에서 천명된 조국통일 3대원칙을 재확인하고, 정치 군사적 대결상태를 해소하여 민족적 화해를 이룩하고, 무력에 의한 침략과 충돌을 막고 긴장 완화와 평화를 보장하며, 다각적인 교류·협력을 실현하여 민족공동의 이익과 번영을 도모하며, 쌍방 사이의 관계가 나라와 나라 사이의 관계가 아닌 통일을 지향하는 과정에서 잠정적으로 형성되는 특수관계라는 것을 인정하고, 평화 통일을 성취하기 위한 공동의 노력을 경주할 것을 다짐하면서, 다음과 같이 합의하였다.

제1장 남북화해

제1조 남과 북은 서로 상대방의 체제를 인정하고 존중한다.

제2조 남과 북은 상대방의 내부문제에 간섭하지 아니한다.

제3조 남과 북은 상대방에 대한 비방·중상을 하지 아니한다.

제4조 남과 북은 상대방을 파괴·전복하려는 일체 행위를 하지 아니한다.

제5조 남과 북은 현정전상태를 남북 사이의 공고한 평화상태로 전환시키기 위하여 공동으로 노력하며 이러한 평화상태가 이룩될 때까지 현군사정전협정을 준수한다.

제6조 남과 북은 국제무대에서 대결과 경쟁을 중지하고 서로 협력하며 민족의 존엄과 이익을 위하여 공동으로 노력한다.

제7조 남과 북은 서로의 긴밀한 연락과 협의를 위하여 이 합의서 발효 후 3개월 안에 판문점에 남북연락사무소를 설치·운영한다.

제8조 남과 북은 이 합의서 발효 후 1개월 안에 본회담 테두리 안에서 남북정치분과위원회를 구성하여 남북화해에 관한 합의의 이행과 준수를 위한 구체적 대책을 협의한다.

제2장 남북불가침

제9조 남과 북은 상대방에 대하여 무력을 사용하지 않으며 상대방을 무력으로 침략하지 아니한다.

제10조 남과 북은 의견대립과 분쟁문제들을 대화와 협상을 통하여 평화적으로 해결한다.

제11조 남과 북의 불가침 경계선과 구역은 1953년 7월 27일자 군사정전에 관한 협정에 규정된 군사분계선과 지금까지 쌍방이 관할하여 온 구역으로 한다.

제12조 남과 북은 불가침의 이행과 보장을 위하여 이 합의서 발효 후 3개월 안에 남북군사공동위원회를 구성·운영한다. 남북군사공동위원회에서는 대규모 부대이동과 군사연습의 통보 및 통제문제, 비무장지대의 평화적 이용문제, 군인사교류 및 정보교환 문제, 대량살상무기와 공격능력의 제거를 비롯한 단계적 군축 실현문제, 검증문제 등 군사적 신뢰조성과 군축을 실현하기 위한 문제를 협의·추진한다.

제13조 남과 북은 우발적인 무력충돌과 그 확대를 방지하기 위하여 쌍방 군사당국자 사이에 직통 전화를 설치·운영한다.

제14조 남과 북은 이 합의서 발효 후 1개월 안에 본회담 테두리 안에서 남북군사분과위원회를 구성하여 불가침에 관한 합의의 이행과 준수 및 군사적 대결상태를 해소하기 위한 구체적 대책을 협의한다.

제3장 남북교류·협력

제15조 남과 북은 민족경제의 통일적이며 균형적인 발전과 민족전체의 복리향상을 도모하기 위하여 자원의 공동개발, 민족 내부 교류로서의 물자교류, 합작투자 등 경제교류와 협력을 실시한다.

제16조 남과 북은 과학·기술, 교육, 문화·예술, 보건, 체육, 환경과 신문, 라디오, 텔레비전 및 출판물을 비롯한 출판·보도 등 여러분야에서 교류와 협력을 실시한다.

제17조 남과 북은 민족구성원들의 자유로운 왕래와 접촉을 실현한다.

제18조 남과 북은 흩어진 가족·친척들의 자유로운 서신거래와 왕래와 상봉 및 방문을 실시하고 자유의사에 의한 재결합을 실현하며, 기타 인도적으로 해결할 문제에 대한 대책을 강구한다.

제19조 남과 북은 끊어진 철도와 도로를 연결하고 해로, 항로를 개설한다.

제20조 남과 북은 우편과 전기통신교류에 필요한 시설을 설치·연결하며, 우편·전기통신 교류의 비밀을 보장한다.

제21조 남과 북은 국제무대에서 경제와 문화 등 여러분야에서 서로 협력하며 대외에 공동으로 진출한다.

제22조 남과 북은 경제와 문화 등 각 분야의 교류와 협력을 실현하기 위한 합의의 이행을 위하여 이 합의서 발효 후 3개월 안에 남북경제교류·협력공동위원회를 비롯한 부문별 공동위원회들을 구성·운영한다.

제23조 남과 북은 이 합의서 발효 후 1개월 안에 본회담 테두리 안에서 남북교류·협력분과 위원회를 구성하여 남북교류·협력에 관한 합의의 이행과 준수를 위한 구체적 대책을 협의한다.

제4장 수정 및 발효

제24조 이 합의서는 쌍방의 합의에 의하여 수정·보충할 수 있다.

제25조 이 합의서는 남과 북이 각기 발효에 필요한 절차를 거쳐 그 문본을 서로 교환한 날부터 효력을 발생한다.

1991년 12월 13일

남북고위급회담	**북남고위급회담**
남측 대표단 수석대표	**북측 대표단 단장**
대한민국	**조선민주주의 인민공화국**
국무총리 정원식	**정무원총리 연형묵**

부록5 6·4 합의서

(서해해상에서 우발적 충돌 방지와 군사분계선 지역에서의 선전활동 중지 및 선전수단 제거에 관한 합의서)

대한민국 국방부와 조선민주주의인민공화국 국방위원회 인민무력부는 2004년 6월 3일과 4일 설악산에서 제2차 남북장성급군사회담을 개최하고 다음과 같이 합의하였다.

1. 쌍방은 한반도에서의 군사적 긴장완화와 공고한 평화를 이룩하기 위하여 공동으로 노력하기로 하였다.

2. 쌍방은 서해해상에서 우발적 충돌 방지를 위해 2004년 6월 15일부터 다음과 같은 조치를 취하기로 하였다.

① 쌍방은 서해해상에서 함정(함선)이 서로 대치하지 않도록 철저히 통제한다.

② 쌍방은 서해해상에서 상대측 함정(함선)과 민간 선박에 대하여 부당한 물리적 행위를 하지 않는다.

③ 쌍방은 서해해상에서 쌍방 함정(함선)이 항로미실, 조난, 구조 등으로 서로 대치하는 것을 방지하고 상호 오해가 없도록 하기 위하여 국제상선공통망(156.8Mhz, 156.6Mhz)을 활용한다.

④ 쌍방은 필요한 보조수단으로 기류 및 발광신호규정을 제정하여 활용한다.

⑤ 쌍방은 서해해상의 민감한 수역에서 불법적으로 조업을 하는 제3국 어선들을 단속·통제하는 과정에서 우발적 충돌이 발생할 수 있다는 데 견해를 같이하고 이 문제를 외교적 방법으로 해결하도록 하는 데 상호협력하며 불법조업선박의 동향과 관련한 정보를 교환한다.

⑥ 서해해상에서 제기된 문제들과 관련한 의사교환은 당분간 서해지구에 마련되어 있는 통신선로를 이용한다. 쌍방은 서해해상 충돌방지를 위한 통신의

원활성과 신속성을 보장하기 위하여 2004년 8월 15일까지 현재의 서해지구 통신선로를 남북관리구역으로 따로 늘여 각기 자기측 지역에 통신연락소를 설치하며, 그를 현대화하는데 상호 협력한다.

3. 쌍방은 한반도의 군사적 긴장을 완화하고 쌍방군대들 사이의 불신과 오해를 없애기 위해 군사분계선 지역에서의 선전활동을 중지하고 선전수단들을 제거하기로 하였다.

① 쌍방은 역사적인 6.15 남북공동선언 발표 4주년이 되는 2004년 6월 15일부터 군사분계선 지역에서 방송과 게시물, 전단 등을 통한 모든 선전활동을 중지한다.

② 쌍방은 2004년 8월 15일까지 군사분계선 지역에서 모든 선전수단을 3단계로 나누어 제거한다.

◦ 1단계는 6월 16일부터 6월 30일까지 서해지구 남북관리구역과 판문점지역이 포함된 군사분계선 표식물 제0001호부터 제0100호 구간에서 시범적으로 실시하며,

◦ 2단계는 7월 1일부터 7월 20일까지 군사분계선 표식물 제0100호부터 제0640호 구간에서, ◦ 3단계는 7월 21일부터 8월 15일까지 군사분계선 표식물 제0640호부터 제1292호 구간에서 선전수단들을 완전히 제거한다.

③ 쌍방은 단계별 선전수단 제거가 완료되면 그 결과를 상대측에 통보하며 각각 상대측의 선전수단 제거 결과를 자기측 지역에서 감시하여 확인하되 필요에 따라 상호검증도 할 수 있다.

④ 쌍방은 단계별 선전수단 제거가 완료되면 각각 그 결과를 언론에 공개한다.

⑤ 쌍방은 앞으로 어떤 경우에도 선전수단들을 다시 설치하지 않으며 선전활동도 재개하지 않는다.

4. 쌍방은 위 합의사항들을 구체적으로 실천하기 위하여 후속 군사회담을 개최하기로 한다.

2004년 6월 4일

남북장성급군사회담	북남장령급군사회담
남측수석대표	북측단장
준장 박정화	소장 안익산

부록6 9·19남북군사분야합의서

(9월 평양공동선언의 부속합의서인 역사적인 판문점선언 이행을 위한 군사분야 합의서)

남과 북은 한반도에서 군사적 긴장 상태를 완화하고 신뢰를 구축하는 것이 항구적이며 공고한 평화를 보장하는 데 필수적이라는 공통된 인식으로부터 한반도의 평화와 번영, 통일을 위한 판문점선언 을 군사적으로 철저히 이행하기 위하여 다음과 같이 포괄적으로 합의하였다.

1. 남과 북은 지상과 해상, 공중을 비롯한 모든 공간에서 군사적 긴장과 충돌의 근원으로 되는 상대방에 대한 일체의 적대행위를 전면 중지하기로 하였다.

① 쌍방은 지상과 해상, 공중을 비롯한 모든 공간에서 무력 충돌을 방지하기 위해 다양한 대책을 강구하였다. 쌍방은 군사적 충돌을 야기할 수 있는 모든 문제를 평화적 방법으로 협의·해결하며, 어떤 경우에도 무력을 사용하지 않기로 하였다. 쌍방은 어떠한 수단과 방법으로도 상대방의 관할구역을 침입 또는 공격하거나 점령하는 행위를 하지 않기로 하였다. 쌍방은 상대방을 겨냥한 대규모 군사훈련 및 무력증강 문제, 다양한 형태의 봉쇄 차단 및 항행 방해 문제, 상대방에 대한 정찰행위 중지 문제 등에 대해 '남북군사공동위원회' 를 가동하여 협의해 나가기로 하였다. 쌍방은 군사적 긴장 해소 및 신뢰 구축에 따라 단계적 군축을 실현해 나가기로 합의한 '판문점선언'을 구현하기 위해 이와 관련된 다양한 실행 대책들을 계속 협의하기로 하였다.

② 쌍방은 2018년 11월 1일부터 군사분계선 일대에서 상대방을 겨냥한 각종 군사연습을 중지하기로 하였다. 지상에서는 군사분계선으로부터 5㎞ 안에서 포병 사격훈련 및 연대급 이상 야외기동훈련을 전면 중지하기로 하였다. 해상에서는 서해 남측 덕적도 이북으로부터 북측 초도 이남까지의 수역, 동해 남측 속초 이북으로부터 북측 통천 이남까지의 수역에서 포사격 및 해상 기

동훈련을 중지하고 해안포와 함포의 포구 포신 덮개 설치 및 포문폐쇄 조치를 취하기로 하였다. 공중에서는 군사분계선 동 서부 지역 상공에 설정된 비행 금지구역 내에서 고정익항공기의 공대지유도무기사격 등실탄사격을 동반한 전술훈련을 금지하기로 하였다.

③ 쌍방은 2018년 11월 1일부터 군사분계선 상공에서 모든 기종들의 비행금지구역을 다음과 같이 설정하기로 하였다. 고정익항공기는 군사분계선으로부터 동부지역(군사분계선표식물 제0646호부터 제1292호까지의 구간)은 40㎞, 서부지역(군사 분계선표식물 제0001호부터 제0646호까지의 구간)은 20㎞를 적용하여 비행금지구역을 설정한다. 회전익항공기는 군사분계선으로부터 10㎞로, 무인기는 동부지역에서 15㎞, 서부지역에서 10㎞로, 기구는 25㎞로 적용한다. 다만, 산불 진화, 지·해상 조난 구조, 환자 후송, 기상 관측, 영농지원 등으로 비행기 운용이 필요한 경우에는 상대측에 사전 통보하고 비행할 수 있도록 한다. 민간 여객기(화물기 포함)에 대해서는 상기 비행금지구역을 적용하지 않는다.

④ 쌍방은 지상과 해상, 공중을 비롯한 모든 공간에서 어떠한 경우에도 우발적인 무력충돌 상황이 발생하지 않도록 대책을 취하기로 하였다. 이를 위해 지상과 해상에서는 경고방송 → 2차 경고방송 → 경고사격 → 2차 경고사격 → 군사적 조치의 5개 단계로, 공중에서는 경고교신 및 신호 → 차단비행 → 경고사격 → 군사적 조치의 4개 단계의 절차를 적용하기로 하였다. 쌍방은 수정된 절차를 2018년 11월1일부터 시행하기로 하였다.

⑤ 쌍방은 지상과 해상, 공중을 비롯한 모든 공간에서 어떠한 경우에도 우발적 충돌이 발생하지 않도록 상시 연락체계를 가동하며, 비정상적인 상황이 발생하는 경우 즉시 통보하는 등 모든 군사적 문제를 평화적으로 협의하여 해결하기로 하였다.

2. 남과 북은 비무장지대를 평화지대로 만들어 나가기 위한 실질적인 군사적 대책을 강구하기로 하였다.

① 쌍방은 비무장지대 안에 감시초소(GP)를 전부 철수하기 위한 시범적 조치로 상호 1㎞ 이내 근접해 있는 남북 감시초소 들을 완전히 철수하기로 하였다.

② 쌍방은 판문점 공동경비구역을 비무장화하기로 하였다.

③ 쌍방은 비무장지대 내에서 시범적 남북공동유해발굴을 진행하기로 하였다.

④ 쌍방은 비무장지대 안의 역사유적에 대한 공동조사 및 발굴과 관련한 군사적 보장대책을 계속 협의하기로 하였다.

3. 남과 북은 서해 북방한계선 일대를 평화수역으로 만들어 우발적인 군사적 충돌을 방지하고 안전한 어로활동을 보장하기 위한 군사적 대책을 취해 나가기로 하였다.

① 쌍방은 2004년 6월 4일 제2차 남북장성급군사회담에서 서명한 '서해 해상에서의 우발적 충돌 방지' 관련 합의를 재확인하고, 전면적으로 복원 이행해 나가기로 하였다.

② 쌍방은 서해 해상에서 평화수역과 시범적 공동어로구역을 설정하기로 하였다.

③ 쌍방은 평화수역과 시범적 공동어로구역에 출입하는 인원 및 선박에 대한 안전을 철저히 보장하기로 하였다.

④ 쌍방은 평화수역과 시범적 공동어로구역 내에서 불법어로 차단 및 남북 어민들의 안전한 어로활동 보장을 위하여 남북 공동순찰 방안을 마련하여 시행하기로 하였다.

4. 남과 북은 교류협력 및 접촉 왕래 활성화에 필요한 군사적 보장대책을 강구하기로 하였다.

① 쌍방은 남북관리구역에서의 통행·통신·통관(3통)을 군사적으로 보장하기 위한 대책을 마련하기로 하였다.

② 쌍방은 동 서해선 철도·도로·연결과 현대화를 위한 군사적 보장대책을 강구하기로 하였다.

③ 쌍방은 북측 선박들의 해주직항로 이용과 제주해협 통과 문제 등을 남북군사공동위에서 협의하여 대책을 마련하기로 하였다.

④ 쌍방은 한강(임진강) 하구 공동이용을 위한 군사적 보장 대책을 강구하기로 하였다.

5. 남과 북은 상호 군사적 신뢰구축을 위한 다양한 조치들을 강구해 나가기로 하였다.

① 쌍방은 남북군사당국자 사이에 직통전화 설치 및 운영 문제를 계속 협의해 나가기로 하였다.

② 쌍방은 남북군사공동위원회 구성 및 운영과 관련한 문제를 구체적으로 협의·해결해 나가기로 하였다.

③ 쌍방은 남북군사당국간 채택한 모든 합의들을 철저히 이행하며, 그 이행상태를 정기적으로 점검 평가해 나가기로 하였다.

6. 이 합의서는 쌍방이 서명하고 각기 발효에 필요한 절차를 거쳐 그 문본을 교환한 날부터 효력을 발생한다.

① 합의서는 쌍방의 합의에 따라 수정 및 보충할 수 있다.

② 합의서는 2부 작성되었으며, 같은 효력을 가진다.

2018년 9월 19일

대한민국	조선민주주의인민공화국
국방부장관	인민무력상
송영무	조선인민군대장 노광철

부록7 국군조직법

제1장 총칙

제1조(목적) 이 법은 국방의 의무를 수행하기 위한 국군의 조직과 편성의 대강(大綱)을 규정함을 목적으로 한다.

제2조(국군의 조직) ① 국군은 육군, 해군 및 공군(이하 "각군"이라 한다)으로 조직하며, 해군에 해병대를 둔다.

② 각군의 전투를 주임무로 하는 작전부대에 대한 작전지휘 · 감독 및 합동작전 · 연합작전을 수행하기 위하여 국방부에 합동참모본부를 둔다.

③ 군사상 필요할 때에는 대통령령으로 정하는 바에 따라 국방부장관의 지휘 · 감독하에 합동부대와 그 밖에 필요한 기관을 둘 수 있다.

제3조(각군의 주임무 등) ① 육군은 지상작전을 주임무로 하고 이를 위하여 편성되고 장비를 갖추며 필요한 교육 · 훈련을 한다.

② 해군은 상륙작전을 포함한 해상작전을, 해병대는 상륙작전을 주임무로 하고 이를 위하여 편성되고 장비를 갖추며 필요한 교육 · 훈련을 한다.

④ 공군은 항공작전을 주임무로 하고 이를 위하여 편성되고 장비를 갖추며 필요한 교육 · 훈련을 한다.

제4조(군인의 신분 등) ① "군인"이란 전시와 평시를 막론하고 군에 복무하는 사람을 말한다.

② 군인의 인사, 병역 복무 및 신분에 관한 사항은 따로 법률로 정한다.

제5조(군기) ① 국군은 군기(軍旗)를 사용한다.

② 군기의 종류와 규격 및 그 밖에 필요한 사항은 대통령령으로 정한다.

제2장 군사권한

제6조(대통령의 지위와 권한) 대통령은 헌법, 이 법 및 그 밖의 법률에서 정하는 바에 따라 국군을 통수한다.

제8조(국방부장관의 권한) 국방부장관은 대통령의 명을 받아 군사에 관한 사항을 관장하고 합동참모의장과 각군 참모총장을 지휘·감독한다.

제9조(합동참모의장의 권한) ① 합동참모본부에 합동참모의장을 둔다.

② 합동참모의장은 군령(軍令)에 관하여 국방부장관을 보좌하며, 국방부장관의 명을 받아 전투를 주임무로 하는 각군의 작전부대를 작전지휘·감독하고, 합동작전 수행을 위하여 설치된 합동부대를 지휘·감독한다. 다만, 평시 독립전투여단급(獨立戰鬪旅團級) 이상의 부대이동 등 주요 군사사항은 국방부장관의 사전승인을 받아야 한다.

③ 제2항에 따른 전투를 주임무로 하는 각군의 작전부대 및 합동부대의 범위와 작전지휘·감독권의 범위는 대통령령으로 정한다.

제10조(각군 참모총장의 권한 등) ① 육군에 육군참모총장, 해군에 해군참모총장, 공군에 공군참모총장을 둔다.

② 각군 참모총장은 국방부장관의 명을 받아 각각 해당 군을 지휘·감독한다. 다만, 전투를 주임무로 하는 작전부대에 대한 작전지휘·감독은 제외한다.

③ 해병대에 해병대사령관을 두며, 해병대사령관은 해군참모총장의 명을 받아 해병대를 지휘·감독한다.

제11조(소속 부서의 장의 권한) 각군의 부대 또는 기관의 장은 편제(編制) 또는 작전지휘·감독 계통상의 상급부대 또는 상급기관의 장의 명을 받아 그 소속부대 또는 소관 기관을 지휘·감독한다.

제3장 합동참모본부

제12조(합동참모본부) ① 합동참모본부에 합동참모의장 외에 소속 군이 다른 3명 이내의 합동참모차장과 필요한 참모 부서를 둔다.

② 합동참모차장은 합동참모의장을 보좌하며, 합동참모의장이 부득이한 사유

로 직무를 수행할 수 없을 때에는 서열 순으로 그 직무를 대행한다.

③ 합동참모본부의 직제는 대통령령으로 정하되, 각군의 균형 발전과 합동작전 수행을 보장할 수 있도록 하여야 한다.

제13조(합동참모회의) ① 군령에 관하여 국방부장관을 보좌하며, 주요 군사사항과 그 밖에 법령에서 정하는 사항을 심의하기 위하여 합동참모본부에 합동참모회의를 둔다.

② 합동참모회의는 합동참모의장과 각군 참모총장으로 구성하며, 합동참모의장이 그 의장이 된다. 다만, 해병대와 관련된 사항을 심의할 때에는 해병대사령관도 구성원으로 한다.

③ 합동참모회의는 특정 작전부대와 관련된 사항을 심의할 때에는 해당 작전사령관을 배석시킬 수 있다.

④ 합동참모회의는 월 1회 이상 정례화하며 합동참모회의의 운영에 필요한 사항은 국방부장관이 정한다.

제4장 육군 · 해군 · 공군

제14조(각군본부 등의 설치 등) ① 육군에 육군본부, 해군에 해군본부, 공군에 공군본부를 두고, 해병대에 해병대사령부를 둔다.

② 각군본부에 참모총장 외에 참모차장 1명과 필요한 참모 부서를 두고, 해병대사령부에 사령관 외에 부사령관 1명과 필요한 참모 부서를 둔다.

③ 각군 참모차장은 해당 군 참모총장을, 해병대부사령관은 해병대사령관을 각각 보좌하며, 해당 군 참모총장 또는 해병대사령관이 부득이한 사유로 직무를 수행할 수 없을 때에는 그 직무를 대행한다.

⑤ 각군본부 및 해병대사령부의 직제와 그 밖에 필요한 사항은 대통령령으로 정한다.

제15조(각군 부대와 기관의 설치) ① 각군의 소속으로 필요한 부대와 기관을 설치할 수 있다.

② 제1항에 따른 부대와 기관의 설치에 필요한 사항은 법률이나 대통령령으

로 정한다. 다만, 대통령령으로 정하는 단위 이하의 부대 또는 기관의 설치에 필요한 사항은 국방부장관이 정하되, 국방부장관은 그 권한의 일부를 대통령령으로 정하는 바에 따라 각군 참모총장에게 위임할 수 있다.

③ 제2항 단서에 따라 해군참모총장에게 위임된 사항 중 해병대에 관하여는 해병대사령관에게 권한을 재위임할 수 있다.

제5장 기타

제16조(군무원) ① 국군에 군인 외에 군무원을 둔다.

② 제1항에 따른 군무원의 자격, 임면(任免), 복무, 그 밖에 신분에 관한 사항은 따로 법률로 정한다.

제17조(공표의 보류) 이 법에 따라 제정되는 명령으로서 군 기밀상 필요하다고 인정하는 것은 공표하지 아니할 수 있다.

곽병철. 『상록수부대 파병사』. 국방부 군사편찬연구소, 2012.
국가안보실. 『문재인 정부의 국가안보전략』. 2018.
국가정보원. 『북한법령집 상』. 2024.
국방과 기술 편집부. "방산수출 증진 위한 2019년 후반기 소집무관 방산수출간담회 개최." 『국방과 기술』. 제489호, 2019.
국방부 군사편찬연구소. 『국방 100년의 역사 1919~2018』. 2020.
국방부 군사편찬연구소. 『한미군사관계사 1871~2002』. 2002.
국방부 군사편찬연구소, 『6·25전쟁사 11: 고지쟁탈전과 정전협정 체결』. 2013.
국방부. 『2010 국방백서』. 2010.
국방부. 『2022 국방백서』. 2023.
국방부. 『국방사 2』. 1987.
국방부. 『국방사 4』. 1994.
국방부. 『국방혁신 4.0』. 2023.
국방부. 『2008 국방백서』. 2009.
국방부. 『율곡사업의 어제와 오늘, 그리고 내일』. 1994.
국방홍보원. 『한눈에 보는 국군 무기체계 2020』. 2019.
김갑식 외. 『한반도 비핵/평화 프로세스와 남북한 군비통제 추진전략』. 경제·인문사회연구회, 2018.
김만규 · 문정인 외. "2000년대 한국 방위산업의 방향과 정책 대안에 관한 연구." 인하대 국제관계연구소 연구보고서, 1993.
김소연. "남북합의서의 법적 성격과 효력." 『공법연구』. 제47집 제4호, 2019.
김정기. "한국 군산복합체의 생성과 변화." 연세대학교 대학원 석사학위논문, 1996.
김정기. "2010년대 북한의 도발과 한국 전쟁지도체제의 대응 분석." 『한국군사학논집』. 제76집 제3권, 2020.
김정기. 『한국군 공병부대 앙골라 PKO 파병사』. 국방부 군사편찬연구소, 2021.
김정기. "민주화 이후 한국 역대 대통령의 안보관 비교 분석." 『군사논단』. 제109호, 2022.

김정기. 『한국 전쟁지도체제의 발전』. 선인, 2021.
김정기. "6.25전쟁(1950~1953년)과 핵미사일 갈등(2017~2019년) 비교 연구." 『국방연구』. 제65권 제3호, 2022.
김정기. "김정은 시대 북한의 전쟁지도체제 유형 변화와 특징." 『국가전략』. 제30권 2호, 2024.
김정기. "병력(장교·부사관·병) 충원율 급감의 종합적 원인분석과 해소를 위한 법규 개혁 소요 검토." 『군사논단』. 제118호, 2024.
김준형. "동맹이론을 통한 한미전략동맹의 함의 분석." 『국제정치연구』. 제12집 2호, 2009.
김진형 · 김성학. "미래 한국군 전장의 변동요인과 합동작전개념 발전에 대한 소고." 『국방논단』. 제1898호, 2022.
노병천. 『도해 손자병법』. 한원, 1990.
도경옥. "종전선언과 평화협정 2단계 구상의 의미와 과제." 『통일정책연구』. 제28권 1호 , 2019.
동용승. "개성공단과 미국의 대북경제제재." 『북한경제리뷰』. 제8권 제10호, 2006.
레이 클라인 저, 국방대학원 안보문제연구소 역. 『국력분석론』. 국방대학원 안보문제연구소, 1981.
마상현 · 최병욱. "국방혁신 4.0의 정책변동에 관한 연구: Kingdon의 다중흐름모형을 중심으로." 『한국군사』. 제14호, 2023.
박동순 · 이기훈. 『국군의 아프가니스탄 평화활동』. 국방부 군사편찬연구소, 2016.
박휘락. "싱가포르와 하노이 미북 비핵화 회담에서의 한국의 중재 역할 평가." 『국제정치연구』. 제22집 4호, 2019.
박휘락. "최근 한국군 국방개혁의 계획과 현실간의 괴리 분석: 위협인식과 가용재원을 중심으로." 『국방연구』. 제59권 제3호, 2016.
박휘락. 『정보화시대 국방개혁의 이론과 실제』. 법문사, 2008.
백종천. 『국가방위론』. 박영사, 1985.
백종천. 『한반도 평화안보론』. 세종연구소, 2006.

백천호. “금강산관광사업의 성과, 한계 그리고 과제.” 『한국관광정책』. 제74호, 2018.

송윤성 · 이웅. “인구절벽에 대비한 미래 한국군의 충원정책 혁신방안 연구.” 『정책개발연구』. 제19권 제2호, 2019.

알렉산드로바 에카테리나. “탈냉전 전략 핵무기 감축을 둘러싼 미·러 협력의 동인에 관한 연구: START I, START II, SORT, NEW START의 사례를 중심으로.” 서울대학교 대학원 석사학위논문, 2024.

왕종표. 『국방외교와 무관』. 좋은 땅, 2019.

외무부 외교연구원. 『한국외교의 20년』, 1967.

육군사관학교. 『국가안보론』. 박영사, 2001.

이기성. “교리 주도형 한국군 군사혁신에 관한 연구.” 한남대학교 대학원 박사학위논문, 2022.

이상철. 『NLL 북방한계선』. 선인, 2012.

이승열. “조선노동당 제8기 제9차 전원회의 분석과 2024년 남북관계 전망.” 국회입법조사처, 『이슈와 논점』. 제2177호, 2024.1.19.

이완범. 『한반도 분할의 역사』. 한국학중앙연구원출판부, 2013.

이중근 편저. 『6·25전쟁 1129일』. 우정문고, 2013.

이흥주. 『한국군의 해외파병활동』. 국방부 군사편찬연구소, 2016.

임길섭 외. 『국방정책 개론』. 한국국방연구원, 2020.

정성윤 · 백승준·이중구. 『2025년 북핵 쟁점: 군축·군비통제 담론 대응중심으로』. 통일연구원, 2024.

정연봉, “군사혁신의 전략적 성공 요인.” 경남대학교 대학원 박사학위논문, 2020.

정영진. “한국 안보문화에 대한 실증적 연구, 1988~2006.” 국방대학교 안보과정 연구보고서, 2007.

정일영. “한국전쟁의 종결에 관한 연구: 휴전협상의 지연과 협정체결의 요인 분석.” 『현대북한연구』. 제16권 2호, 2013.

정홍용. 『강군의 꿈』. 플래닛미디어, 2021.

조성주. 『국군걸프전파병사: 국군의료지원단과 공군수송단』. 국방부 군사편찬연구소, 2013.
조영길. 『자주국방의 길』. 플래닛미디어, 2019.
존 J. 미어세이머 저, 이춘근 역. 『강대국 국제정치의 비극』. 나남출판, 2004
지효근. "국방무관의 외교적 역할과 발전방안 연구: 레바논 주재 국방무관단 사례 분석." 『국방정책연구』제39권 3호, 2023.
차영구 · 황병무. 『국방정책의 이론과 실제』. 오름, 2002.
최선영. "국방외교의 재조명: 무관의 중요성과 운용 시스템 개선 방향에 관한 연구." 숙명여자대학교 대학원 석사학위논문, 2021.
최영진. "한국군 초급간부의 복무실태와 개선방안 연구: 충원 제도를 중심으로." 『전략연구』제88호, 2022.
최용호. 『한국군 동티모르 파병과 띠모르레스떼 탄생』. 국방부 군사편찬연구소, 2018.
한용섭. 『국방정책론』. 박영사, 2012.
한용섭. 『한반도 평화와 군비통제론』. 박영사, 2015.
함택영. 『국가안보의 정치경제학: 남북한의 경제력, 국가역량, 군사력』. 법문사, 1998.
합동참모본부 공보실. "10대 군사임무 전환 과제 중 근접항공지원 통제 임무 한국군으로 전환 서명식." 보도자료, 2006.8.29.
합동참모본부. 『군사기본교리』. 2014.
합동참모본부. 『군사정전위원회편람 제8집』. 2010.
형혁규. "부사관 인력 충원 현황 및 개선방안." 국회입법조사처 「이슈와 논점」. 제2106호, 2023.6.27.

Amos A. Jordan, William J. Taylor, Jr. and Lawrence J. Korb. *American National Security: Policy and Process*. Johns Hopkins University Press, 1989.
Andrew F. Krepinevich. "Cavalry to Computer: The Pattern of Military Revolutions." *The National Interest*(No.37), Fall 1994.
Arnold Wolfers. *Discord and Collaboration: Essays on International*

Politics. Johns Hopkins Press, 1962.

Barry Buzan. *People, States & Fear: An Agenda for International Security Studies in the Post-Cold War Era*. 2nd ed., ECPR Press, 2007.

Graham Allison and Philip Zelikow. *Essence of Decision: Explaining the Cuban Missile Crisis*, 2ed. Addison Wesley Longman, 1999.

Hyun-Chin Lim & Byungki Kim. "Social and Political Dimensions of National Security in Korea." *Asian Perspective*. vol 22, no. 3, 1998.

John Bolton. *The Room Where it Happened: A White House Memoir*. Simon & Schuster, 2020.

Kenneth Waltz, *Theory of International Politics*. Addison-Wesley, 1979.

Leonard L. Lira. "To Change an Army: Understanding Defense Transformation." *A paper for presentation at the 2004 ISSS/ISAC Annual Conference*, 8-30 Oct 2004.

Norman C. Davis. "An Information-based Revolution in Military Affairs." *Strategic Review*. Vol.24. No.1, Winter 1996.

Richard O. Hundly. *Past Revolution Future Transformations: What can the history of revolutions in military affairs tell us about transforming the U.S. military?*. RAND, 1999.

Sam J. Tangredi. "The Future Security Environment, 2001-2025: Toward a Consensus View." Paul J. Bolt, Damon V. Coletta, and Collins G. Shackelford, Jr. eds. *American Defense Policy*, 8th ed. The Johns Hopkins University, 2005.

US Joint Chiefs of Staff. *Doctrine for the Armed Forces of the United State*. Joint Publication 1, 2007.

『경남도민신문』. http://www.gndomin.com/
『국가기록원』. https://the me.archives.go.kr/
『국가법령정보센터』. https://www.law.go.kr/
『국민일보』. https://www.kmib.co.kr/
『국방부』. https://www.mnd.go.kr/
『국방일보』. https://kookbang.dema.mil.kr/
『나무위키』. https://namu.wiki/
『네이버 지식백과』. https://terms.naver.com/
『대한민국 국가지도집(2019)』. http://nationalatlas.ngii.go.kr/
『대한민국 정책브리핑』. https: //www.korea.kr/briefing/
『대한민국공군』. https://rokaf.airforce.mil.kr/
『대한민국육군』. https://www.army.mil.kr/
『대한민국해군』. https://www.navy.mil.kr/
『동아일보』. https://www.donga.com/news/
『디펜스투데이』. http://www.defensetoday.kr/
『매일경제』. https://n.ne ws.naver.com/
『서울신문』. https:// www.seoul.co.kr/news/
『아시아투데이』. https://www.asiatoday.co.kr/.
『연합뉴스』. https://www.yna.co.kr/view/
『오마이뉴스』. https:// www.ohmynews.com/
『위키백과』. https://ko.wikipedia.org/
『유엔안전보장이사회』. https://main.un.org/securitycouncil/
『정부24』. https://www.gov.kr/
『조선일보』. https://biz.chosun.com/
『통일뉴스』. https://www.tongilnews.com/news/
『통일부 남북관계관리단』. https://dialogue.unikorea.go.kr/
『한겨레』. https ://www.hani.co.kr/
『한국민족문화대백과사전』. https://encykorea.aks.ac.kr/
『한국일보』. https: //www.hankookilbo.com/

『한국일보』. https://www.hankookilbo.com/
『합동참모본부』. https://www.jcs.mil.kr/
『행정안전부』. https://www.mois.go.kr/
『TV조선』. https://n.news.naver.com/mnews/

저자약력

김정기

- 연성대학교 국방군사학과 교수(학과장)
- 한국군사학회 이사
- 전) 국방부 국방정책실 근무
- 육군사관학교 47기 졸업
- 연세대학교 정치학석사
- 경남대학교 정치학박사

마상현(국방혁신 집필)

- 연성대학교 국방군사학과 교수
- 전) 국방부 군구조개혁추진관
- 육군사관학교 47기 졸업
- 국방대학교 군사전략석사
- 상명대학교 국가안보학박사